岩土工程勘察设计与施工技术丛书

# 桩 基 工 程

叶建良　汪国香　吴　翔　黄远华

中国地质大学出版社

**图书在版编目(CIP)数据**

桩基工程/叶建良,汪国香,吴翔,黄远华.—武汉:中国地质大学出版社,2000.10
(岩土工程勘察设计与施工技术丛书/蒋国盛,姚爱国,叶建良,汪国香,李文新主编)
ISBN 7-5625-1577-8

Ⅰ.桩…
Ⅱ.①叶…②汪…③吴…④黄…
Ⅲ.施工技术-桩基-工程
Ⅳ.TU47

**桩基工程** 叶建良 汪国香 吴 翔 黄远华

责任编辑:方 菊 责任校对:熊华珍

出版发行:中国地质大学出版社(武汉市洪山区鲁磨路31号) 邮编:430074
电话:(027)87483101 传真:87481537 E-mail:cbo @ cug.edu.cn
经 销:全国新华书店

开本:787毫米×1092毫米 1/16 字数:230千字 印张:9
版次:2000年10月第1版 印次:2000年10月第1次印刷
印刷:湖北睿智印务有限公司 印数:1—4 000册

ISBN 7-5625-1577-8/TU·23 定价:17.00元

## 《岩土工程勘察设计与施工技术丛书》参编单位

| | |
|---|---|
| 中国地质大学 | 国土资源部中国地质调查局 |
| 广东省工程勘察院 | 水利部长江水利委员会综合勘测局 |
| 山东省冶金勘察总局 | 湖北省鄂东北地质基础工程公司 |

## 《岩土工程勘察设计与施工技术丛书》编委会

**主　任**：蒋国盛　姚爱国　叶建良

**主　编**：蒋国盛　姚爱国　叶建良　汪国香　李文新

**委　员**：（以下按姓氏笔画为序）

马　明　叶建良　古锐开　李文新　李红民

李汉旭　汪国香　吴　翔　赵振红　周道崇

祝德生　姚爱国　段隆臣　韩　云　黄海兰

黄远华　赖万兴　蒋国盛　管典志

**秘　书**：段隆臣

# 前　言

随着我国国民经济的发展，高层和超高层建筑、水利水电、路桥、地质灾害治理等工程建设项目蒸蒸日上。岩土工程作为上述各种建设工程的前期和基础性工作，其从业（包括科研、教学、生产）人员和单位空前增多，技术力量日益壮大，已成为规模庞大的产业。在国家有关部门的大力倡导和推动下，经过广大科研和工程技术人员的努力，目前我国在勘察、设计、施工、监理、监测技术和方法方面已达到了一定水平，并不断完善和发展。

为了进一步推动我国岩土工程事业的蓬勃发展，中国地质大学组织有关单位及专家认真编写了《岩土工程勘察设计与施工技术丛书》。丛书共分五册：《岩土工程勘察与评价》、《岩土工程钻进原理》、《桩基工程》、《地基处理与托换技术》、《基坑工程》。该丛书较全面地介绍了岩土工程的勘察设计和施工技术，并及时总结和推广岩土工程方面的科研成果、新技术新方法和先进的工程经验。该丛书具有较高的学术价值和重要的实践意义，特别适合于从事岩土工程勘察、设计、施工、监理和监测的工程技术人员，也可作为相关专业科研人员和大专院校师生的参考书或教材。

编写《岩土工程勘察设计与施工技术丛书》的指导思想和丛书的特色：

（1）以我国现行的国家、行业和地区的规范、标准及规程为依据，归纳和总结了有代表性的科研成果、新技术新方法和先进的工程经验，如灌注桩后压浆技术、加固防渗薄壁墙技术等，做到学术性和实用性的统一。

（2）在内容上结合工程实际，力求做到全面、完整、透彻、精练，清晰地把原理、方法、工程应用融为一体，可读性及参考性强。

（3）丛书的总体体系和结构科学、合理。例如，绝大多数岩土工程的建设需要通过钻进施工来完成，而钻进施工的工艺方法很多，并有其使用条件。丛书则将此部分内容单独编写成《岩土工程钻进原理》集中介绍，避免了以往类似书籍在介绍此部分内容时的重复、不全面和杂乱。

（4）丛书紧密结合工程建设的科学理论与实际需要。例如，随着基坑深度的加大及环境条件的复杂化，对支护结构的变形控制提出了更高的要求，当前，支护结构设计正从维护本工程自身安全稳定的单一目标，向按变形控制进行设计转变。分册《基坑工程》则以此为指导思想，组织、安排全书内容，并对按变形控制进行支护结构设计的思路和方法作了较深入的探索。

该套丛书在编写过程中得到了众多专家、学者、工程技术人员及博士、硕士研究生的帮助，同时也得到了参编单位有关部门和领导的大力支持，中国地质大学出版社及其有关人员也为丛书的出版花费了大量心血。谨此，丛书编委会向他们表示衷心的感谢！

分册《桩基工程》的第1章、第5章、第6章由叶建良编写，第2章、第3章由汪国香编写，黄远华编写第4章，吴翔编写第7章。

由于作者水平有限，丛书难免有不妥甚至错误之处，敬请读者批评指正。

《岩土工程勘察设计与施工技术丛书》编委会

2000年7月

# 前言

# 目　录

# 1 绪 论

## 1.1 桩基工程的基本概念

### 1.1.1 桩基工程常用术语解释

(1) 桩基础：由基桩和连接于桩顶的承台共同组成。在工业与民用建筑中，桩基础的承台底面位于地面以下，此类桩基叫作低承台桩基。承台底面高出地面以上的叫作高承台桩基，多用于桥梁和港口工程。

(2) 单桩：不受承台和邻桩影响的一根孤桩（桩顶无承台、周围无邻桩）叫作单桩。

(3) 单桩基础：采用一根桩（通常为大直径桩）以承受和传递上部结构（通常为柱）荷载的独立基础。

(4) 基桩：群桩基础中的单桩。

(5) 群桩基础：由两根以上基桩组成的桩基础。

(6) 复合基础：由桩和承台底面地基土共同承担荷载的桩基。

(7) 复合基桩：包含承台底土阻力的基桩。

(8) 单桩竖向极限承载力：单桩在竖向荷载作用下到达破坏状态前或出现不适于继续承载的变形时所对应的最大荷载。它取决于土对桩的支承阻力和桩身材料强度，一般由土对桩的支承阻力控制，对于端承桩、超长桩和桩身质量有缺陷的桩，可能由桩身材料强度控制。

(9) 群桩效应：群桩基础受竖向荷载后，由于承台、桩、土的相互作用使其桩侧阻力、桩端阻力、沉降等性状发生变化而与单桩明显不同，承载力往往不等于各单桩承载力之和，称之为群桩效应。群桩效应受土性、桩距、桩数、桩的长径比、桩长与承台宽度比、成桩方法等多因素的影响而变化。

(10) 群桩效应系数：用以度量构成群桩承载力的各个分量因群桩效应而降低或提高的幅度指标，如侧阻、端阻、承台底土阻力的群桩效应系数。

(11) 桩侧阻力群桩效应系数：群桩中的基桩平均极限侧阻与单桩平均极限侧阻之比。

(12) 桩端阻力群桩效应系数：群桩中的基桩平均极限端阻与单桩平均极限端阻之比。

(13) 承台底土阻力的群桩效应系数：群桩承台底平均极限土阻力与承台底地基土极限阻力（平板基底土阻力）之比。

(14) 桩侧阻端阻综合群桩效应系数：群桩中的基桩平均极限承载力与单桩极限承载力之比。根据单桩静载实验确定单桩竖向极限承载力时，采用综合群桩效应系数。

(15) 负摩阻力：桩身周围土由于自重固结、自重湿陷、地面附加荷载等原因而产生大于桩身的沉降时，土对桩侧表面所产生的向下的摩阻力。在桩身某一深度处的桩土位移量相等，该处称为中性点。中性点是正、负摩阻力的分界点。

(16) 下拉荷载：对于单桩基础，中性点以上负摩阻力的累计值即为下拉荷载。对于群桩基础中的单桩，尚需考虑负摩阻力的群桩效应，即其下拉荷载尚应将单桩下拉荷载乘以相应的负摩阻力群桩效应系数予以折减。

### 1.1.2 桩的类型及其选择

在土木建筑工程中，当地基浅层土质不能满足建筑物对地基承载力和变形的要求，而采取地基处理措施又不适宜时，便选择以深层坚实土层或岩层作为持力层的深基础方案。深基础主要有桩基础、沉井、地下连续墙等几种形式，其中桩基础历史最长、应用最广。随着工业技术的进步和工程建设规模的扩大，桩基技术在近几十年间得到了突飞猛进的发展，桩基础已成为高层超高层建筑、铁路公路大桥、港口码头、重型储仓等结构物的最常用的基础形式。

桩基础通常又称桩基，由承台和埋在土中的桩组成。桩基础可由单根桩构成，称为一柱一桩的单桩基础。多数情况是由多根桩组成的群桩基础，如图 1.1，承台把桩联结起来，上部荷载通过承台传递给各桩桩顶，再由桩传到地基中去。桩实质上是埋置于土中的受力杆件，一般用来承受轴向（竖向）压力，有时可用来承受上拔力和水平力，或竖向、水平荷载的综合作用。

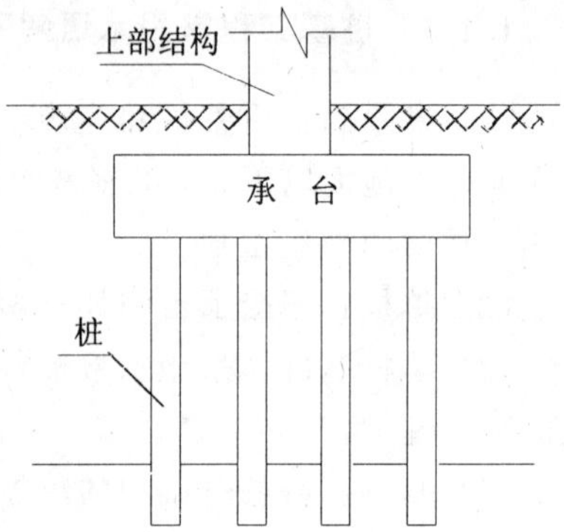

图 1.1 桩基础

一般在下列情况下可考虑采用桩基础：

(1) 建筑物荷载较大，地基软弱，采用天然地基不能满足承载力的要求或地基沉降过大对建筑物造成危害时；

(2) 经技术经济指标、工程质量、施工条件等方面综合比较，采用桩基础比天然地基或地基加固处理优越时；

(3) 高耸建筑物对整体倾斜有严格限制时；

(4) 重要、大型、精密机械设备的基础对地基变形有严格限制时；

(5) 因地基沉降对相邻建筑物产生相互影响巨大时；

(6) 作为抗液化和处理地震区软弱地基的措施。采用桩基穿越可液化土层并伸入密实稳定土层足够长度，可消除或减轻液化对建筑物的危害。

1.1.2.1 桩的类型

桩的分类方法有多种。根据桩身材料的不同，可分为钢桩、木桩、混凝土桩和钢筋混凝土桩；根据桩径大小，可分为小桩（$d\leqslant 250$mm）、中直径桩（250mm$<d<$800mm）和大直径桩（$d\geqslant 800$mm）；根据使用功能的区别，又可分为竖向抗压桩、竖向抗拔桩、水平受荷桩以及竖向和水平荷载均较大的复合受荷桩；根据桩径变化可分为等直径桩（直身桩）、扩底桩和多分支承力盘桩；根据桩身截面形状可分为圆桩、方桩、三角形桩、空心方桩、管桩以及 H 形钢桩等。本节主要根据桩的承载性状、成桩施工方法以及桩的设置效应等情况不同，对桩进行分类。

1. 按承载性状分类

在竖向荷载的作用下，桩顶荷载由桩侧阻力和桩端阻力共同承受，而桩侧阻力、桩端阻力的大小及其分担荷载比例，主要由地基土的物理力学性质、桩的承载性状、桩的尺寸和施工工艺所决定。传统的分类法是将桩分为摩擦桩和端承桩，认为摩擦桩主要靠桩周表面与土之间的摩擦力起支承作用（有时桩端土也起一定的支承作用）；端承桩主要靠桩端处坚实土层或岩层的阻力起支承作用，设计时一般不考虑侧摩阻力。建筑桩基技术规范（JGJ94－94）则根据竖向荷载下相互作用的特点、桩侧阻力与桩端阻力的发挥程度和分担荷载比例，将桩分为摩擦型桩和端承型桩两大类四个亚类。

（1）摩擦型桩。

指桩顶竖向荷载全部或主要由桩侧阻力承受的桩。根据桩侧阻力分担荷载的大小，摩擦型桩可分为摩擦桩和端承摩擦桩两类。

**摩擦桩**：指桩顶竖向荷载几乎全部由桩侧阻力承受的桩。例如深厚的软弱土层中的桩，或因桩端无较硬持力层，或因桩的长径比（$l/d$）很大，传递到桩端的轴力很小。桩顶荷载绝大部分由桩侧阻力承受，桩端阻力很小可以忽略不计。

**端承摩擦桩**：指桩顶竖向荷载大部分由桩侧阻力承受，小部分由桩端阻力承受的桩。例如当桩的 $l/d$ 不很大，桩端持力层为较硬的粘性土、粉土和砂类土时，除桩侧阻力外，还有一定的桩端阻力，这类桩工程中很多见。

（2）端承型桩。

指桩顶竖向荷载全部或主要由桩端阻力承受的桩。根据桩端阻力发挥的程度和分担荷载的比例，端承型桩可分为端承桩和摩擦端承桩两类。

**端承桩**：指桩顶竖向荷载由桩端阻力承受的桩。当桩的 $l/d$ 较小（一般小于 10）时，桩身穿越软弱土层，桩端设置在密实砂层、碎石类土层、微风化岩层中，桩顶荷载绝大部分由桩端阻力承受，桩侧阻力很小可忽略不计。长径比小且孔底沉渣清除干净的嵌岩桩是典型的端承桩。

**摩擦端承桩**：指桩顶极限荷载主要由桩端阻力承受，次要的由桩侧阻力承受的桩。当桩端进入中密以上的砂土、碎石土或中、微风化岩层时，就属此情况。

2. 按施工方法分类

按制作、设置桩的施工方法不同，桩可分为预制桩和灌注桩两大类，如图 1.2。

（1）预制桩。

预制桩是在工厂或工地预先把桩制作好，再用打桩设备把桩锤击、振动打入或静压入土中的各种桩。按材质可分为钢筋混凝土桩、钢桩和木桩（竹桩）。

**钢筋混凝土桩**：此类桩的优点是，长度和截面形状可在一定范围内根据需要选择，桩身质量相对稳定可靠，横截面可做成方、圆、三角等各种形状，如图 1.3，有的还做成空心的。

按施工方法分类
- 预制桩
  - 钢筋混凝土预制桩（方桩、三角桩、空心桩）
  - 预应力钢筋混凝土预制桩（方桩、管桩）
  - 钢桩（管桩、异形板桩、H 形桩）
  - 木桩、竹桩
- 灌注桩
  - 钻孔灌注桩
    - 回转成孔
    - 冲击成孔
    - 冲抓成孔
    - 振冲成孔
  - 沉管灌注桩
    - 内击式扩底（弗兰基桩）
    - 无桩靴夯扩
    - 地面振冲沉管（直身，预制圆锥形桩尖）
  - 挖孔桩

图 1.2　按施工方法分类

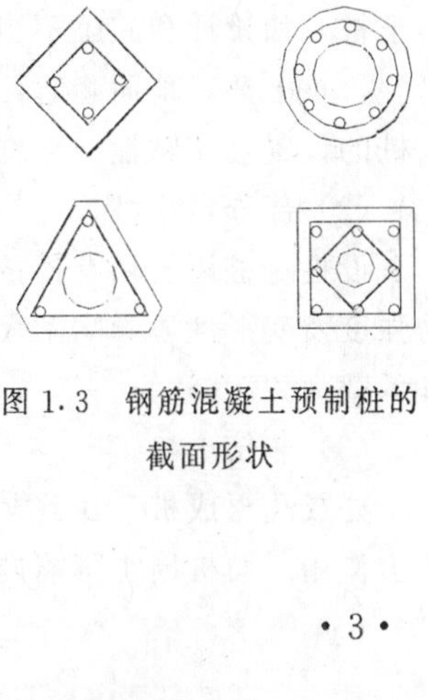

图 1.3　钢筋混凝土预制桩的截面形状

普通实心方桩的截面边长不小于 200mm，现场预制长度一般在 25～30m 以内，工厂预制的长度一般不超过 12m。桩身配筋应按吊运、打桩以及桩在建筑物中受力等条件计算确定，配筋率相对较高。

预应力钢筋混凝土预制桩自重较小、节约钢材，能提高桩的承载力和抗裂性，它是在工厂中用离心旋转法经蒸汽养护预制的。

**钢桩**：常用的钢桩有开口或闭口的管形、H 形等，长度为 12～15m。钢桩横截面外径为 400～1 000mm，壁厚为 9～18mm。H 形钢桩的穿透能力强，承载能力高。但钢桩耗钢量大，成本高，只能在少数重要工程中使用。

**木桩、竹桩**：自重小，便于加工运输和施工，但承载能力小，耐久性差，只能在木（竹）材产地和某些应急工程中使用。

（2）灌注桩。

在现场开孔并放入钢筋笼（也有省去钢筋的），再向孔内浇灌混凝土而成型。与钢筋混凝土预制桩相比较，灌注桩一般只根据使用期间可能出现的内力配置钢筋，用钢量小，桩长可以灵活掌握，施工噪音小，各种地层均可施工。因此，在国内外得到迅速发展。灌注桩有几十个品种，常见的有以下几种：

**钻孔灌注桩**：使用钻机在桩位上钻孔，清除孔底残渣并安放钢筋笼，最后浇灌混凝土而成桩。桩径一般为 600～1 500mm，桩长由几米到几百米，能进入微风化硬质岩石中，刚度大、承载力高而桩身变形很小。

**沉管灌注桩**：采用锤击振动、振动冲击等方法将钢管沉入土中开孔，向钢管中灌注混凝土后拔出钢管，再进行振捣而成。

**挖孔桩**：采用人工或机械挖掘开孔后放置钢筋笼和浇灌混凝土。

此外还有钻孔扩底灌注桩、爆扩底桩、冲击成孔灌注桩等。

3. 按设置效应分类

桩的设置方法（打入或钻孔成桩）不同，桩对桩周土的排挤作用也不相同。排挤作用会引起土的天然结构、应力状态和性质的变化，从而影响桩的承载力和变形性质。这些影响可统称为桩的设置效应。按设置效应，可将桩分为非挤土桩、部分挤土桩和挤土桩三类。

（1）挤土桩。

实心预制桩、下端封闭的管桩以及沉管灌注桩等打入桩，在锤击或振入过程中都要将桩位处的土大量排挤开，对桩周土的结构有严重的挠动破坏（重塑）作用。在非饱和松散土中采用挤土桩，其承载力明显高于非挤土桩，这就是所谓的“挤密作用”。但在饱和软土中设置挤土桩，如设计和施工不当，就会产生不良的挤土效应，如导致未初凝的灌注桩身缩小乃至断裂，桩上涌，地面隆起，从而降低桩的承载力，有时还会损坏邻近建筑物。一般来说，挤土桩的设置会使粘性土降低抗剪强度，而对无粘性土则可提高其抗剪强度。

（2）部分挤土桩。

设桩对桩周土稍有排挤作用（如开口钢管桩、薄壁开口的预应力钢筋混凝土桩等），对土的强度及变形性质影响不大。由原状土测得的土的物理力学性质指标，一般仍可用于估计桩基承载力和沉降。

（3）非挤土桩。

先成孔再成桩，由于成孔过程中将孔中土体清除掉（如钻孔灌注桩），故设桩时没有产生挤土作用。而桩周土可能向桩孔内位移，因此，非挤土桩的承载力常有所减小。在不同的地质条件下，按不同方法设置的桩所表现的不同性状是复杂的，目前的设计工作还只能大致考虑桩的设置效应。

1.1.2.2　桩型选择

桩基方案确定后，再进一步结合工程所处的特定环境和施工条件，选择适当的桩型。桩型选择的主要因素有以下几个方面：

1. 建筑场地的位置

在人口密集的繁华闹市区，不能选用打入桩，因为打桩可能引起噪音、振动以及地面隆起等危害。采用钻孔灌注桩则可以基本消除上述污染和公害，要强调的是采用泥浆护壁时，需要考虑场地泥浆池的位置和排渣等问题。施工场地大小和空间净空条件，对选择桩型是有所限制的。在交通不便的边远山区，采用过于笨重的打桩设备，会给运输带来困难，而采用轻型的成桩设备则方便适用。制桩材料应尽量就地取材，避免长途运输。

2. 场地的地形和地质条件

场地的地形系指表面是平坦（倾斜10°以下）还是倾斜。场地凹凸不平，会影响打桩设备的运行和施工排水，增加劳动量的消耗。通常地质条件对选择桩型起决定性作用。如果地层中有大孤石或其他障碍物（如树根、上下水道、电缆、金属渣和碎砖瓦等），或埋藏有漂石、密实砂砾层或砂层，打入桩就很难穿越；在饱和软粘土中打桩，引起的超静孔隙水压力会对已打好的桩产生不利影响。

桩能否打穿硬土层，与地基的土质条件密切相关。砂层厚度在5m以上，且标贯击数$n>50$时，桩一般是穿不过的；若厚度小于5m时，桩可能穿过。在$n$值相同的情况下，砂的颗粒级配越好，桩就越不易穿过。硬土层下面有一层较弱土层时，桩较容易穿越。对于$n>30$的土层，钢筋混凝土桩也不易穿过。

在较松散的无粘性土中，如采用打入桩或打入式灌注桩，打桩使桩周土大量挤密，挤密效应会提高单桩承载力；但在较坚硬粘土中采用打入桩，则可能会造成土的大量隆起。此时不宜采用打入桩，而宜采用螺旋钻孔桩。

灌注桩对地层的适应性较广，尤其是钻（冲）灌注桩，几乎可以在所有地层条件下施工。如存在流动性地下水，则不宜采用泥浆护壁，而要考虑采用套管，如果地层含有强腐蚀性工业废水，此类桩型就不适合了。人工挖孔桩造价低，常被优先采用，但在地下水位偏高的软土地区或含有有毒气体地层中，就要综合考虑工程安全和人身安全问题。采用锤击、振动或静压沉管灌注桩，包括弗兰基桩、夯扩桩、平底大头桩等，此类桩因造价特别低，在施工环境条件允许的场地适宜选择。此类桩的质量主要依赖于施工操作水平。

3. 上部结构特征

对于高层、超高层建筑和重型构筑物，由于其荷载大，所需桩的承载力也很大，首选桩型应是大直径钻孔灌注桩，也可选择大截面预制桩。对于建筑平面复杂、层数相差悬殊的建（构）筑物，考虑其不均匀沉降，应尽量选择同一类型的桩。对于规模较小的单独建筑物或构筑物，如果采用大型设备施工的打入桩或灌注桩，设备的运输和安装费用较大，不如采用当地现有轻型成桩设备施工的桩型，既经济又省时。

4. 技术经济比较

有些工程，可能某一桩型是唯一合理的，也可能多种桩型都较合适，都能满足承载能力的需要。因此还要做技术经济分析，以便选择经济合理、安全适用的桩型。不同类型桩之间的经济比较，主要包括劳动工时消耗、原材料消耗、机器设备消耗和其他附加消耗，其中最主要的是单桩承载力和施工工效。

## 1.2 桩基勘察

与一般建筑物相比，高层建筑由于荷载大，地基内的附加应力影响深、范围大，不仅要求地基有较高的承载力，而且还需考虑建筑物可能的过大沉降、差异沉降及整体倾斜；由于建筑物高，对水平荷载、特别是地震荷载引起的地基稳定性问题必须考虑；同时还需考虑深基坑开挖可能引起的坑壁稳定、地基回弹、基坑降水及深基础施工对相邻建筑的影响等问题。因此，对桩基础的勘察要求更加严格。勘察任务包括下列内容：

(1) 查明桩基的岩土埋藏条件及其物理力学性质，特别是可供选择的持力层及下卧层的埋藏深度、厚度、变化规律，并预估桩的承载力；

(2) 拟用基岩作为端承桩的持力层时，应查明基岩岩性、风化程度及基岩面的深度、起伏；

(3) 查明有关的水文地质条件，判别水对桩材的腐蚀性；

(4) 查明桩基施工条件及其对环境的影响。

### 1.2.1 勘察

1.2.1.1 勘探点的布置要求

勘探点的布置要求如下：

(1) 对于端承型桩，勘探点按柱列线布置，其间距以能控制桩端持力层层面和厚度变化为原则，一般为12～20m；当相邻勘探点所揭露持力层层面坡度超过10%时，需加密勘探点。

(2) 对于摩擦型桩，以及筏基或箱基下的群桩，勘探点的间距为20～35m，但当土层层位和土性变化较大时应适当加密勘探点。

(3) 大直径桩（$d\geqslant$800mm）或扩底桩，当地质条件变化较大时，宜每个桩（墩）位布置一个勘探点。

(4) 勘探点总数中应有1/3～1/2为控制性勘探点。

1.2.1.2 勘探点的深度要求

勘探点的深度有如下要求：

(1) 对于端承型桩，控制性勘探点深度应达到预计桩尖平面以下3～5m，或6～10倍桩身宽度或直径（大直径桩取小值，小直径桩取大值）；一般性勘探点应深入预计持力层内0.5～1.0m。持力层为基岩时，控制性勘探点宜深入中风化带1倍桩径的深度，如遇破碎带应予钻穿，进入较完整岩体3～5m；大直径桩的勘探孔应达到桩端以下3倍桩径的深度。

(2) 对于摩擦型桩，控制性勘探点深度应超过预计桩长3～5m，一般性勘探点应超过预计桩长1～2m。当需要计算群桩的变形时，将群桩视为实体基础，控制性勘探点深度应超过从桩尖平面算起的压缩层深度，一般为桩尖平面以下1～1.5倍基础宽度。当在此深度内遇不可压缩的坚硬地层时，可终止勘探。

### 1.2.2 取样和试验工作

1.2.2.1 取样

取样数量见表1-1。

**表 1-1　各土层取样与原位测试数量**

| 类　别 | 持力层内土层 | 主要受力层内土层 | 主要受力层以下土层 |
| --- | --- | --- | --- |
| 取不挠动土样（件） | 12～18 | 8～12 | 6～10 |
| 原位测试（次） | 8～12 | 6～10 | 4～7 |

1.2.2.2　原位测试

根据地区经验和岩土条件选择合适的原位测试手段，测试次数同表 1-1。

对于一级（高层）建筑，其单桩承载力与变形特性宜采用现场荷载试验，试桩数量不宜少于 3 根；当水平荷载较大时，尚应进行桩的水平推力荷载试验，其数量不宜少于 2 根。当基础受上拔力时，可进行桩的抗拔试验。

为检验灌注桩的成桩质量，可采用动力测试法或钻孔取心法。采用动测法时，检测桩数不宜少于桩总数的 10%～15%。

1.2.2.3　室内试验

室内试验应满足下列要求：

(1) 为估算桩的极限摩阻力、端阻力，验算下卧层强度时，应作三轴剪切试验或无侧限抗压强度试验。三轴剪切试验的受力条件需模拟工程实际情况。

(2) 当需进行桩基变形验算时，对桩尖平面以下压缩层土层进行固结试验，其固结压力应大于土层实际受力情况，试验条件模拟桩实际工作情况。

(3) 当桩尖持力层为基岩时，宜进行岩样的饱和单轴极限抗压强度试验，软质岩石需进行软化试验。

## 1.3　我国桩基工程发展现状

改革开放后国家的经济建设突飞猛进，桩基工程也得到了迅猛发展。广大工程技术人员在引进国外先进技术的同时，结合各地地质条件和工程要求，综合应用多种技术手段，取得了举世瞩目的成就。

20 世纪 80 年代中期，大直径钻、冲孔灌注桩仅有少数单位能够施工，如今已被我国工程界普遍掌握，成为高层超高层建筑、铁路公路大桥、港口、地铁等结构物的最常用基础形式。此类桩的数量已达近百万根，可谓世界第一。直径最大的已达 4m，一般为 2～3m。其深度最大的已逾 100m（厦门昌林大厦、黄河北镇大桥等），在软土地区通常为 50～80m。在等径桩的基础上，开发了竹节桩、分枝桩等异径桩，为充分发挥大直径桩的侧摩阻力作了有益的探讨。

在钻、冲孔灌注桩成桩后实施压力灌浆，是 20 世纪 90 年代兴起的在基础工程中综合应用多种工程技术的典型代表。该技术取得了消除桩底沉渣隐患，改善桩端和桩周土性质，提高承载力和减少沉降量的综合效果，已在十余省市推广应用，所采用的工艺和管路颇具中国特色。利用压浆概念还开发了钻孔压浆无砂混凝土桩，它不须泥浆护壁，不产生断径、缩径，不致残留沉渣，已在各地数百项工程中应用。

钢筋混凝土预制桩是我国东部和东南沿海地区多年沿用的桩型，如今在桩体结构性能、几何尺寸、施工技术和配套机械等方面都得到长足发展，建成的重大项目有上海交通大学包兆龙图书馆、福州国际大厦、天津贸易中心、深圳爱华大厦等等。其中，屹立在上海黄浦江畔的亚洲第一电视塔“东方明珠”高达468m，采用的预制桩尺寸为500mm×500mm×35m，送桩达12.5m。

为减少打桩引起挤土、振动等危害，近年来预制桩大多实施预钻孔打入法，也有采用预制平底开口空心桩的，为了提高其贯入硬土、砾石和页岩的能力，常采用H形钢桩焊接于桩底。为减少施工噪音，常以静压代替锤击或振动。通过上述措施扩大了预制桩的应用范围。

预应力混凝土管桩早年始用于桥梁和码头等水工建筑，近年又大量推向工业与民用建筑，全国有数十家管桩生产厂家，年产量达六七百万米。此类桩所支承的建筑高达40层。施工长度最长已达65m，代替钢管桩可降低造价约50%。与此同时，国内也生产出了具有国际先进水平的检测仪器仪表。

另外，在施工环境等条件容许的场地，还采用锤击、振动或静压沉管灌注桩，包括弗兰基桩、夯扩桩、平底大头桩等。

原来挖孔桩是从旱地施工的墩台基础发展起来的，用于大桥的边滩、引桥，对城市跨线桥、立交桥最为有利，城市桥用挖孔桩除了可以节省钻机机具外，还可以避免钻机的噪音污染和泥浆对街道环境的污染。现在已逐渐发展到水中也采用挖孔桩；直径也由1.0m（小于1.0m人工不易操作）至1.5m发展到4～6m；深度由小于10m发展到大于20m；并由小直径的挖孔实心桩发展到大直径的挖孔空心桩，挖孔桩还用来处理一些钻孔桩施工过程中出现的事故。

# 2 桩土相互作用

## 2.1 单桩轴向荷载的传递

本节以轴向受压的竖直单桩为例，讨论施加于桩顶的荷载是如何通过桩土之间的相互作用传递给地基的。

### 2.1.1 荷载传递机理

在桩顶轴向荷载作用下，桩身横截面上产生了轴向力和竖向位移，桩身上部先受到压缩而产生相对于土的向下位移，由于桩身与桩周土的相互作用，桩侧表面便受到土的向上摩阻力。桩顶荷载通过桩侧摩阻力传递到桩周土层中去，致使桩身轴力和桩身压缩变形随深度递减。在桩土相对位移等于零处，桩侧摩阻力尚未发挥作用。随着桩顶荷载的增加，桩身压缩量和位移量增大，桩身下部的摩阻力随之调动起来，桩底土层也因受到压缩而产生桩端阻力。桩端土层的压缩加大了桩土相对位移，从而使桩身侧摩阻力进一步发挥出来。当桩身侧摩阻力全部发挥出来达到极限后，若继续增加荷载，其荷载增量将全部由桩端阻力承担。由于桩端持力层的大量压缩和塑性挤出，位移增长速度显著加大，直至桩端阻力达到极限，位移迅速增大而破坏。

### 2.1.2 桩身轴力与桩横截面位移

端承桩通过桩端传递荷载，桩身轴力沿深度不变，其数值就等于桩顶荷载。由于桩尖进入微风化岩层或坚硬土层中，持力层的压缩性很低，桩的沉降量很小，故桩截面位移主要来自桩身的弹性压缩。而非端承桩通过桩身侧面将部分或全部荷载传递到桩周土层，如图 2.1，计算时既要考虑桩身侧面与土之间的摩阻力，又要考虑桩端下土的支承作用，桩的截面位移由桩身弹性压缩和桩端土的压缩共同决定。桩身轴力一般随深度的增加而减小，因为桩侧土产生向上的摩阻力 $q_z$。$q_z$ 是截面位移的函数。桩土之间的极限摩阻力 $q_u$ 可用类似于土的抗剪强度的库仑公式表达：

$$q_u = \sigma_z \cdot \tan\varphi_a + C_a \tag{2-1}$$

式中：$\sigma_z$ 为垂直于桩侧面的法向应力（土应力），kPa；

$C_a$、$\varphi_a$ 为桩身侧面与土之间的附着力（kPa）和摩擦角（°）。

式（2-1）表示极限摩阻力 $q_u$ 由 $\sigma_z \cdot \tan\varphi_a$ 和附着力 $C_a$ 两部分组成。

由于桩的设置效应，挤土桩的桩侧土压力 $\sigma_z$ 大于部分挤土桩和非挤土桩；表面粗糙的灌注桩的 $\varphi_a$ 大于表面光滑的预制桩。桩土之间的摩阻力极限 $q_u$ 如果大于土中的抗剪强度 $\tau_f$，则剪切破坏（滑移）将产生于桩周土体之内，即桩周摩阻力由土的抗剪强度控制。用泥浆护壁的钻孔桩往往在桩侧混凝土表面附着一层 2～3mm 的致密粘土，故剪切破坏产生在土中，而

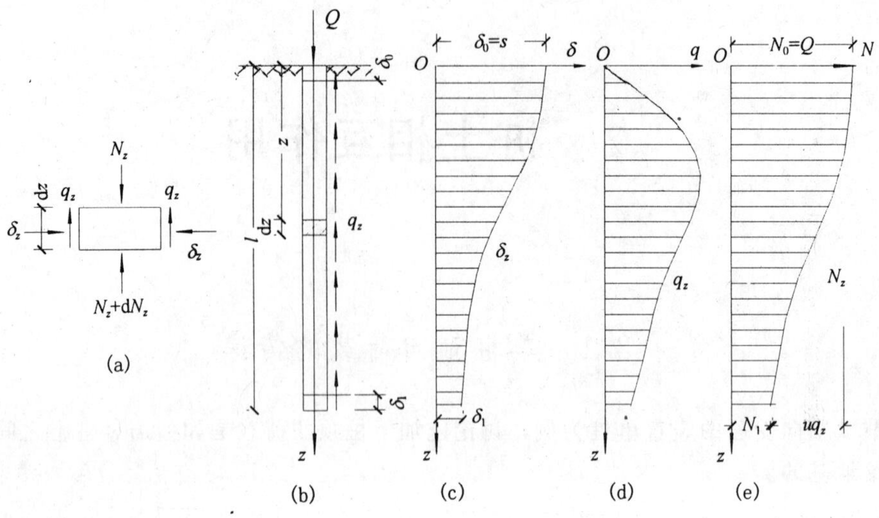


图 2.1　单桩轴向荷载的传递

(a) 桩体元素的受力情况；(b) 轴向受力的单桩；(c) 截面位移曲线；

(d) 摩阻力分布曲线；(e) 轴力分布曲线

不产生在桩侧面上。

以桩顶（也是地面）作为坐标原点，离桩顶深度为 $z$ 处的桩身轴力为：

$$N_z = Q - \int_0^z u \cdot q_z \mathrm{d}z \tag{2-2}$$

式中：$u$ 为桩的横截面周长。

$N_z$ 对 $z$ 的一阶导数为：

$$\frac{\mathrm{d}N_z}{\mathrm{d}z} = - u \cdot q_z$$

或

$$q_z = - \frac{1}{u} \cdot \frac{\mathrm{d}N_z}{\mathrm{d}z} \tag{2-3}$$

负号表示 $N_z$ 随深度 $z$ 的增加而减小。式（2-3）也可从深度为 $z$、长度为 d$z$ 的一小段桩体的平衡条件得到。式（2-3）表示摩阻力与轴力的关系。如果试验时测出若干截面的应力（从而得到轴力 $N_z$），则摩阻力的大小和分布可按该式确定。

把桩视作线性变形体，其横截面面积为 $A$，弹性模量为 $E_P$，则桩顶沉降 $s$ 为：

$$s = \delta_1 + \frac{1}{AE_P}\int_0^l N_z \mathrm{d}z \tag{2-4}$$

桩身任意截面的位移 $s_z$ 为：

$$s_z = \delta_1 + \frac{1}{AE_P}\int_z^l N_z \mathrm{d}z \tag{2-5}$$

式中：$\delta_1$ 为桩端位移，即桩的刚体位移。

为了简化起见，假设桩底以下为文克尔地基，则桩端持力层的地基反力 $P$（kPa）与桩端位移 $\delta_1$（m）成正比例，即：

$$P = k_s \cdot \delta_1 \text{ 或 } N_1 = k_s \cdot A_1 \delta_1 \tag{2-6}$$

式中：$k_s$ 为桩端持力层的基床系数，kN/m³；

$A_1$ 为桩端底面积。

这样，如果有条件取得设置量测元件的桩的荷载试验资料，则可反演求得桩侧土层的剪切变形系数和桩端持力层的基床系数两个参数，根据已知的桩的尺寸和桩弹性模量 $E_P$，就可以对同一场地中尚未做过荷载试验的桩，利用上述理论求得荷载与沉降（$Q-s$）的关系曲线。此时，可对给定的不同 $Q$ 值，由以上各式算出桩顶沉降 $s$ 以及任意截面（包括桩顶和桩底）的位移 $s_z$、摩阻力 $q_z$ 和桩身轴力 $N_z$ 了。

### 2.1.3 桩侧摩阻力的分布

随桩顶荷载 $Q$ 的逐级增加，桩侧摩阻力、桩身轴力和桩的横截面位移不断变化。桩侧摩阻力自上而下逐步发挥，其发挥值与桩土相对位移量有关。当增加到一定数值时，桩端产生位移，桩端阻力的作用才开始明显表露出来。根据试验资料，当桩侧与土之间的相对位移量约为 4～6mm（对粘性土）或 6～10mm（对砂土）时，摩阻力达到其极限值。而桩端位移达到桩径的 0.10～0.25 倍时，桩端阻力才达到极限值。其中低值适用于持力层为硬粘性土或砂土的挤土桩，高值则适用于非挤土桩。根据已有资料分析，在均匀土层中摩阻力的分布大致有以下特点：

(1)对于支承于硬质岩层上的端承桩，可视桩尖处为固定支承点（即假定桩尖下土没有沉降），桩主要由于桩身的弹性压缩而对周围的土发生剪切位移。由弹性位移产生的摩阻力，如图 2.2 中曲线 $a$ 所示。

(2)对于在软土中的纯摩擦桩(桩尖阻力近于零)，假定将桩视为刚体，当桩受荷后，桩身每一点与土均产生等量的剪切位移，这种位移可视为刚性位移（或叫刺入变形）。由刚性位移产生的摩阻力如图 2.2 中曲线 $b$ 所示。

(3)对于中间状态的桩(桩侧摩擦力与桩尖阻力同时存在)，则可认为是上述两种作用的综合，桩周摩阻力的分布如图 2.2 中曲线 $c$ 所示，即由曲线 $a$ 与曲线 $b$ 叠加而成。

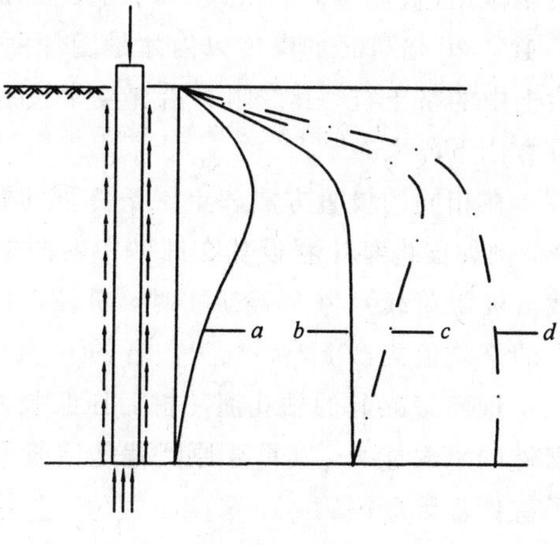


图 2.2 桩周摩擦力的分布

$a$—由弹性位移产生的摩擦力；$b$—由刚性位移产生的摩擦力；$c$—曲线 $a$ 与曲线 $b$ 叠加；$d$—达到极限荷载时的摩擦力分布

(4) 当达到极限荷载时，曲线 $c$ 的发展变化，视土质情况等因素而定。因为土的抗剪力是以剪应变为转移的。对于中间状态的桩，一般地，桩尖土是可以压缩的，即桩在荷载作用下，能够发生相当的刺入变形。使桩身上某点的摩阻力首先达到土的抗剪强度，当桩继续下沉时，该点的摩阻力就不再增加而形成摩阻力的重分布，使附近点的摩阻力均逐渐达到极限值。因此当桩达到极限荷载时，桩周摩阻力的分布如图 2.2 中曲线 $d$ 所示，即呈锥顶柱形分布。若桩尖下土质比较坚硬，不容许发生较大沉降时，则曲线仍保持原来 $c$ 的形状。

为了实用计算的便利，可不考虑上部一小段摩阻力较小的情况，而平均地假定桩周摩阻力为均匀分布。对于成层地基，则可认为同一土层中的摩阻力是均匀分布的。这样，计算就大为简化了。

由于摩阻力在土中的扩散作用，在桩尖平面处形成一个钟形分布的压力图形，如图 2.3，桩尖附近应力比较集中。摩阻力在土中形成的应力分布，理论上可以用在半空间体内部作用有集中力的明德林（R. Mindlin）公式来计算。

摩阻力极限值可由式（2-1）表达，正如土的抗剪强度与正应力 $\sigma$ 有关一样，由于桩侧面的法向压力 $\sigma_x$ 是变化的，故 $q_u$ 并非常量，$q_u$ 以及 $q_z$ 均随深度的不同而各异。但桩侧面的法向压力 $\sigma_x$ 与竖向有效应力 $\sigma'$ 有关：

$$\sigma_x = K_s \sigma'$$

式中：$K_s$ 为桩侧土的侧压力系数。对于挤土桩：$K_s > K_0$（静止侧压力系数），且 $K_s < K_P$（被动土压力系数）；对于部分挤土桩：$K_a < K_s < K_0$（$K_a$ 为主动土压力系数），这是由于桩孔处的土已被取去，使得孔壁的侧向土压力小于静止侧压力。

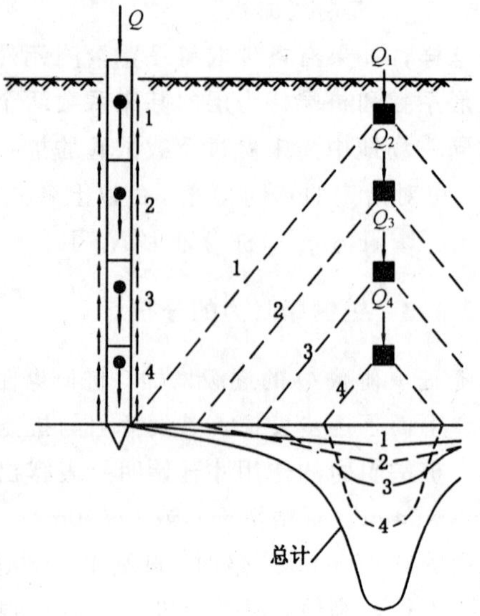

图 2.3　桩尖平面处压力分布

根据试验，对于密实砂土中的桩，由于桩土的相互作用，桩侧竖向有效应力，只有由地面起到等于 10～20 倍桩径的深度以内才是随深度线性增加的，深度更大时，摩阻力接近均匀分布。在粘土中的挤土桩，其摩阻力沿深度常按近乎抛物线的规律分布，如图 2.1（c），桩身中段的摩阻力比下段大。

在相同的设置方法和土层条件下的摩擦桩，由于桩长不同，$q_u$ 的分布图形和大小也不一样，例如国内某工程设置在细砂中的两根直径为 700mm 的钻孔桩，长度为 40m 者，当桩顶荷载（极限荷载）为 5.75MN 时，桩侧摩阻力的平均值为 57kPa；而长度为 20m 者，桩侧摩阻力的平均值为 33kPa，仅为前者的 60%。

近年来兴起的钻孔灌注桩后压浆技术（成桩后在桩侧和桩底实施压力注浆），能大幅度提高桩的承载能力，其重要原因就是注浆补强提高了桩土间的摩擦角 $\varphi_a$ 和粘聚力 $C_a$，从而增大了桩侧极限摩阻力 $q_u$。

### 2.1.4　影响荷载传递的因素

马特斯（N. S. Mattes）和波洛斯（H. G. Poulos）运用线弹性理论进行分析的结果表明，影响桩土体系荷载的因素主要有：

（1）桩端土与桩周土的刚度比（$E_b/E_s$）：当 $E_b/E_s=0$ 时，荷载全部由桩侧摩阻力所承担，属纯摩擦桩。在均匀土层中的纯摩擦桩，摩阻力接近于均匀分布。当 $E_b/E_s=1$ 时，属均匀土层中的摩擦型桩，其荷载传递曲线和桩侧摩阻力分布与纯摩擦桩相近。当 $E_b/E_s=\infty$ 且为中长桩（$l/d\approx25$）时，桩身荷载上段随深度减小，下段近乎沿深度不变。即桩侧摩阻力上段可得到发挥，下段由于桩土相对位移很小（桩端无位移）而无法发挥出来。桩端由于土的刚度大，可分担 60%以上荷载，属端承型桩。

（2）桩、土的刚度比（$E_p/E_s$）：当 $E_p/E_s$ 愈大，桩端阻力所分担的荷载比例愈大；反之，桩端阻力分担的荷载比例降低，桩侧阻力分担的荷载比例增大。对于 $E_p/E_s\leqslant10$ 的中长桩（$l/d\approx25$），其桩端阻力接近于零。这说明对于砂桩、碎石桩、灰土桩等低刚度桩组成的基础，应按复合地基工作原理进行设计。

(3) 桩底扩大头与桩身直径之比（$D/d$）：$D/d$ 愈大，桩端阻力分担的荷载比例愈大。

(4) 桩长径比（$l/d$）：$l/d$ 对荷载传递的影响较大。在均匀土层中的钢筋混凝土桩，其荷载传递性状主要受 $l/d$ 的影响。当 $l/d \geqslant 100$ 时，桩端土的性质对荷载传递不再有任何影响。可见，长径比很大的桩都属于摩擦型桩或纯摩擦桩，在此情况下显然无需采用扩底桩。

### 2.1.5 桩侧负摩阻力

桩土之间相对位移的方向，对于荷载传递的影响很大。在土层相对于桩侧向下位移时，产生于桩侧的向下的摩阻力称为负摩阻力。产生负摩阻力的情况有多种，例如：位于桩周欠固结的软粘土地区或新填土在重力作用下产生固结；大面积堆载使桩周土层压密；在正常固结或弱超固结的软粘土地区，由于地下水位全面降低（例如长期抽取地下水），致使有效应力增加，因而引起大面积沉降；自重湿陷性黄土浸水后产生湿陷；打桩时使已设置的邻桩抬升等。在这些情况下，土的重力和地面荷载将通过负摩阻力传递给桩。

桩侧负摩阻力问题，实质上和正摩阻力一样，如果得知土与桩之间相对位移以及负摩阻力与相对位移之间的关系，就可以了解桩侧负摩阻力的分布和桩身轴力与截面位移了。

图 2.4（a）中表示一根承受竖向荷载的桩，桩身穿过正在固结中的土层（厚度为 $l_0$）而

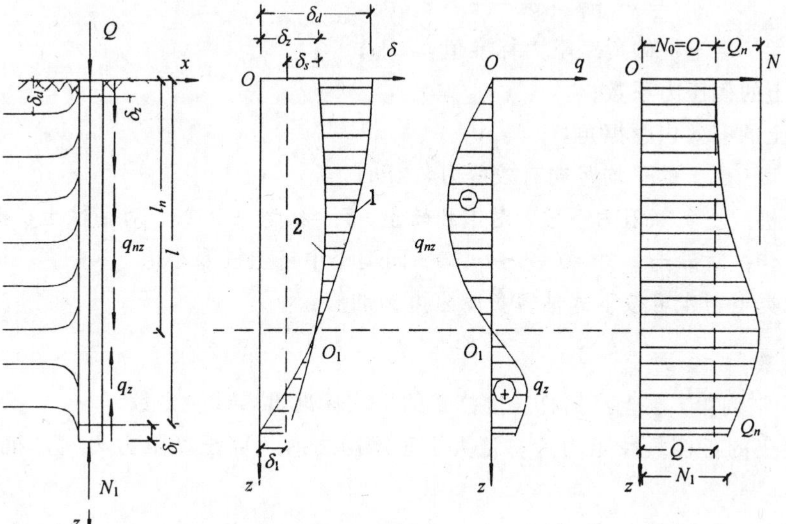


图 2.4 单桩在产生负摩阻力时的传递

(a) 单桩；(b) 位移曲线，1—土层竖向位移曲线，2—桩的截面位移曲线；
(c) 桩侧摩阻力分布曲线；(d) 桩身轴力分布曲线

达到坚实土层。在图 2.4 中，曲线 1 表示土层不同深度的位移，曲线 2 为该桩的截面位移曲线。曲线 1 和曲线 2 之间的位移差（图中画横线部分）为桩土之间的相对位移。从图中可见，在桩的某一深度 $l_n$ 以上，土层的沉降大于桩的沉降，在该段桩长内，桩侧产生负摩阻力 $q_{nz}$；$l_n$ 深度以下的可压缩层内，土的沉降小于桩的沉降，土对桩产生正摩阻力 $q_z$；在 $l_n$ 深度处（曲线 1 和曲线 2 的交点处），桩土相对位移为零，既没有负摩阻力，又没有正摩阻力，习惯上称该点为中性点。图 2.4（c）、图 2.4（d）分别为桩侧摩阻力和桩身轴力曲线，由于负摩阻力引

起的下拉力 $Q_n$ 作用于中性点以上，故中性点截面桩身轴力达到最大值 ($Q+Q_n$)。若中性点以下总的正摩阻力为 $Q_s$，则桩端总阻力为 $Q+(Q_n-Q_s)$。

一般来说，中性点的位置，在初期多少是有变化的，它随着桩的沉降增加而向上移动。当沉降趋于稳定，中性点也将稳定在某一固定深度 $l_n$ 处。工程实测表明，在桩穿越的可压缩土层（厚度为 $l_0$）范围内，负摩阻力的作用长度，即中性点的稳定深度 $l_n$，是随桩端持力土层的强度和刚度的增大而增加的，其深度比 $l_n/l_0$ 的经验值见表 2－1。

**表 2－1　中性点深度比**

| 持力层性质 | 粘性土、粉土 | 中密以上砂 | 砾石、卵石 | 基　岩 |
|---|---|---|---|---|
| $l_n/l_0$ | 0.5～0.6 | 0.7～0.8 | 0.9 | 1.0 |

由于影响负摩阻力的因素甚多，精确计算负摩阻力是复杂而困难的，迄今国内外学者提出的计算方法与公式都是近似和经验的。例如，在粘土中的桩，负摩阻力的极限值接近于土的非排水抗剪强度 $C_u$；负摩阻力的大小，与作用在桩侧的竖向有效应力大致成正比等。根据大量试验与工程实测结果表明，以有效应力法较接近实际。单桩负摩阻力标准值可按下列公式计算：

$$q_{si}^n = k\tan\varphi' \cdot \sigma_i' = \xi_n \cdot \sigma_i' \tag{2-7}$$

式中：$q_{si}^n$为第 $i$ 层土桩侧负摩阻力标准值，kPa；

$k$ 为土的侧压力系数；

$\varphi'$ 为土的有效内摩擦角，°；

$\sigma_i'$ 为第 $i$ 层土的平均竖向有效应力，kPa；

$\xi_n$ 为桩周土负摩阻力系数。对饱和软土，$\xi_n=0.15\sim0.25$；对粘性土、粉土，$\xi_n=0.25\sim0.40$；对砂土，$\xi_n=0.35\sim0.50$。同类土中挤土桩取小值。

对于砂类土，也可按下式估算负摩阻力标准值：

$$q_{si}^n=\frac{N_i}{5}+3 \tag{2-8}$$

式中：$N_i$ 为桩周第 $i$ 层土经钻杆长度修正的平均标准贯入试验击数。

当某层土的桩侧负摩阻力计算值大于正摩阻力时，取正摩阻力为 $q_{si}^n$。桩侧总负摩阻力（下拉荷载）为：

$$Q_n = u\sum q_{si}^n l_i \tag{2-9}$$

式中：$l_i$ 为第 $i$ 层土厚度，m。其他同前。

负摩阻力问题，目前已变成工程实践的热点问题，不少建筑物桩基由于负摩阻力问题而出现沉降、倾斜、开裂。所以在验算桩基承载力和沉降时，均应予以考虑并采取相应措施减小负摩阻力。

## 2.2　桩尖下土的极限平衡

作用在桩上的荷载是由侧摩阻力和桩端阻力共同承受的。如图 2.5 所示。在加载初期，摩擦力 $Q_s$ 的增长比较快，桩端阻力 $Q_p$ 的作用较小。随着荷载的不断增加，摩阻力逐渐增大到极限值 $Q_{su}$后就不再增大了，$Q_s$ 曲线趋于水平，而桩顶继续增加的荷载，完全靠 $Q_p$ 的增大来承担，直到桩尖下的土达到极限平衡，桩被破坏。此外，由图中还可以看出，不同 $Q$ 值下，$Q_s/$

$Q_p$ 并不是一个常数。

桩达到破坏荷载时，桩发生剧烈的或不停滞的下沉，此时的桩尖下土发生大量塑性变形，土中形成局部剪切破坏区，桩尖下土体被压缩。但由于桩的入土深度与其断面尺寸相比是很大的，根据“临界深度”的理论，当桩的入土深度超过临界深度后，桩端阻力将保持为常数。这是与浅基础破坏不同的地方。

桩端阻力即桩尖下土体的极限承载力，采用深基础的极限平衡理论来确定时，在极限状态下，桩尖下土体的滑动面的形状，有各种不同的假定，较常用的为太沙基及梅耶霍夫的图示，如图 2.6 所示。利用土体极限平衡理论可以得到确定桩尖承载力的理论计算公式。但各种理论公式的假定条件还缺乏足够的实验验证，因此在使用上常受到限制。充分发挥桩端极限承载力所需要的桩端沉降量则大得多，且它不仅与土类有关，同时还与桩径 $d$ 有关。这个极限沉降值，一般粘性土约为 $0.25d$；硬性土约为 $0.1d$；砂土约为 $(0.08\sim0.1)\ d$。

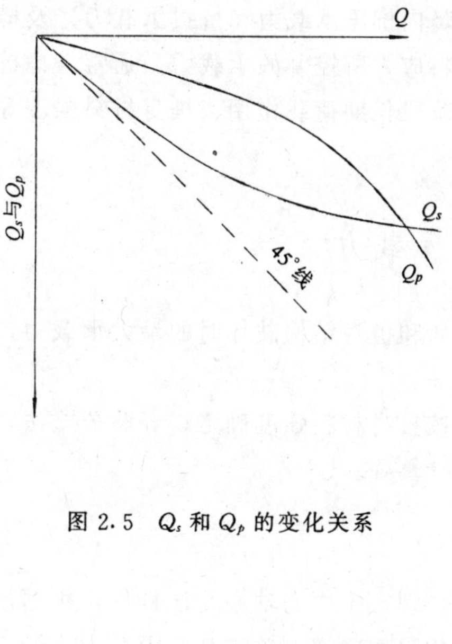


图 2.5　$Q_s$ 和 $Q_p$ 的变化关系

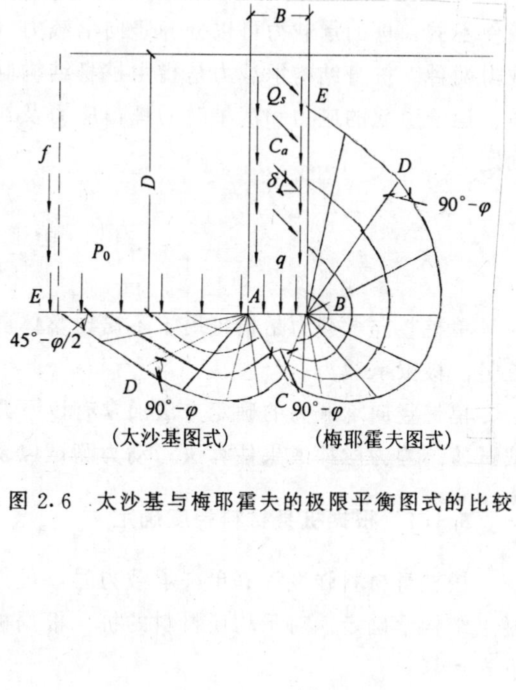


图 2.6　太沙基与梅耶霍夫的极限平衡图式的比较

# 3　桩的承载力计算

桩基础应满足稳定性和沉降等基本要求。根据岩土工程中的一般规定，桩基应考虑两种主要的极限状态：承载能力极限状态和正常使用极限状态。即计算时应避免出现下列情况：单桩或群桩周围土的剪切破坏；桩基础丧失整体稳定性；桩身结构破坏；因桩基的沉降导致结构物破坏以及影响结构物的使用。

桩基承载力的含义及内容包括了地基土对桩的支承力和桩身结构承载力。由于桩的承载条件不同，桩的承载力可以分为竖向承载力（包括竖向抗压承载力和抗拔承载力）及横向承载力两种。桩身结构承载力是指由桩身结构制桩材料应力所控制的承载力，通常考虑桩的起吊、运输引起的应力和沉桩时的锤击应力及在承载阶段长期荷载作用、桩身材料强度等条件确定。

## 3.1　单桩竖向承载力

单桩竖向承载力是指桩周土不出现整体剪切破坏和桩身结构破坏时的最大承载力，即单桩竖向极限承载力。

单桩竖向承载力的确定方法通常有以下几种：按桩身材料强度确定；经验公式法；静荷载试验；静力触探成果估算法；动力测试以及理论计算等。

### 3.1.1　根据桩身材料强度确定

按桩身材料强度计算单桩承载力时，可把桩视作埋入土中的轴心受压杆件，根据钢筋混凝土结构学确定。对于均质材料的桩，根据桩身结构强度确定的单桩竖向承载力设计值可按下式计算：

$$Q = \varphi(f_c A_p + f'_y A'_s) \tag{3-1}$$

式中：$Q$ 为按单桩结构强度确定的钢筋混凝土桩的单桩竖向承载力设计值，kN；

$\varphi$ 为纵向弯曲系数，对全埋入土中的桩（除极软土层中的长桩外）取 $\varphi=1$；

$f_c$ 为混凝土轴心抗压强度设计值，kPa，应考虑桩的施工工作条件因素；

$A_p$ 为桩身的截面面积，$m^2$；

$f'_y$ 为纵向钢筋的抗压强度设计值，kPa；

$A'_s$ 为桩身内纵向钢筋横截面面积，$m^2$。

《建筑桩基技术规范》(JGJ94－94) 规定：计算混凝土桩在轴心受压荷载和偏心受压荷载下的桩身强度时，应将混凝土的轴心抗压强度设计值和抗弯抗压强度设计值分别乘以桩基础施工工艺系数 $\varphi_c$。对混凝土预制桩，取 $\varphi_c=1$；干作业非挤土灌注桩，取 $\varphi_c=0.9$；泥浆护壁和套管护壁非挤土灌注桩、部分挤土灌注桩、挤土灌注桩，取 $\varphi_c=0.8$。

### 3.1.2 按规范经验公式确定

3.1.2.1 《建筑地基基础设计规范》(GBJ7－89) 公式

单桩的极限承载力 $Q_u$ 由桩侧总极限摩阻力 $Q_{su}$和总极限端阻力 $Q_{pu}$组成。

$$Q_u = Q_{su} + Q_{pu} \tag{3-2}$$

假定同一土层中的摩阻力是均匀分布的，则单桩竖向承载力可按下式计算：

$$Q_k = q_p A_p + u_p \sum q_{si} l_i \tag{3-3}$$

式中：$Q_k$ 为单桩竖向承载力标准值，kN；

$q_p$ 为桩端土承载力标准值，kPa；

$A_p$ 为桩身横截面积，$m^2$；

$u_p$ 为桩截面周长，m；

$q_{si}$为按土层划分的桩侧摩阻力标准值，kPa；

$l_i$ 为桩穿越各土层的长度，m。

$q_p$ 和 $q_{si}$由大量桩的静载试验成果经统计分析得到，可以采用规范的推荐值，也可按地区经验确定。

《建筑地基基础设计规范》(GBJ7－89) 规定：对于一级建筑物，单桩竖向承载力标准值应通过现场静荷载试验确定。对于二级建筑物，可参照地质条件相同的试验资料，根据具体情况确定。初步设计时，可按式（3－3）估算。预制桩的 $q_p$ 和 $q_s$ 值见表 3－1 和表 3－2。

**表 3－1 预制桩桩端土（岩）承载力标准值 $q_p$** 单位：kPa

| 土名称 | 土的状态 | 预制桩入土深度（m） | | |
|---|---|---|---|---|
| | | 5 | 10 | 15 |
| 粘性土 | $0.50<I_L\leqslant0.75$ | 400～600 | 700～900 | 900～1 100 |
| | $0.25<I_L\leqslant0.50$ | 800～1 000 | 1 400～1 600 | 1 600～1 800 |
| | $0<I_L\leqslant0.25$ | 1 500～1 700 | 2 100～2 300 | 2 500～2 700 |
| 粉　土 | $e<0.7$ | 1 100～1 600 | 1 300～1 800 | 1 500～2 000 |
| 粉　砂 | 中密、密实 | 800～1 000 | 1 400～1 600 | 1 600～1 800 |
| 细　砂 | | 1 100～1 300 | 1 800～2 000 | 2 100～2 300 |
| 中　砂 | | 1 700～1 900 | 2 600～2 800 | 3 100～3 300 |
| 粗　砂 | | 2 700～3 000 | 4 000～4 300 | 4 600～4 900 |
| 砾　砂 | 中密、密实 | 3 000～5 000 | | |
| 角砾、圆砾 | | 3 500～5 500 | | |
| 碎石、卵石 | | 4 000～6 600 | | |
| 软质岩石 | 微风化 | 6 000～7 500 | | |
| 硬质岩石 | | 7 500～10 000 | | |

注：①表中数据只用于初步设计时估算；

②入土深度超过 15m 时按 15m 考虑；

③$I_L$ 为液性指数；

④$e$ 为孔隙比。

单桩竖向抗压承载力设计值 $Q$ 可按下式计算：

$$Q=\begin{cases}1.2Q_k \\ 1.1Q_k\text{（桩数为 3 根及 3 根以下的柱下承台）}\end{cases} \tag{3-4}$$

**表 3-2　预制桩桩周土摩阻力标准值 $q_s$**　　单位：kPa

| 土名称 | 土的状态 | $q_s$ |
|---|---|---|
| 填　土 | | 9～13 |
| 淤　泥 | | 5～8 |
| 淤泥质土 | | 9～13 |
| 粘性土 | $I_L>1$ | 10～17 |
| | $0.75<I_L\leqslant 1$ | 17～24 |
| | $0.50<I_L\leqslant 0.75$ | 24～31 |
| | $0.25<I_L\leqslant 0.50$ | 31～38 |
| | $0<I_L\leqslant 0.25$ | 38～43 |
| | $I_L\leqslant 0$ | 43～48 |
| 红粘土 | $0.75<I_L\leqslant 1$ | 6～15 |
| | $0.25<I_L\leqslant 0.75$ | 15～35 |
| 粉　土 | $e>0.9$ | 22～44 |
| | $0.75\leqslant e\leqslant 0.9$ | 44～64 |
| | $e<0.75$ | 64～85 |
| 粉细砂 | 稍　密 | 22～42 |
| | 中　密 | 42～63 |
| | 密　实 | 63～85 |
| 中　砂 | 中　密 | 54～74 |
| | 密　实 | 74～95 |
| 粗　砂 | 中　密 | 74～95 |
| | 密　实 | 95～116 |
| 砾　砂 | 中密、密实 | 116～138 |

注：①表中数据只用于初步设计时估算；

②对于尚未完成自重固结的填土和以生活垃圾为主的杂填土，不计算其侧阻力；

③$I_L$ 为液性指数；

④$e$ 为孔隙比。

3.1.2.2　《建筑桩基技术规范》(JGJ94－94) 公式

由于单桩静载试验的费用、时间、人力消耗都较高，无法大量推广应用，因此除一级建筑桩基必须采用外，二级建筑桩基在有地质条件相同的试桩资料可参照的情况下，可根据静力触探、标准贯入、经验参数估算，综合确定单桩竖向极限承载力标准值 $Q_{uk}$，对三级建筑桩基，可利用承载力经验参数估算。

1. 关于单桩竖向极限承载力标准值的计算

当根据土的物理指标与承载力参数之间的经验关系，确定单桩竖向极限承载力标准值时，宜按下式计算：

$$Q_{uk}=Q_{sk}+Q_{pk}=u_p\sum q_{ski}l_i+q_{pk}A_p \tag{3-5}$$

对于大直径桩（$d \geqslant 800$mm），可按下式计算：

$$Q_{uk} = Q_{sk} + Q_{pk} = u_p \sum \varphi_{si} q_{ski} l_i + \varphi_p q_{pk} A_p \qquad (3-6)$$

式中：$Q_{sk}$、$Q_{pk}$分别为单桩总极限侧阻力和总极限端阻力标准值，kN；

$q_{ski}$为桩侧第 $i$ 层土的极限侧阻力标准值，kPa，如无当地经验值时，可按表 3－3 取值，对于扩底桩变截面以下，不计侧阻力；

$q_{pk}$为极限端阻力的标准值，kPa，当采用当地经验值或按表 3－4 取值时，对大直径桩也可采用深层荷载试验确定，对于干作业桩（清底干净）可按表 3－5 取值；

$\varphi_{si}$、$\varphi_p$ 为大直径灌注桩侧阻、端阻尺寸效应系数。对粘性土和粉土，$\varphi_{si}=1$，$\varphi_p=(0.8/D)^{1/4}$（$D$ 为桩端直径）；对砂土、碎石类土，$\varphi_p=(0.8/D)^{1/3}$，$\varphi_{si}=(0.8/D)^{1/5}$。

表 3－3 和表 3－4 所提供的混凝土预制桩经验参数，是根据全国各地 229 根试桩结果统计分析得出的，与 GBJ7－89 相比有四个特点：

**表 3－3 桩的极限侧阻力标准值 $q_{sk}$** 单位：kPa

| 土名称 | 土的状态 | 混凝土预制桩 | 水下钻（冲）孔桩 | 沉管灌注桩 | 干作业钻孔桩 |
|---|---|---|---|---|---|
| 填　土 | | 20～28 | 18～26 | 15～22 | 18～26 |
| 淤　泥 | | 11～17 | 10～16 | 9～13 | 10～16 |
| 淤泥质土 | | 20～28 | 18～26 | 15～22 | 18～26 |
| 粘性土 | $I_L>1$ | 21～36 | 20～34 | 16～28 | 20～34 |
| | $0.75<I_L\leqslant1$ | 36～50 | 34～48 | 28～40 | 34～48 |
| | $0.50<I_L\leqslant0.75$ | 50～66 | 48～64 | 40～52 | 48～62 |
| | $0.25<I_L\leqslant0.50$ | 66～82 | 64～78 | 52～63 | 62～76 |
| | $0<I_L\leqslant0.25$ | 82～91 | 78～88 | 63～72 | 76～86 |
| | $I_L\leqslant0$ | 91～101 | 88～98 | 72～80 | 86～96 |
| 红粘土 | $0.7<a_w\leqslant1$ | 13～32 | 12～30 | 10～25 | 12～30 |
| | $0.5<a_w\leqslant0.7$ | 32～74 | 30～70 | 25～68 | 30～70 |
| 粉土 | $e>0.9$ | 22～44 | 22～40 | 16～32 | 20～40 |
| | $0.75\leqslant e\leqslant0.9$ | 44～64 | 40～60 | 32～50 | 40～60 |
| | $e<0.75$ | 64～85 | 60～80 | 50～67 | 60～80 |
| 粉细砂 | 稍　密 | 22～42 | 22～40 | 16～32 | 20～40 |
| | 中　密 | 42～63 | 40～60 | 32～50 | 40～60 |
| | 密　实 | 63～85 | 60～80 | 50～67 | 60～80 |
| 中　砂 | 中　密 | 54～74 | 50～72 | 42～58 | 50～70 |
| | 密　实 | 74～95 | 72～90 | 58～75 | 70～90 |
| 粗　砂 | 中　密 | 74～95 | 74～95 | 58～75 | 70～90 |
| | 密　实 | 95～116 | 95～116 | 75～92 | 90～110 |
| 砾　砂 | 中密、密实 | 116～138 | 116～135 | 92～110 | 110～130 |

注：①对于尚未完成自重固结的填土和以生活垃圾为主的杂填土，不计算其侧阻力；

②$a_w$ 为含水量比，$a_w=W/W_L$；

③$I_L$ 为液性指数；

④$e$ 为孔隙比。

## 表 3-4　桩的极限端阻力标准值 $q_{pk}$

单位:kPa

| 土名称 | 桩型 / 土的状态 | 预制桩入土深度(m) | | | | 水下钻(冲)孔桩入土深度(m) | | | |
|---|---|---|---|---|---|---|---|---|---|
| | | $h\leqslant 9$ | $9<h\leqslant 16$ | $16<h\leqslant 30$ | $h>30$ | 5 | 10 | 15 | $h>30$ |
| 粘性土 | $0.75<I_L\leqslant 1$ | 210~840 | 630~1 300 | 1 100~1 700 | 1 300~1 900 | 100~150 | 150~250 | 250~300 | 300~450 |
| | $0.50<I_L\leqslant 0.75$ | 840~1 700 | 1 500~2 100 | 1 900~2 500 | 2 300~3 200 | 200~300 | 350~450 | 450~550 | 550~750 |
| | $0.25<I_L\leqslant 0.50$ | 1 500~2 300 | 2 300~3 000 | 2 700~3 600 | 3 600~4 400 | 400~500 | 700~800 | 800~900 | 800~1 000 |
| | $0<I_L\leqslant 0.25$ | 2 500~3 800 | 3 800~5 100 | 5 100~5 900 | 5 900~6 800 | 750~850 | 1 000~1 200 | 1 200~1 400 | 1 400~1 600 |
| 粉土 | $0.75\leqslant e\leqslant 0.9$ | 840~1 700 | 1 300~2 100 | 1 900~2 700 | 2 500~3 400 | 250~350 | 300~500 | 450~650 | 650~850 |
| | $e<0.75$ | 1 500~2 300 | 2 100~3 000 | 2 700~3 600 | 3 600~4 400 | 550~800 | 650~900 | 750~1 000 | 850~1 000 |
| 粉砂 | 稍　密 | 800~1 600 | 1 500~2 100 | 1 900~2 500 | 2 100~3 000 | 200~400 | 350~500 | 450~600 | 600~700 |
| | 中密、密实 | 1 400~2 200 | 2 100~3 000 | 3 000~3 800 | 3 800~4 600 | 400~500 | 700~800 | 800~900 | 900~1 100 |
| 细砂 | 中密、密实 | 2 500~3 800 | 3 600~4 800 | 4 400~5 700 | 5 300~6 500 | 550~650 | 900~1 000 | 1 000~1 200 | 1 200~1 500 |
| 中砂 | | 3 600~5 100 | 5 100~6 300 | 6 300~7 200 | 7 000~8 000 | 850~950 | 1 300~1 400 | 1 600~1 700 | 1 700~1 900 |
| 粗砂 | | 5 700~7 400 | 7 400~8 400 | 8 400~9 500 | 9 500~10 300 | 1 400~1 500 | 2 000~2 200 | 2 300~2 400 | 2 300~2 500 |
| 砾砂 | 中密、密实 | 6 300~10 500 | | | | 1 500~2 500 | | | |
| 角砾、圆砾 | | 7 400~11 600 | | | | 1 800~2 800 | | | |
| 碎石、卵石 | | 8 400~12 700 | | | | 2 000~3 000 | | | |

| 土名称 | 桩型 / 土的状态 | 沉管灌注桩入土深度(m) | | | | 干作业钻孔桩入土深度(m) | | |
|---|---|---|---|---|---|---|---|---|
| | | 5 | 10 | 15 | >15 | 5 | 10 | 15 |
| 粘性土 | $0.75<I_L\leqslant 1$ | 400~500 | 600~750 | 750~1 000 | 1 000~1 400 | 200~400 | 400~700 | 700~950 |
| | $0.50<I_L\leqslant 0.75$ | 670~750 | 1 200~1 500 | 1 500~1 800 | 1 800~2 000 | 420~630 | 740~950 | 950~1 200 |
| | $0.25<I_L\leqslant 0.50$ | 1 300~2 200 | 2 300~2 700 | 2 700~3 000 | 3 000~3 500 | 850~1 100 | 1 500~1 700 | 1 700~1 900 |
| | $0<I_L\leqslant 0.25$ | 2 500~2 900 | 3 500~3 900 | 4 000~4 500 | 4 200~5 000 | 1 600~1 800 | 2 200~2 400 | 2 600~2 800 |
| 粉　土 | $0.75\leqslant e\leqslant 0.9$ | 1 200~1 600 | 1 600~1 800 | 1 800~2 100 | 2 100~2 600 | 600~1 000 | 1 000~1 400 | 1 400~1 600 |
| | $e<0.75$ | 1 800~2 200 | 2 200~2 500 | 2 500~3 000 | 3 000~3 500 | 1 200~1 700 | 1 400~1 900 | 1 600~2 100 |
| 粉　砂 | 稍　密 | 800~1 300 | 1 300~1 800 | 1 800~2 000 | 2 000~2 400 | 500~900 | 1 000~1 400 | 1 500~1 700 |
| | 中密、密实 | 1 300~1 700 | 1 800~2 400 | 2 400~2 800 | 2 800~3 600 | 850~1 000 | 1 500~1 700 | 1 700~1 900 |
| 细　砂 | 中密、密实 | 1 800~2 200 | 3 000~3 400 | 3 500~3 900 | 4 000~4 900 | 1 200~1 400 | 1 900~2 100 | 2 200~2 400 |
| 中　砂 | | 2 800~3 200 | 4 400~5 000 | 5 200~5 500 | 5 500~7 000 | 1 800~2 000 | 2 800~3 000 | 3 300~3 500 |
| 粗　砂 | | 4 500~5 000 | 6 700~7 200 | 7 700~8 200 | 8 400~9 000 | 2 900~3 200 | 4 200~4 600 | 4 900~5 200 |
| 砾　砂 | 中密、密实 | 5 000~8 400 | | | | 3 200~5 300 | | |
| 角砾、圆砾 | | 5 900~9 200 | | | | | | |
| 碎石、卵石 | | 6 700~10 000 | | | | | | |

注：①砂石和碎石类中桩的极限端力取值，要综合考虑土的密实度，桩端进入持力层的深度比为 $h_b/d$，土愈密实，$h_b/d$ 愈大，取值愈高；

②表中沉管灌注桩系指带预制桩尖沉管灌注桩；

③$I_L$ 为液性指数；

④$e$ 为孔隙比。

(1) 增设了较软弱土层的桩端阻力值；

(2) 适当调小了埋深10m左右的较硬层端阻力值；

(3) 增设了埋深超过30m以上持力层的端阻力；

(4) 引入了深度修正系数来考虑桩的入土深度对桩侧阻力的影响。

表3-3和表3-4中所列的其他类型桩的极限侧（端）阻力标准值，是通过各地一定数量的试桩资料〔其中，水下钻（冲）孔桩73根，沉管灌注桩138根，干作业钻孔桩150根〕，经过数理统计分析而得出的。

2. 关于嵌岩桩单桩竖向承载力的计算

嵌岩灌注桩大量用于建设工程仅是近十年的事，以致以前的有关规程、规范未给出此类桩的计算方法。以往有这样一种概念，凡嵌岩桩必为端承桩，凡端承桩均不考虑土层侧阻力，这对于存在冲刷作用的桥梁桩基是接近实际的，对于桩端置于新鲜或微风化基岩中的短粗桩，土层侧阻力也是可以忽略的，而对于其他桩则是不符合实际的。现场试验结果表明，一般情况下，上覆土层的侧阻力是可以发挥的，随着上覆土层的性质和厚度的不同，桩的长径比 $l/d$ 的不同，嵌入基岩性质和深度的不同，以及桩底沉渣厚度的不同，桩侧阻力、端阻力的发挥性状也不同，应区别对待。关于嵌岩段侧阻力问题，当桩端嵌入基岩一定深度 $h_r$，荷载先通过侧阻力传递给嵌岩段侧壁，在产生一定的剪切变形后，一部分荷载才传递到桩底。传递到桩端的应随嵌岩深度增大而递减，当 $h_r=5d$ 时，传递到桩端的应力接近于零。说明嵌岩深度有一个最优取值范围，过小不行，若超过某一界限，过大也无助于提高竖向承载力。

**表3-5　干作业桩（清底干净，$D=800$mm）极限端阻力标准值 $q_{pk}$**　　单位：kPa

| 土名称 | | 状态 | | |
|---|---|---|---|---|
| 粘性土 | | $0.25<I_L\leqslant0.75$ | $0<I_L\leqslant0.25$ | $I_L\leqslant0$ |
| | | 800～1 800 | 1 800～2 400 | 2 400～3 000 |
| 粉土 | | $0.75<e\leqslant0.9$ | $e\leqslant0.75$ | |
| | | 1 000～1 500 | | |
| 砂土、碎石土类 | | 稍密 | 中密 | 密实 |
| | 粉砂 | 500～700 | 800～1 100 | 1 200～2 000 |
| | 细砂 | 700～1 100 | 1 200～1 800 | 2 000～2 500 |
| | 中砂 | 1 000～2 000 | 2 200～3 200 | 3 500～5 000 |
| | 粗砂 | 1 000～2 000 | 2 200～3 200 | 3 500～5 000 |
| | 砾砂 | 1 400～2 400 | 2 600～4 000 | 5 000～7 000 |
| | 圆砾、角砾 | 1 600～3 000 | 3 200～5 000 | 6 000～9 000 |
| | 卵石、碎石 | 2 000～3 000 | 3 300～5 000 | 7 000～11 000 |

注：①$q_{pk}$取值宜考虑桩端持力层的状态及桩进入持力层的深度效应，当进入持力层深度 $h_b$ 为：$h_b\leqslant D$，$D<h_b<4D$，$h_b\geqslant4D$ 时，$q_{pk}$可分别取低值、中值、较高值；

②砂土密实度可根据标贯击数 $N$ 来判定，$N\leqslant10$ 为松散，$10<N\leqslant15$ 为稍密，$15<N\leqslant30$ 为中密，$N>30$ 为密实；

③当对沉降要求不严时，可适当提高 $q_{pk}$值；

④$I_L$ 为液性指数；

⑤$e$ 为孔隙比。

因此，嵌岩桩单桩竖向极限承载力标准值，由桩周土总侧阻、嵌岩段总侧阻和总端阻三部分组成。当根据室内试验结果确定单桩竖向极限承载力标准值时，可按下式计算：

$$Q_{uk} = Q_{sk} + Q_{rk} + Q_{pk} \tag{3-7}$$

$$Q_{sk} = u\sum_{1}^{n}\xi_{si}q_{ski}l_i \tag{3-8}$$

$$Q_{rk} = u\xi_s f_{rc}h_r \tag{3-9}$$

$$Q_{pk} = \xi_p f_{rc}A_p \tag{3-10}$$

式中：$Q_{rk}$为嵌岩段总极限侧阻，kN；

$\xi_{si}$为覆盖层第 $i$ 层土的侧阻力发挥系数；当桩的长径比不大（$l/d<30$），桩端置于新鲜或微风化硬质岩中且桩底无沉渣时，对于粘性土、粉土，取 $\xi_{si}=0.8$，对于砂类土及碎石类土，取 $\xi_{si}=0.7$；对于其他情况，取 $\xi_{si}=1$；

$f_{rc}$为岩石饱和单轴抗压强度标准值，kPa，对于粘土质岩取天然湿度单轴抗压强度标准值；

$h_r$ 为桩身嵌岩（中等风化、微风化、新鲜基岩）深度，m，超过 $5d$ 时，取 $h_r=5d$；当岩层表面倾斜时，以坡下方的嵌岩深度为准；

$\xi_s$、$\xi_p$ 为嵌岩侧阻力和端阻力修正系数，与嵌岩深径比 $h_r/d$ 有关，按表 3-6 选用。

**表 3-6　嵌岩段侧阻和端阻修正系数**

| 嵌岩深径比 $h_r/d$ | 0.0 | 0.5 | 1 | 2 | 3 | 4 | ≥5 |
|---|---|---|---|---|---|---|---|
| 侧阻修正系数 $\xi_s$ | 0.000 | 0.025 | 0.055 | 0.070 | 0.065 | 0.062 | 0.050 |
| 端阻修正系数 $\xi_p$ | 0.500 | 0.500 | 0.400 | 0.300 | 0.200 | 0.100 | 0.000 |

注：当嵌岩段为中等风化岩时，表中数值折减，乘以 0.9。

3. 钢管桩单桩竖向承载力的确定

根据土的物理指标与承载力参数之间的经验关系，钢管桩单桩竖向承载力可按下式确定：

$$Q_{uk} = Q_{sk} + Q_{pk} = \lambda_s u\sum q_{ski}l_i + \lambda_p q_{pk}A_p \tag{3-11}$$

式中：$q_{ski}$、$q_{pk}$取与混凝土预制桩相同值；

$\lambda_p$ 为桩端闭塞效应系数，对于闭口钢管桩 $\lambda_p=1$；对于敞口钢管桩按下列方法确定：当 $h_b/d_s<5$ 时，$\lambda_p=0.16h_b\cdot\lambda_s/d_s$；当 $h_b/d_s\geq5$ 时，$\lambda_p=0.8\lambda_s$；

$h_b$ 为桩端进入持力层深度，m；

$d_s$ 为钢管桩外直径，m；

$\lambda_s$ 为桩侧挤土效应系数，对于闭口钢管桩 $\lambda_s=1$；对于敞口钢管桩宜按表 3-7 确定。

对于带隔板的半敞口钢管桩，以 $d_e$ 代替 $d_s$ 确定 $\lambda_s$、$\lambda_p$，$d_e=d_s/\sqrt{n}$；其中 $n$ 为桩端隔板分割数，如图 3.1。

**表 3-7　敞口钢管桩桩侧挤土效应系数**

| $d_s$ (mm) | ≤600 | 700 | 800 | 900 | 1 000 |
|---|---|---|---|---|---|
| $\lambda_s$ | 1.0 | 0.93 | 0.87 | 0.82 | 0.77 |

图 3.1　隔板分割

### 3.1.3　按静荷载试验确定

静载实验是先在准备施工的地点打试验用桩，在试验桩顶上分级施加静荷载，直至桩破坏为止。静荷载实验是确定单桩承载力的最可靠也是最主要的方法，它较好地兼顾了桩身材料和支承力两个方面，是一级建筑桩基所必选方法。

《建筑桩基技术规范》（JGJ94－94）规定，在同一条件下的试桩数量不宜小于总桩数的1%，且不应小于3根，工程总桩数在50根以内时不应小于2根。若系打入式桩，由于打桩对土体的扰动，所以试桩必须待桩周土体恢复后方可开始，间隔天数应视土质条件及沉桩方法而定，对于粉土、粘性土中的桩，要求在桩入土15d后才能进行；在饱和软粘土中的桩不少于25d；对于砂中的桩可适当缩短，但不得少于10d；如采用射水成桩，间歇的天数应适当增加。对于灌注桩，则必须待桩身混凝土达到设计强度后方可试桩。

3.1.3.1　静载实验的装置和方法

静载实验的装置（图3.2）由加压、提供反力和沉降观测三部分组成。静荷载一般由安装在桩顶的油压千斤顶提供。千斤顶的反力可通过锚桩或压重平台承受。试桩沉降一般采用百分表或电子位移计测量。

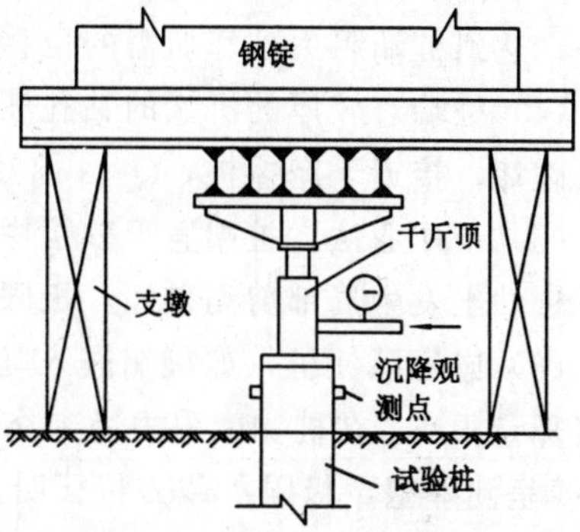

图3.2　单桩静荷载实验装置

试桩方法的关键是：加载方式应尽可能体现桩的实际工作情况。常用的慢速维持荷载法是逐级加载，每级荷载值为单桩预估极限荷载的1/10～1/15（第一级可按2倍分级荷载加载），每加一级荷载后，间隔5、10、15、20min各测读一次沉降量，以后每半小时测读一次，当桩顶沉降量小于0.1mm/h时，则可认为沉降达到相对稳定，可加下一级荷载，直到桩已显现破坏特征，再分级卸载至零，同时进行卸载沉降观测。当考虑结合实际工程桩的荷载特征时，也可采用多循环加、卸载法（每级荷载达到相对稳定后卸载至零）。为了缩短试验时间，对于工程桩的检验性试验，可采用快速维持荷载法，即一般每隔1h加一级荷载。

当出现下列情况之一时，即可终止加载：

（1）某级荷载作用下，桩的沉降量为前一级荷载作用下沉降量的5倍；

（2）某级荷载作用下，桩的沉降量大于前一级荷载作用下沉降量的2倍，且经24h尚未达到相对稳定；

（3）已达到锚桩最大抗拔力或压重平台的最大重量时。

对试验资料进行整理，按规定比例绘制各种试验曲线，例如，荷载-桩顶沉降（$Q-s$）曲线（图3.3），沉降-时间（对数）（$s-\lg t$）曲线（图3.4）等，并用这些曲线特征判断桩的极限荷载$Q_u$。

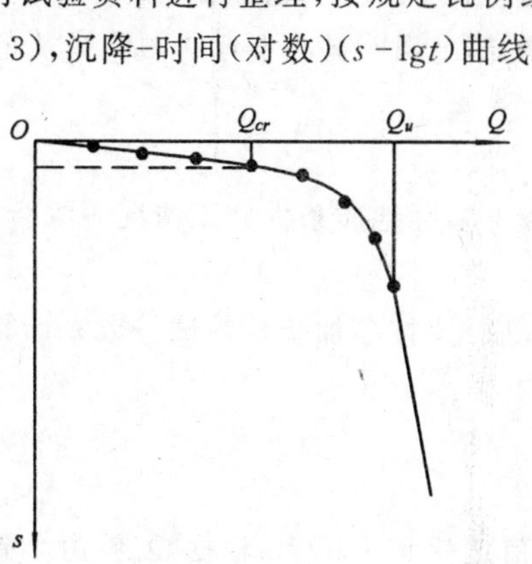

图3.3　单桩荷载-沉降（$Q-s$）曲线

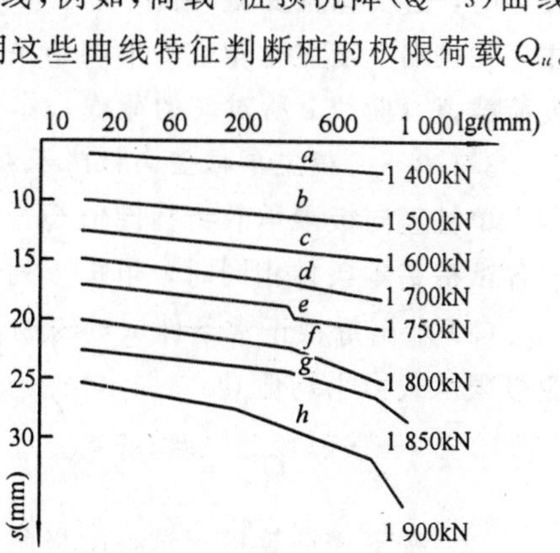

图3.4　沉降-时间（$s-\lg t$）曲线

3.1.3.2 桩的破坏模式和极限承载力的取值

单桩的极限承载力是与桩的破坏模式联系在一起的，桩的破坏往往是由于地基土的破坏所引起。工程实践中常见的破坏模式有以下几种：

(1) 桩端无坚硬持力层的摩擦型桩，桩端一般呈刺入破坏，桩端阻力所占比例很小，$Q-s$ 曲线呈陡降型，极限承载力特征明显；

(2) 桩端持力层为砂土或粉土的打入桩，桩端阻力所占承载力较大，$Q-s$ 曲线呈缓变型，极限承载力的特征不明显，常常取某一极限位移时的荷载为极限承载力；

(3) 支承于砾石、砂土、粘性土上的扩底桩，桩端阻力所占承载力比例较大，属于端承型桩。达到桩端阻力破坏所需的位移量很大，极限承载力以位移（沉降）控制；

(4) 桩端有较厚的沉淤的钻孔灌注桩，由于桩端的沉淤强度低、压缩性高，桩端一般呈刺入破坏，接近于摩擦桩，$Q-s$ 曲线呈陡降型，极限承载力特征明显；

(5) 干作业法，桩端置于砂层中，孔底有一定厚度虚土的钻孔灌注桩，最终是在较大沉降下桩端土发生局部剪切破坏，极限承载力多以位移控制取值；

(6) 嵌岩灌注桩，如桩端嵌入坚硬基岩中的挖孔桩，由于桩不太长，清底好，桩身压缩和沉降量很小，在桩侧摩阻力尚未充分发挥的情况下，即由于桩身材料的破坏而破坏，其 $Q-s$ 曲线呈陡降型，极限承载力特征明显。

根据桩的破坏模式确定单桩极限承载力的方法有多种，这里介绍三种：

1. 根据沉降随荷载的变化特征确定极限承载力

由静荷载实验的 $Q-s$ 曲线，如果其末段明显向下转折（陡降），明显转折点表示桩的沉降量即将骤增，桩端土即将进入塑性变形阶段，则取曲线明显转折点（陡降段起点）所对应的荷载作为单桩极限荷载 $Q_u$。

2. 根据沉降量确定极限承载力

如果 $Q-s$ 曲线无明显陡降（缓变型），单桩极限承载 $Q_u$，一般可取 $s=40\sim60$mm 对应的荷载，对于大直径桩可取 $s=0.03\sim0.06D$（$D$ 为桩端直径，大桩径取低值，小桩径取高值）所对应的荷载值；对细长桩（$l/d>80$）可取 $s=60\sim80$mm 对应的荷载。

3. 根据沉降随时间的变化的特征确定极限承载力

取桩顶沉降作纵坐标，时间的对数作横坐标，绘出每级荷载下的 $s-\lg t$ 曲线。在达到极限荷载之前，$s-\lg t$ 曲线保持直线关系，直线的斜率在某种程度上说明桩的沉降速率。当桩达到破坏时，曲线急剧变陡，同时向下发生转折（图 3.4 中曲线 $e$、$h$），桩的沉降速率骤增，这往往是在桩端下土发生塑性变形的结果。据此图 3.4 中尾部出现明显向下弯曲的曲线 $f$ 的前一级荷载值（曲线 $e$ 所对应的荷载）作为极限荷载。

3.1.3.3 确定单桩竖向极限承载力标准值

单桩竖向极限承载力标准值 $Q_{um}$，应根据桩的位置、实际地质条件施工情况等综合确定。当各试桩基本条件相同时，可按下列步骤与方法确定：

(1) 求出每根正常条件试桩的极限承载力实测值 $Q_{ui}$后，按参加统计的试桩数 $n$ 计算其实测极限承载力平均值 $Q_{um}$。

$$Q_{um}=\frac{1}{n}\sum_{i=1}^{n}Q_{ui}$$

(2) 按下式计算每根试桩的极限承载力实测平均值之比 $\alpha_i$（下标 $i$ 根据 $Q_{ui}$值由小到大的顺序确定）：

$$\alpha_i = Q_{ui}/Q_{um} \tag{3-12}$$

(3)按下式计算 $\alpha_i$ 的标准差 $S_n$，并根据 $S_n$ 的大小来确定混凝土预制桩单桩竖向极限承载力标准值 $Q_{uk}$。

$$S_n = \sqrt{\sum_{i=1}^{n}(\alpha_i - 1)^2/(n-1)} \tag{3-13}$$

当 $S_n \leqslant 0.15$ 时，$Q_{uk}=Q_{um}$；当 $S_n > 0.15$ 时，$Q_{uk}=\lambda Q_{um}$，$\lambda$ 为小于 1 的折减系数，可查（JGJ94-94）而得。

### 3.1.4 按静力触探法确定

用静力触探法确定桩侧摩阻力和桩端阻力，方便迅速，精度也较高，国内外已提出许多推算混凝土预制桩单桩承载力的公式。测试时，可采用单桥或双桥探头。JGJ94-94 的计算方法如下：

3.1.4.1 根据单桥探头静力触探资料确定

当根据单桥探头静力触探资料确定混凝土预制桩单桩竖向极限承载力标准值 $Q_{uk}$ 时，如无当地经验时可按下式计算：

$$Q_{uk} = Q_{sk} + Q_{pk} = u_p \sum q_{ski} l_i + \alpha_b p_{sb} A_p \tag{3-14}$$

式中：$q_{ski}$ 为用静力触探比贯入阻力估算的桩周第 $i$ 层土的极限侧阻力标准值，kPa，结合土工试验资料，依据土的类别、埋藏深度、排列次序，按图 3.5 折线取值；

$p_{sb}$ 为桩端附近的静力触探比贯入阻力标准值（平均），MPa，当 $p_{sb1} \leqslant p_{sb2}$ 时，$p_{sb}=(p_{sb1}+\beta p_{sb2})/2$；当 $p_{sb1} > p_{sb2}$ 时，$p_{sb}=p_{sb2}$；

$p_{sb1}$ 为桩端全截面以上 8 倍桩径范围内的比贯入阻力平均值；

$p_{sb2}$ 为桩端全截面以下 4 倍桩径范围内的比贯入阻力平均值，如果桩端持力层为密实砂土层，其比贯入阻力平均值 $p_s$ 超过 20MPa 时，则需乘以表 3-8 中的系数 $C$ 予以折减，再进行计算；

$\beta$ 为折减系数，按 $p_{sb2}/p_{sb1}$ 值从表 3-9 中选用；

$\alpha_b$ 为桩端阻力修正系数，由表 3-10 确定。

当桩端穿越粉土、粉砂、细砂及中砂层底面时，图 3.5 中折线 $D$ 估算的 $q_{ski}$ 值需乘以表 3-11 中的系数 $\xi_s$ 值。

**表 3-8　系数 $C$**

| $p_s$（MPa） | 20～30 | 35 | >40 |
|---|---|---|---|
| 系数 $C$ | 5/6 | 2/3 | 1/2 |

注：表 3-8 内可插值处理。

**表 3-9　折减系数 $\beta$**

| $p_{sb2}/p_{sb1}$ | <5 | 7.5 | 12.5 | >15 |
|---|---|---|---|---|
| $\beta$ | 1 | 5/6 | 2/3 | 1/2 |

注：表 3-9 内可插值处理。

**表 3-10　桩端阻力修正系数 $\alpha_b$**

| 桩入土深度（m） | $H<15$ | $15\leqslant H\leqslant 30$ | $30<H\leqslant 60$ |
|---|---|---|---|
| $\alpha_b$ | 0.75 | 2/3 | 1/2 |

注：桩入土深度 $15\leqslant H\leqslant 30$ 时，$\alpha_b$ 值按 $H$ 值直线内插；$H$ 为基底至桩端全截面的距离（不包括桩尖高度）。

**表 3-11　系数 $\xi_s$**

| $p_s/p_{s1}$ | ≤5 | 7.5 | >10 |
|---|---|---|---|
| $\xi_s$ | 1.00 | 0.50 | 0.33 |

注：①$p_s$ 为桩端穿越的中密—密实砂土、粉土的比贯入阻力平均值；$p_{s1}$ 为砂土、粉土的下卧土层比贯入阻力平均值；

②采用的单桥探头圆锥底面积为 $15\text{cm}^2$，底部带 7cm 高滑套，锥角 60°。

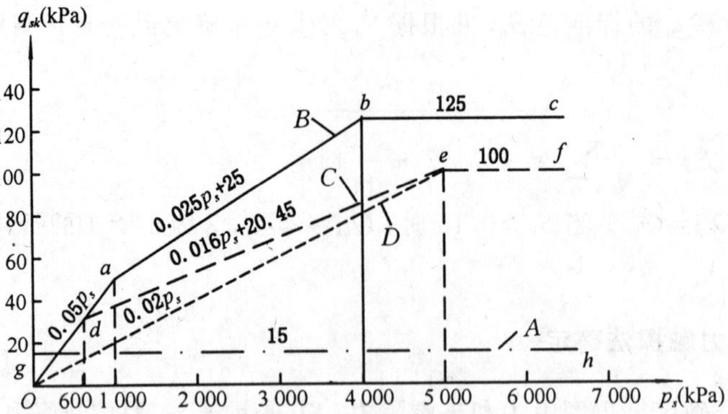


图 3.5 $q_{sk}-p_s$ 曲线

注：图中直线 $A$（线段 $gh$）适用于地表下 6m 范围内的土层；折线 $B$（线段 $Oabc$）适用于粉土及砂土土层以上（或无粉土及砂土土层地区）的粘性土；折线 $C$（线段 $Odef$）适用于粉土及砂土土层以下的粘性土；折线 $D$（线段 $Oef$）适合于粉土、粉砂、细砂及中砂

3.1.4.2 根据双桥探头静力触探资料确定

当根据双桥探头（探头的圆锥底面积 15cm²，锥角 60°，摩擦套筒高 21.85cm，侧面积 300cm²，静力触探资料确定混凝土预制桩单桩竖向极限承载力标准值 $Q_{uk}$ 时，对于一般粘性土、粉土和砂类土，无当地经验时可按下式计算：

$$Q_{uk}=u_p\sum\beta_i f_{si} l_i+\alpha q_c A_p \tag{3-15}$$

式中：$f_{si}$ 为第 $i$ 层土的探头平均阻力，kPa；

$q_c$ 为桩端平面上、下探头阻力，取桩端平面以上 $4d$（$d$ 为桩的直径或边长）范围内按土层厚度的探头阻力加权平均值，然后再与桩端平面以下 $1d$ 范围内的探头阻力进行平均；

$\alpha$ 为桩端阻力修正系数，对于粘性土、粉土取 2/3，饱和砂土取 1/2；

$\beta_i$ 为第 $i$ 层土桩侧阻力综合修正系数，对于粘性土，$\beta_i=10.04(f_{si})^{-0.55}$；对于砂类土，$\beta_i=5.05(f_{si})^{-0.55}$。

### 3.1.5 按土的抗剪强度指标确定

按土的抗剪强度指标确定单桩极限承载力时，仍采用式（3-2）计算。$Q_{su}$ 和 $Q_{pu}$ 可按下述方法确定。

粘性土中的桩侧摩阻力（沿桩长取平均值）可按下式计算：

$$Q_{su}=\alpha C_u \tag{3-16}$$

式中：$\alpha$ 为经验系数，一般取小于等于 1；

$C_u$ 为土的非排水抗剪强度，kPa；

桩端支承力 $Q_{pu}$，对于打入桩，为 $(7\sim20)C_u$，对于灌注桩，约为 $(5\sim9)C_u$。

## 3.2 桩基竖向承载力

确定桩基的竖向承载力，必须研究单桩与群桩在承载力和沉降方面的相互关系，亦即研究单桩与基桩或复合基桩在承载、沉降方面的异同点。

### 3.2.1 群桩效应和群桩效应系数

群桩基础受竖向荷载后，由于承台、桩、土的相互作用，使其桩侧阻力、桩端阻力、沉降等性状发生变化而与单桩明显不同，承载力往往不等于各单桩承载力之和。这就是群桩效应。群桩效应受土性、桩距、桩数、桩的长径比、桩长与承台宽度比、成桩方法等多种因素的影响而变化，根据桩群—土—承台相互作用的特性的不同，分为下述四种情况：

1. 端承群桩

由于桩顶荷载由桩端阻力承担，桩侧阻力发挥值很小，桩端持力层压缩性低，桩基沉降小，侧阻、端阻群桩效应可忽略不计，承台土反力也很小。故端承群桩中的基桩，其承载力可视为与单桩相等。

2. 桩数不超过3根的非端承群桩

由于桩数少，侧阻、端阻群桩效应也较小；虽存在承台土抗力，但可忽略以作为安全储备。

3. 摩擦端承嵌岩桩群桩基础

由于桩端持力层为基岩，其沉降量与单桩相近，承台土阻力小到可忽略不计，侧阻、端阻的群桩效应也可忽略不计。

4. 桩数超过3根的非端承桩

由于桩顶荷载不仅通过桩端土支承，而且通过周土传递摩擦力，邻桩之间相互影响，导致基桩的侧阻力、端阻力的发挥值、发挥性状不同于单桩。对于低承台群桩还受承台效应的影响。

承台效应之一是摩擦型桩基受荷载后，承台底产生土反力分担了一部分荷载（地基土与承台底脱离时除外）。经过多年的大量实验研究和工程观测，已取得承台土抗力与有关因素的变化规律，而传统的单一群桩效应系数已不能如实地反映群桩效应。因此，在确定群桩基础中的基桩或复合基桩的承载力设计值时，宜分项考虑侧阻、端阻、承台土抗力的群桩效应系数 $\eta_s$、$\eta_p$、$\eta_c$。

群桩效应系数，是指用以度量构成群桩承载力的各个分量因群桩效应而降低或提高的幅度指标。它们是：

（1）桩侧阻力群桩效应系数：

$$\eta_s = \text{群桩中的基桩平均极限侧阻/单桩平均极限侧阻}$$

基桩侧阻的群桩效应主要随土性、桩距、桩的数量和排列、桩长与承台宽度比、成桩工艺等而变化。例如，设置于非密实砂土、粉土中的群桩，属于高承台桩基时，桩间距 $S_a$ 较大（$S_a=6d$）的基桩和单桩差不多，其平均侧阻之比 $\eta_s=1$，而中小桩距（$S_a=2d\sim4d$）基桩的平均侧阻随沉降的增大而比单桩大。由于低承台对群桩侧阻产生削弱效应，导致低承台的平均极限侧阻普遍小于高承台群桩。桩长不小于承台宽度的低承台群桩，其基桩平均侧阻随沉降的增大而高于单桩；设置于软土中的群桩，其侧阻发挥值随桩距减小而降低，发挥侧阻极限值所需的沉降，群桩明显高于单桩，如果要维持相同的沉降量，则必须降低群桩中每根的平均承载力，也就是说，基桩的平均侧阻小于单桩的，$\eta_s<1$。所以软土中的群桩设计必须注意保持较大的桩间距和尽量减少桩数。

（2）桩端阻力群桩效应系数：

$$\eta_p = \text{群桩中基桩平均极限端阻/单桩平均极限端阻}$$

由于承台的增强效应和桩端土体侧向变形的相互制约，导致群桩端阻随桩距减小而提高，一般基桩极限端阻高于单桩，$\eta_p>1$。低承台群桩端阻大于高承台，饱和粘性土中群桩端阻的增幅大于非密实的砂土、粉土、非饱和粘土。

(3) 承台底土阻力群桩效应系数：

$\eta_c$=群桩承台底平均极限土阻力/承台土地基极限阻力

承台土阻力群桩效应表现为承台底桩侧土因桩的竖向位移发生剪切变形而低于平板基底土阻力，其分布图随桩距、桩长、承台刚度等而变化，总规律是承台内区（桩群外包络线以内范围）显著小于外区（外缘区），外区土阻力大小随桩群的几何参数变化不显著。

(4) 桩侧端阻综合群桩效应系数：

$\eta_{sp}$=群桩中的基桩平均极限承载力/单桩极限承载力

静载试验兼顾了土的支承力和桩身材料强度，是桩土综合能力的反映。所以，根据单桩静载试验确定单桩极限承载力时，采用综合群桩效应系数。

群桩的承台底面与地基土分离（脱空），包括下列可能产生负摩阻力的各种情况，除了第2.1节2.1.5所指出的以外，还有：承受经常出现的动力作用或反复加卸荷载，如铁路、桥梁桩基；由于饱和软土中沉入密集桩群，引起土中孔隙水压力急速增加和土体重塑上涌，随着时间的推移，孔隙水压力逐渐消散，桩间土随之固结下沉与承台脱离。存在这些情况时，不考虑承台底土的承载力，即 $\eta_c=0$，同时不考虑承台效应对桩侧阻、端阻的影响。

### 3.2.2 桩基竖向承载力设计值

桩基竖向承载力也就是群桩中各桩基竖向承载力的总和。将已求得的单桩极限承载力标准值，考虑成桩工艺除以分项抗力系数，即可得到基桩承载力设计值。通过前面的分析，计算基桩竖向承载力设计值 $Q$（kN）可按下述方法进行：

3.2.2.1 不考虑群桩效应

1. 端承桩桩基

$$Q=\frac{Q_{pk}}{\gamma_p} \tag{3-17}$$

当为端承嵌岩桩桩基时：

$$Q=\frac{Q_{rk}+Q_{pk}}{\gamma_p} \tag{3-18}$$

2. 桩数 $n\leqslant 3$ 根的非端承桩桩基

$$Q=\frac{Q_{sk}}{\gamma_s}+\frac{Q_{\gamma k}}{\gamma_p} \tag{3-19}$$

3. 摩擦端承嵌岩桩桩基

$$Q=\frac{Q_{sk}}{\gamma_s}+\frac{Q_{\gamma k}+Q_{pk}}{\gamma_p} \tag{3-20}$$

当根据单桩静载实验确定单桩竖向极限承载力时，式（3-17）～（3-20）可统一于下面公式：

$$Q=\frac{Q_{uk}}{\gamma_{sp}} \tag{3-21}$$

3.2.2.2 考虑群桩效应

对于桩数超过3根的非端承桩桩基，宜考虑桩群、土、承台的相互作用效应，其复合基桩竖向承载力设计值为：

$$Q=\frac{\eta_s Q_{sk}}{\gamma_s}+\frac{\eta_p Q_{pk}}{\gamma_p}+\frac{\eta_c Q_{ck}}{\gamma_c} \tag{3-22}$$

当根据静载实验确定单桩竖向极限承载力时：

$$Q=\frac{\eta_{sp} Q_{uk}}{\gamma_{sp}}+\frac{\eta_c Q_{ck}}{\gamma_c} \tag{3-23}$$

$$Q_{ck}=\frac{q_{ck} A_c}{n} \tag{3-24}$$

当承台底面以下存在可液化土、湿陷性黄土、高灵敏度软土、欠固结土、新填土，或可能出现震陷、降水、沉桩过程产生高孔隙水压和土体隆起时，不考虑承台效应，则取 $\eta_c=0$，$\eta_s$、$\eta_p$、$\eta_{sp}$取表 3-12 中 $B_c/l=0.2$ 一栏的对应值。

式中：$Q_{ck}$为相应于任一复合基桩的承台底地基土总极限阻力标准值，kN；

$q_{ck}$为承台底 1/2 承台宽度深度范围（≤5m）内地基土极限阻力标准值，kN；

$A_c$ 为承台底地基土净面积，$m^2$；

$Q_{uk}$为根据静载实验确定的单桩竖向极限承载力标准值，kN。

$\eta_s$、$\eta_p$、$\eta_{sp}$、$\eta_c$ 分别为桩侧阻、桩端阻、桩侧阻桩端阻综合、承台底土抗力群桩效应系数；查表 3-12 可得 $\eta_s$、$\eta_p$、$\eta_{sp}$；$\eta_c<1$，可根据规范公式计算。

$\gamma_s$、$\gamma_p$、$\gamma_{sp}$、$\gamma_c$ 分别为桩侧阻、桩端阻、侧阻端阻综合、承台底土阻抗力分项系数，可取 $\gamma_{sp}=1.60\sim1.70$；取 $\gamma_c=\gamma_p=1.65\sim1.75$；对于非排土桩取 $\gamma_c=1.65$，其他桩取 $\gamma_c=1.70$。

**表 3-12　侧阻、端阻群桩效应系数 $\eta_s$、$\eta_p$ 及侧阻端阻综合群桩效应系数 $\eta_{sp}$**

| 效应系数 | 土名称 | 粘性土 | | | | 粉土、砂土 | | | |
|---|---|---|---|---|---|---|---|---|---|
| | $S_a/d$ \ $B_c/l$ | 3 | 4 | 5 | 6 | 3 | 4 | 5 | 6 |
| $\eta_s$ | ≤0.20 | 0.80 | 0.90 | 0.96 | 1.00 | 1.20 | 1.10 | 1.05 | 1.00 |
| | 0.40 | 0.80 | 0.90 | 0.96 | 1.00 | 1.20 | 1.10 | 1.05 | 1.00 |
| | 0.60 | 0.79 | 0.90 | 0.96 | 1.00 | 1.09 | 1.10 | 1.05 | 1.00 |
| | 0.80 | 0.73 | 0.85 | 0.94 | 1.00 | 0.93 | 0.97 | 1.03 | 1.00 |
| | ≥1.00 | 0.67 | 0.78 | 0.86 | 0.93 | 0.78 | 0.82 | 0.89 | 0.95 |
| $\eta_p$ | ≤0.20 | 1.64 | 1.35 | 1.18 | 1.06 | 1.26 | 1.18 | 1.11 | 1.06 |
| | 0.40 | 1.68 | 1.40 | 1.23 | 1.11 | 1.32 | 1.25 | 1.20 | 1.15 |
| | 0.60 | 1.72 | 1.44 | 1.27 | 1.16 | 1.37 | 1.31 | 1.26 | 1.22 |
| | 0.80 | 1.75 | 1.48 | 1.31 | 1.20 | 1.41 | 1.36 | 1.32 | 1.28 |
| | ≥1.00 | 1.79 | 1.52 | 1.35 | 1.24 | 1.44 | 1.40 | 1.36 | 1.33 |
| $\eta_{sp}$ | ≤0.20 | 0.93 | 0.97 | 0.99 | 1.01 | 1.21 | 1.11 | 1.06 | 1.01 |
| | 0.40 | 0.93 | 0.97 | 1.00 | 1.02 | 1.22 | 1.12 | 1.07 | 1.02 |
| | 0.60 | 0.93 | 0.98 | 1.01 | 1.02 | 1.13 | 1.13 | 1.08 | 1.03 |
| | 0.80 | 0.89 | 0.95 | 0.99 | 1.03 | 1.01 | 1.03 | 1.07 | 1.04 |
| | ≥1.00 | 0.84 | 0.89 | 0.94 | 0.97 | 0.88 | 0.91 | 0.96 | 1.00 |

注：①$S_a/d>6$ 时，取 $\eta_s=\eta_p=\eta_{sp}=\eta_c=1$；两向桩距不等时，取均值；

②当桩侧为多层土时，$\eta_s$ 可按主要土层或分别按各土层类别取值；

③对于孔隙度 $e>0.8$ 的非饱和粘性土和松散粉土、砂类土中的挤土群桩，表列系数可提高 5%，对于密实粉土、砂类土中的群桩，表列系数宜降低 5%。

承台底土阻力群桩效应系数可按下式计算：

$$\eta_c = \eta_c^i \frac{A_c^i}{A_c} + \eta_c^e \frac{A_c^e}{A_c}$$

式中：$A_c^i$、$A_c^e$ 为承台内（外围桩包络区）、外区的净面积，$A_c = A_c^e + A_c^i$，见图 3.6；

$\eta_c^i$、$\eta_c^e$ 为承台内、外区土阻力群桩效应系数，按表 3-13 取值。

当承台存在高压缩性软弱土层时，$\eta_c^i$ 均按 $B_e/l_e \leqslant 0.2$ 取值。

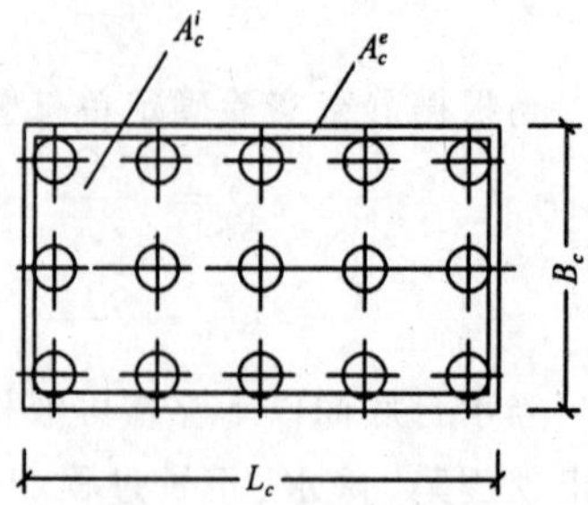


图 3.6 承台底分区图

**表 3-13 承台内、外区土阻力群桩效应系数**

| $S_a/d$ \ $B_c/l$ | $\eta_c^i$ | | | | $\eta_c^e$ | | | |
|---|---|---|---|---|---|---|---|---|
| | 3 | 4 | 5 | 6 | 3 | 4 | 5 | 6 |
| ≤0.20 | 0.11 | 0.14 | 0.18 | 0.21 | | | | |
| 0.40 | 0.15 | 0.20 | 0.25 | 0.30 | | | | |
| 0.60 | 0.19 | 0.25 | 0.31 | 0.37 | 0.63 | 0.75 | 0.80 | 1.00 |
| 0.80 | 0.21 | 0.29 | 0.36 | 0.43 | | | | |
| ≥1.00 | 0.24 | 0.32 | 0.40 | 0.48 | | | | |

上述基桩的竖向承载力设计值的取值，尚未满足各桩身承载力计算要求，详见《建筑规范桩基技术规范》。

当桩端平面以下受力层范围内存在软弱下卧层时，还应验算软弱下卧层承载力，具体方法见第 4 章。

### 3.2.3 桩的抗拔承载力

有一些特殊的结构物，其基础经常采用抗拔桩。例如：塔式高耸结构物，包括海洋石油平台桩基、电视塔桩基等；承受巨大浮托力作用的基础，如地下油罐、船闸、船坞底板等地下建筑物；承受巨大水平荷载的叉桩结构，如码头、桥台、挡土墙上的斜桩；地震荷载作用下的桩基、膨胀土及冻胀土建筑物的桩基等。对于这些桩基，常常是因为桩的抗拔承载力不足而引起破坏，设计时需验算桩的抗拔承载力。

桩的抗拔承载力取决于桩身材料（包括桩在承台中的嵌固）强度及桩与土之间的抗拔侧阻力。桩的抗拔侧阻力与桩的抗压侧阻力有相似之处，例如数值的大小取决于桩土之间的接触面积和桩周土的侧摩阻力标准值，但是随着上拔量的增加，其侧摩阻力会因土层松动及侧面积的减小等原因而低于抗压侧摩阻力。相同条件下抗拔极限侧阻力与抗压极限侧阻力的比值称作拔压比 $\lambda$，又称抗拔系数。试验研究表明，桩的设置方法及桩长，对土的抗拔承载力有相当大的影响。总的来说抗压比 $\lambda$，灌注桩高于预制桩，长桩高于短桩。因此，利用抗侧阻力确定抗拔侧阻力（采用经验公式）时，应乘以抗拔系数予以折减，并且应综合桩的施工方法及桩长选用 $\lambda$ 值。

对于一级建筑物桩基，基桩的抗拔极限承载力标准值应通过现场单桩上拔静荷载试验确定。单桩静载抗拔静载试验与抗压静载试验加载装置、试桩养时间、加载方式和变形观测等方面有相同或相似之处，例如采用慢速维持荷载法逐级加载，每级荷载达到相对稳定后加下一级荷载，直到试桩破坏，然后逐级至零。变形相对稳定的标准是，每一小时内的变形值不超过 0.1mm，并连续出现两次（由 1.5h 内连续三次观测值计算）。

终止加载的条件是出现下列三种情况之一：

（1）桩顶荷载是桩受拉钢筋总极限承载力的 0.9 倍时；

（2）某级荷载作用下，桩顶变形量为前一级荷载作用下的 5 倍；

（3）累计上拔量超过 100mm。

根据实验记录可绘制单桩竖向抗拔试验荷载-变形（$U-\Delta$）曲线图，由 $U-\Delta$ 曲线特征可判定单桩抗拔极限承载力：

对于陡变型 $U-\Delta$ 曲线，取陡升起始点的荷载为极限荷载；

对于缓变型 $U-\Delta$ 曲线，根据上拔量和 $\Delta-\lg t$ 曲线变化综合判定，即取 $\Delta-\lg t$ 曲线尾部显著弯曲的前一级荷载为极限荷载。

对于二、三级建筑桩基，如无当地经验时，群桩基础及基桩的抗拔极限承载力标准值可按下列两种破坏模式通过经验公式计算。

1. 桩距大的群桩

在上拔荷载作用下发生的破坏模式呈基桩分离的非整体拔出破坏，其基桩的抗拔承载力与单桩相同。因此，当单桩或群桩呈非整体破坏时，基桩的抗拔极限承载力标准值可按下式计算：

$$u_k = \sum \lambda_i q_{ski} u_i l_i \tag{3-25}$$

式中：$u_k$ 为基桩抗拔极限承载力标准值，kN；

$u_i$ 为破坏表面周长，m，对于等直径桩取 $u=\pi d$；对于扩底桩宜分段计算，自桩端起算，在桩长$\leqslant 5d$ 区段内，$u=\pi D$（$D$ 为扩大头直径），在桩长$>5d$ 区段内，$u=\pi d$。

$\lambda_i$ 为抗拔系数，对于砂土 $\lambda_i=0.50\sim0.70$，对于粉土、粘性土 $\lambda_i=0.70\sim0.80$，当 $l/d<20$ 时，$\lambda_i$ 取小值；

$l_i$ 为桩穿越第 $i$ 层土的厚度，m。

2. 桩距小的群桩

常常是桩和桩间土呈整体拔出破坏。计算时，把群桩当作一个实体基础，上拔破坏时的破坏面即实体基础的外表面。因此，群桩呈整体破坏时，基桩的抗拔极限承载力标准值可按下式计算：

$$u_{pk} = \frac{1}{n} u_l \sum \lambda_i q_{ski} l_i \tag{3-26}$$

式中：$u_l$ 为桩群外围周长，m；

其余符号意义同前。

## 3.3 桩的水平承载力

作用在桩基础上的水平荷载有风荷载、土压力、水压力以及地震荷载等等。当水平荷载所占比例较大时，应对桩基础的水平荷载进行验算。

水平承载桩的工作性能表现为桩—土相互作用。单桩桩顶在横向荷载（包括垂直于桩轴线的横向力和弯矩，横向力多为水平力）作用下，桩顶产生水平位移和转角，桩身出现弯曲应力，桩前土体受侧向挤压。不论是完全埋置桩或部分埋置桩（桩的上端出露地面以上）都是利用桩周土的抗力来承担水平荷载，桩在水平荷载的作用下发生变位，促使桩周土发生相应的变形而产生抗力，这一抗力阻止了桩变形的进一步发展。

桩和地基的破坏性状则因桩的截面尺寸及刚度、材料强度、桩顶嵌固程度、土质条件和桩的入土深度等不同而存在差异：

1. 刚性桩（短桩）的破坏

当桩和桩顶很短时，由于桩的相对刚度很大，破坏时桩身不产生挠曲变形，而是绕靠近桩端的一点作刚体转动，全桩范围的土都达到屈服。

当桩很短、桩顶嵌固时，破坏时桩前土体屈服，桩与承台呈刚体平移。

2. 半刚性桩（中性桩）的破坏

半刚性桩或中长桩是指桩顶在横向荷载作用下，桩身发生挠曲变形，但桩身位移曲线只出现一个位移零点。桩侧土的屈服区随荷载增加而逐步向下扩展，桩身最大弯矩截面也由于上部土抗力减小而向下部转移。若桩身抗弯强度较低（如低配筋率灌注桩），破坏则表现为桩身断裂；若桩身强度很高（如高配筋率 R.C 桩和刚桩），破坏则表现为桩侧土塑性挤出、桩的水平位移过大。

当中长桩的桩顶嵌固时，桩顶将出现较大的反向固端弯矩，而桩身弯矩相应减小并向下转移，桩顶水平位移比桩顶自由时大大减小。随着荷载增加，桩顶最大弯矩处和桩身最大弯矩处将相继屈服而形成塑性铰，桩的承载力达到极限值。当桩身强度较高时，承载力由位移控制。

3. 柔性桩（无限长桩）的破坏

当桩的长度足够大且桩顶自由时，在横向荷载作用下，桩身位移曲线出现两个以上位移零点和弯矩零点，且位移和弯矩随桩深衰减很快。计算时，桩长可视为无限长，其破坏性状与半刚性桩类似。

确定单桩水平承载力的方法，以水平静载试验最能反映实际情况。也可采用理论计算分析。

### 3.3.1 单桩水平静载试验

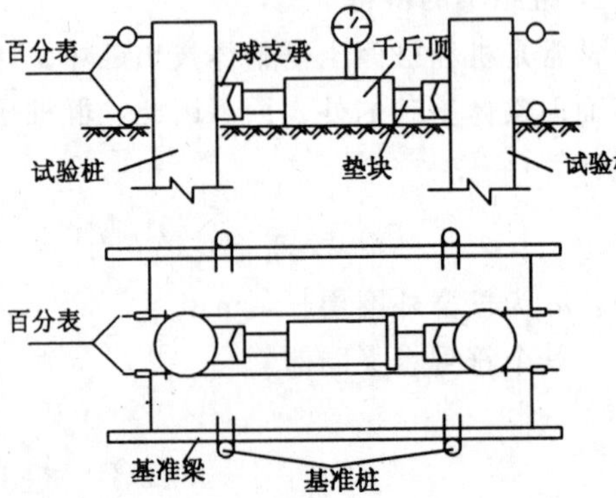

图 3.7 水平荷载试验装置示意图

试验装置常用一台水平放置的千斤顶同时对两根桩加载（图 3.7），量测水平位移的百分表对称地布置在试桩的外侧。支承百分表的基准桩应距试桩一定距离。

加载方法常采用单向多循环加载法：分级加载，每级荷载增量约为预估水平承载力的 1/10～1/15，根据桩径的大小并适当考虑土层软硬，对于直径为 300～1 000mm 的桩，每级荷载的增量可取 25～20kN，每级加荷后恒载 4min 测读水平位移，然后卸载至零，停 2min 测残余水平位移，至此完成一个加载循环，如此循环 5 次便完成一级荷载试验观测。

终止加载条件是：①桩身断裂，②桩的水平位移超过 30～40mm（软土取 40mm）时。

绘制有关试验成果曲线：根据试验记录绘出桩顶水平荷载-时间-位移（$H_0-T-u_0$）曲线

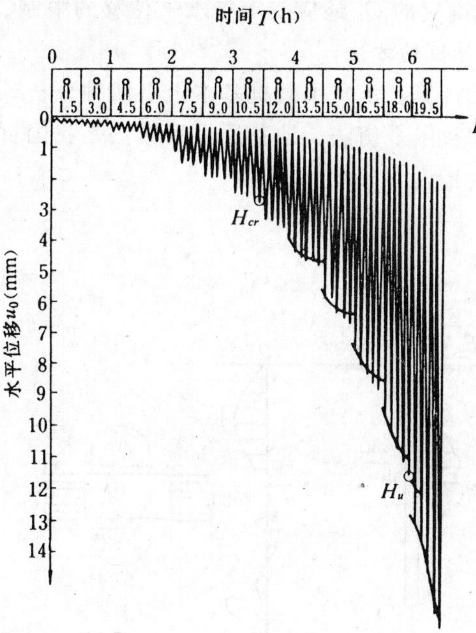


图 3.8　$H_0-T-u_0$ 曲线

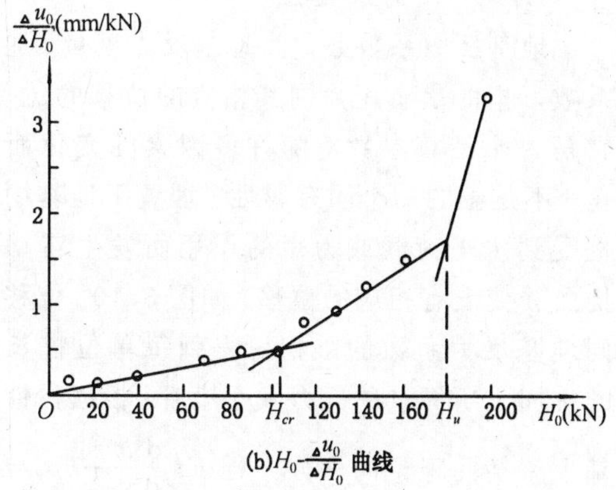


图 3.9　单桩水平静载试验成果曲线

(图 3.8)、水平荷载-位移梯度（$H_0-\Delta u_0/\Delta H_0$）曲线（图 3.9)，等等。根据曲线的特征点，确定单桩的水平临界荷载和极限荷载。

单桩水平临界荷载（桩身受拉区混凝土明显退出工作前的最大荷载）$H_{cr}$按下列方法综合确定：

取 $H_0-T-u_0$ 曲线出现突变（在相同荷载增量的条件下，出现比前一级明显增大的位移增量）点的前一级荷载为水平临界荷载 $H_{cr}$（图 3.8)。

取 $H_0-\Delta u_0/\Delta H_0$ 曲线第一直线段的终点（图 3.9）所对应的荷载为水平临界荷载 $H_{cr}$。

单桩水平极限荷载 $H_u$ 可根据下列方法综合确定：

取 $H_0-T-u_0$ 曲线出现明显陡降的前一级荷载为极限荷载（图 3.8)。

取 $H_0-\Delta u_0/\Delta H_0$ 曲线第二直线段的终点所对应的荷载为极限荷载。

### 3.3.2　单桩水平承载力设计值的确定

3.3.2.1　根据水平静载实验确定单桩水平承载力设计值 $Q_h$

(1) 根据单桩水平容许位移值确定 $Q_h$：对于抗弯性能好的钢筋混凝土预制桩、钢桩、高配筋率的灌注桩（桩身全截面配筋率不小于 0.65%)，可根据静载实验结果单桩水平荷载-水平位移的关系曲线，取地面水平位移为 10mm（对于水平位移敏感的建筑物取水平位移为 6mm）所对应的荷载为单桩水平承载力设计值。

(2) 根据单桩水平临界荷载确定 $Q_h$：对于低配筋率的灌注桩，即桩身配筋小于 0.65%的灌注桩，可取单桩水平静载实验的临界荷载为单桩水平承载力设计值，即 $Q_h=H_{cr}$。

(3) 根据水平极限荷载确定 $Q_h$：对于抗弯性能好的桩，我国《工业与民用建筑灌注桩基础设计与施工规程》(JGJ4-80) 规定，采用单桩水平极限荷载除以安全系数乘以荷载性质系数作为单桩水平承载力；JGJ94-94 指出，可取水平极限承载力 $H_u$ 除以抗力分项系数 $\gamma_H=$

1.6 作为水平承载力设计值。不过根据水平极限荷载确定的 $Q_h$ 还应受单桩水平位移的限制。

3.3.2.2　根据理论计算确定单桩水平承载力设计值的方法

当缺少单桩水平静载实验资料时，可按理论公式计算。水平承载桩基本上有四种分析计算方法：地基反力系数法、弹性理论法、有限元法和极限平衡法。地基反力系数法是我国目前常用的一个方法。

1. 地基反力系数法

地基反力系数亦称为地基反力模量、地基系数，指的是土压力同其相应的位移的比值。它是一个计算参数，随许多因素的变化而变化，不是土的一个固有属性。埋置于地基中的桩受到水平荷载或力矩的作用而发生转动或挠曲并使土有相应的位移，如图 3.10。位移值同地基反力系数的乘积可得到每单位桩长上的桩周土所提供的抗力 $p_x$。然后，根据弹性地基上梁挠曲理论的微分方程 $EI\dfrac{d^4x}{dz^4}+bp_x=0$，可推导并进行水平承载桩的各项计算。式中 $EI$ 为桩的抗弯刚度，$x$ 为桩轴线挠曲位移，$z$ 为深度，$b$ 为桩横截面宽度或桩径，$p_x$ 为桩侧土反力。该法应用 Winkler 地基模型，把桩周土离散为一个个单独作用的弹簧。某一弹簧受力时，仅该弹簧发生与作用力成正比例的压缩而和其他弹簧无关。这种把地基土看作非连续介质且地基反力系数在整个位移过程中均为常数的假设虽和实际不符，但和目前较复杂而完善的一些其他解析方法相比较，它在许多情况下，例如容许位移值较小的基础，仍可接近桩的实际性状。所以它仍不失为目前较为实用、有效的一种方法。如果有桩的水平荷载试验资料并据以反算，将可求出更为切合实际的地基反力系数。地基反力系数可用下面的通式表示：

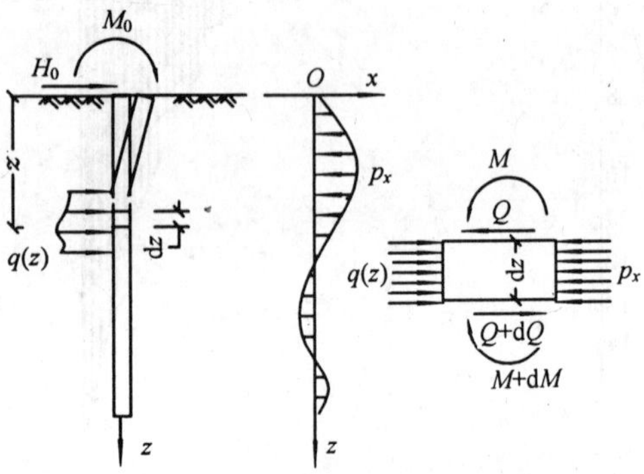

图 3.10　设置于土中的弹性桩

$$C_z=kz^n$$

式中：$z$ 为深度；

$k$ 为比例系数；

$n$ 为指数，反映地基反力系数随深度的变化的情况。

根据 $n$ 的取值不同，地基反力系数有四种分布图式，如图 3－11 所示。

图 3－11（b）中假定地基反力系数沿深度为恒值，即不随深度的变化而变化，亦即 $C_z=kz^0=k$，按此图式推演而出的计算统称为张氏法。所获得的土抗力从地面一开始就是最大值且此值沿全桩长不变，这在一般的桩—土体系中是不易出现的。

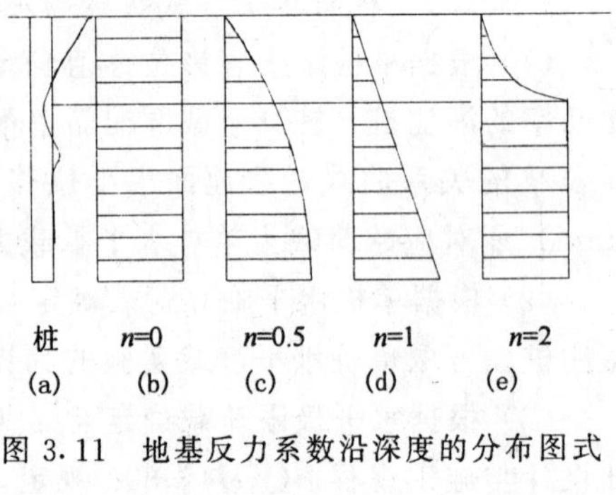

图 3.11　地基反力系数沿深度的分布图式

图 3－11（c）中，取 $n=1/2$，并按我国公路部门采用的方法（交通部科学研究院等，1978）将比例系数表示为 $c$，即 $C_z=cz^{1/2}$，这表明地基反力系数随深度按凸抛物线形变化，这一方法通常称为 $c$ 法。

图 3－11（d）中，取 $n=1$，得 $C_z=kz$，此式表

明地基反力系数沿深度按线形规律变化，我国以往应用此分布图示时用 $m$ 表示比例系数，即 $C_z=mz$，故通称为 $m$ 法（中国交通部标准 JTJ024-85）。

图 3-11（e）中，取 $n=2$，得 $C_z=kz^2$，此式表明地基反力系数沿深度按凹抛物线变化。由于其比例系数为 $k$，所以又被称为 $k$ 法。由于原来的计算推导存在错误，且经我国的多数试桩验证得知其中计算弯矩比实测结果偏大得多，故目前此法较少应用。

就上述四种地基反力系数分布图式而言，其图形丰满程度由左向右依次降低，亦即在相同的桩、土条件下，土反力大小按上述图式次序依次降低，以张氏法获得的地基反力为最大，$k$ 法的为最小，$m$ 法和 $c$ 法两图式则因其地基反力为适中的分布，故能适应较多数的桩、土条件，可获得和实测较为接近的结果。实用时，可根据土类和桩变位等情况，考虑以何种图式较为适宜。一般来说，$m$ 法和 $c$ 法适用于一般粘性土和砂性土，张氏法对于超固结粘性土和地表密实的砂性土等情况较为适用。不论采用何种图式，实际使用时一般是根据桩的作用力（水平力、弯矩、轴向力）和桩、土的物理几何力学特性，计算出桩头水平位移、转角、桩中弯矩、剪力和土压力，以便确定桩的性状是否符合实际，桩的设计是否符合功能要求。

理论上说，分布于全桩长的地基反力系数对桩的计算分析都有影响；实际上，对水平承载桩计算最具有影响的则是地面以下 3～4 倍桩直径的深度范围内的土。所以在作桩的设计计算之前，应重点勘察这一有较大影响的范围内的土类、土性及其分层情况，以便确切地定出地基反力系数值。当然，设桩方式（打入、钻入或其他方式）和水平荷载施加条件（静力、动力或循环反复等）以及土的季节性干湿变化等因素对地基反力系数都会有影响。特别值得注意的是这些因素对桩的水平位移的影响远大于它们对桩中弯矩或桩—土体系极限承载力的影响，以便制定出较为符合实际的地基反力系数值。

2. 弹性理论法

此法假定桩埋置于各向同性半无限弹性体中，并假定土的弹性系数 $E_s$（杨氏模量 $E_s$ 和泊松比 $V_s$）或为常数，或随深度按某种规律变化。计算时将直径为 $d$、长度为 $l$ 的桩分为若干微段，根据半无限体中承受水平力，并发生位移的 Mindlin 方程估算微段中心处的桩周土位移，另据细长杆（桩）的挠曲方程求得桩的位移，并用有限差分式表达。令土位移和桩位移相等，通过每一微段处未知位移的足够多的方程求解。

弹性理论法的最大缺点是不能计算得出桩在地面以下的位移、转角、土压力以及弯矩等，其次是 $E_s$ 值的确定也比较困难。但是，能够考虑在水平荷载作用下的桩间土出现的脱离和土的局部屈服等，有助于对桩—土性状的进一步探索。在作水平承载桩的深入详尽的计算之前，用弹性理论法已有的参数解做初步的分析设计，可由参数解较方便地查得尺寸、桩刚度和土的压缩性等因素对横向承载桩性状的影响。

3. 有限元分析法

有限元法在岩土工程中已有较多的应用，但在水平承载桩分析计算中的应用尚不普及。水平承载桩的有限元分析也可以弹性地基上梁挠曲微分方程为依据，故其分析计算实质上仍为一种矩阵分析。

4. 极限平衡法

这是早先常用于刚性短桩的一种方法。它按照土的极限静力平衡来推求桩的水平承载力，不考虑桩的变形问题。作用于桩的外力同土的极限平衡可有多种地基反力分布假设，如抛物线形、三角形等。

3.3.2.3 “$m$”法计算确定单桩水平承载力设计值

关于承受水平荷载桩基的计算理论有好几种，其中“$m$”法经大量实验和工程实践验证，表明较符合实际。原理是把承受水平荷载的单桩视作弹性地基（由水平向离散性弹簧组成的地基模型）上的竖直梁，不考虑桩土之间的粘着力和摩擦力，假定土体是抗拉强度为零的直线变形体，则深度 $z$ 处桩的水平抗力 $p_x$ 等于该点的水平抗力系数 $K_x$ 与该点的水平位移 $x$ 的乘积，即 $p_x=K_x x$，$K_x$ 的分布和大小，直接影响挠曲微分方程的求解和桩身截面内力的变化，不同的计算理论所假定的 $K_x$ 分布图式不同。“$m$”法假定 $K_x$ 随深度线性增加，即 $K_x=mz$，$m$ 为 $K_x$ 的比例系数，根据材料力学中梁的挠曲微分方程，可导得桩顶在水平荷载（剪力、弯矩）下的基本挠曲微分方程为：

$$EI\frac{d^4x}{dz^4}=-p_x b_0=-K_x x b_0 \tag{3-27}$$

把 $K_x=mz$ 代入上式并整理得：

$$\frac{d^4x}{dz^4}+\frac{mb_0}{EI}zx=0 \tag{3-28}$$

令 $\alpha=\sqrt[5]{\frac{mb_0}{EI}}$，则上式变为“$m$”法的基本微分方程：

$$\frac{d^4x}{dz^4}+\alpha^5 zx=0 \tag{3-29}$$

通过对该微分方程的解答，可算出桩身的弯矩和剪力，并考虑由桩顶竖向荷载产生的轴力，进行桩的强度计算。

上述公式中的 $b_0$ 为桩的截面计算宽度（单位 m），因为单桩在水平荷载作用下所引起的桩周土的抗力不仅分布于荷载作用平面内，而且，桩的截面形状对抗力也有影响，故计算时简化为平面受力：

圆形桩：当直径 $d\leqslant 1$m 时，$b_0=0.9\ (1.5d+0.5)$；

当直径 $d>1$m 时，$b_0=0.9\ (d+1)$；

方形桩：当边宽 $b\leqslant 1$m 时，$b_0=1.5d+0.5$；

当边宽 $b>1$m 时，$b_0=d+1$；

$\alpha$ 称为桩的水平变形系数或称桩的特征值，$\alpha$ 是地基土水平抗力系数的比例系数 $m$ 值、桩的计算宽度 $b_0$、桩的抗弯刚度 $EI$ 的函数。单位是 1/m。

桩侧土水平抗力系数的比例系数 $m$，宜通过单桩水平静载实验确定，当无静载实验装置时，可按表 3-14 取值。

当桩侧由几层土组成时，应求出主要影响深度 $h_m=2(d+1)m$（$d$ 为桩径）范围内的 $\overline{m}$ 值。

两层土时：

$$\overline{m}=\frac{m_1h_1^2+m_2(2h_1+h_2)h_2}{h_m^2} \tag{3-30}$$

有关估算单桩水平承载力设计值的经验公式，详见 JGJ4-80 或 JGJ94-94。

3.3.2.4 群桩基础的水平承载力

群桩基础的水平承载力计算可分为两种情况：

（1）对于单排桩基，当水平作用力垂直于桩基纵向轴线时，桩基的水平承载力等于各单桩水平承载力之和。

**表 3-14　地基土水平抗力系数的比例系数 $m$ 值**

| 序号 | 地基土类别 | 预制桩、钢桩 | | 灌注桩 | |
|---|---|---|---|---|---|
| | | $m$（$MN/m^4$） | 相应单桩在地面处水平位移（m） | $m$（$MN/m^4$） | 相应单桩在地面处水平位移（m） |
| 1 | 淤泥、淤泥质土，饱和湿陷黄土 | 2～4.5 | 10 | 2.5～6 | 6～12 |
| 2 | 流塑（$I_L>1$）、软塑（$0.75<I_L\leqslant1$）状粘性土，$e>0.9$ 粉土，松散粉细砂，松散、稍密填土 | 5.4～6.0 | 10 | 6～14 | 4～8 |
| 3 | 可塑（$0.25<I_L\leqslant0.75$）状粘性土，$e=0.75\sim0.9$ 粉土，湿陷性黄土，中密填土、稍密细砂 | 6.0～10 | 10 | 14～35 | 3～6 |
| 4 | 硬塑（$0<I_L\leqslant0.25$）坚硬（$I_L\leqslant0$）状粘性土，湿陷性黄土，$e<0.75$ 粉土，中密的中砂，密实老黄土 | 10～22 | 10 | 35～100 | 2～5 |
| 5 | 中密、密实的砾砂、碎石类土 | | | 100～300 | 1.5～3 |

注：①$I_L$ 为液性指数；
②$e$ 为孔隙比。

(2) 对于多排桩桩基和位于水平力作用平面内的单排桩基，则应考虑承台—桩群—土相互作用。因为此类群桩基础中的复合桩基，其水平承载力由于受群桩效应影响而与单桩不同。例如，桩与桩的相互影响，导致地基土水平抗力系数降低，各桩荷载分布不均。桩的相互影响随桩距减小、桩数的增多而增大，沿荷载方向的影响远大于垂直于荷载方向。故应考虑桩的相互影响效应。同理，桩顶的约束情况对群桩水平承载力影响也很大；当桩基受水平力而产生位移时，面向位移方向的承台侧面将受到地基土的弹性抗力；当低承台群桩承台底面以下地基土不至因震陷、湿陷、自重固结而与承台脱离时，承台底的摩阻作用不能忽略。因此，计算群桩基础水平承载力 $Q_H$ 时，应考虑由桩的相互影响效应、桩顶约束效应、承台侧向土抗力效应以及承台底摩阻效应所引起的综合群桩效应。计算公式如下：

$$Q_H=\eta_k\cdot n\cdot Q_h \tag{3-31}$$

式中：$\eta_k$ 为群桩综合效应系数，按规范 JGJ94-94 的公式计算；
$n$ 为总桩数，根；
$Q_h$ 为单桩水平承载力设计值，kN。

# 4 桩基设计

## 4.1 桩基的设计原则

桩基的设计应力求安全、合理、经济。桩和承台应有足够的强度、刚度和耐久性；地基（主要是持力层）则要有足够的承载力，且不产生过量变形。《建筑桩基技术规范》（JGJ94－94）规定，建筑桩基采用以概率理论为基础的极限状态设计法，取代传统的确定性设计法，以利用既有工程经验，在安全与经济之间寻求合理的平衡，使设计更科学、更能反映实际情况。

桩基极限状态分为下列两类：

第一类为承载能力极限状态：对应于桩基达到最大承载能力或整体失稳或发生不适于继续承载变形；

第二类为正常使用极限状态：对应于桩基达到建筑物正常使用所规定的变形限值或达到耐久性要求的某项性能。

根据桩基损坏造成建筑物的破坏后果（危及人的生命安全、造成经济损失、产生社会影响）的严重性，建筑桩基分为表 4－1 所列三个安全等级。

**表 4－1 建筑桩基安全等级**

| 安全等级 | 破坏后果 | 建筑物类型 |
|---|---|---|
| 一级 | 很严重 | 重要的工业与民用建筑物：桩基变形有特殊要求的工业建筑 |
| 二级 | 严重 | 一般的工业与民用建筑物 |
| 三级 | 不严重 | 次要建筑物 |

下列建筑物对桩基的设计与施工要求较为严格，稍有不慎将会造成很严重的后果，应列入一级建筑类型：

（1）20 层以上的高层建筑物。这类建筑物高度一般超过 60m，如果倾斜大于 0.002，不仅造成人们心上的恐惧，而且影响电梯正常运行，修复可能性很小。

（2）体型复杂的 14 层以上高层建筑。这类建筑高低层相间，平面复杂，很容易造成沉降不均匀面开裂。

（3）单桩承载在 4 000kN 以上的建筑物。近年来直径桩被广泛使用，许多建筑采用一柱一桩系统，它需要细致的勘察设计和严格的施工。任何一根桩的事故均可能造成极为严重的后果。

（4）炼油厂、化纤厂等贮有高压易燃物的建筑，不容许出现任何裂缝的建筑，如核电站或自动化要求极为严格的设备基础，这些都由工艺要求所决定，对桩基变形有特殊的要求。

## 4.2 确定桩的类型和几何尺寸

桩型与工艺选择应根据建筑结构类型、荷载性质、桩的使用功能、穿越土层、桩端持力层土层、地下水位、施工设备、施工环境、施工经验、制桩材料供应条件等，选择经济合理、安全适用的桩型、桩的截面尺寸和长度以及成桩工艺。

从楼层和荷载大小来看，10～20层的可采用直径800～1 000mm的灌注桩或边长450～500mm的预制桩；30～40层的可采用大于1 200mm的钻（冲、挖）孔灌注桩或边长500～550mm的预应力钢筋混凝土空心桩或大直径钢管桩。从地层条件看，当土中存在大孤石、废金属残渣以及未风化的石英岩脉时，采用预制桩就会遇到难以克服的困难；当土层分布很不均匀时，桩的预制长度很难掌握。对于这些情况，采用钻孔灌注桩则合理些。一个工程采用哪种桩型，需要作具体的技术、经济分析，择优选用。同时注意，同一结构单元避免采用不同类型的桩。同一基础相邻的桩底标高，对于非嵌岩端承桩，不宜超过相邻桩的中心距；对于摩擦型桩，在相同土层中不宜超过桩长的1/10。

确定桩长的关键在于选择桩端持力层。坚硬的土层和岩层最适合作桩端持力层，条件不许时也可有灵活性，但一般应选择较硬土层作桩端持力层。桩端全断面进入持力层的深度，对于粘性土、粉土不宜小于$2d$，砂土不宜小于$1.5d$，碎石类土不宜小于$1d$，嵌岩灌注桩嵌入中、微风化岩体的最小深度不宜小于$0.5d$。桩端进入持力层一定深度，目的是尽量提高桩端阻力。对于薄持力层，且桩端持力层下有软弱下卧层时，若桩进入持力层过深，桩的承载力会因软弱下卧层的不足所牵制反而降低了。因此当存在软弱下卧层时，桩基以下硬持力层厚度不宜小于$4d$。

当硬持力层较厚且施工条件许可时，桩端全断面进入持力层的深度宜尽可能达到桩端阻力的临界深度。桩端阻力的临界深度是指桩端阻力随桩端进入持力层的深度增加而增加的一个临界深度值。当桩端进入持力层的深度超过该土层的临界深度后，桩端阻力则不再显著增加或不增加了。因此，将桩端设置在土层的临界深度处，有利于发挥桩的承载力。砂和碎石类土的临界深度为$3\sim10d$，随密度的提高而增大；粉土、粘性土的临界深度为$2\sim6d$，随土的孔隙比和液性指数的减小而增大；岩石的临界深度在$0.5d$左右。

桩长初步确定后，根据桩的选型可定出桩的截面尺寸，并初步确定承台底面标高，以便计算基桩承载力。承台埋深一般主要从结构要求和方便施工的角度来选择，也考虑季节性冻土等影响因素，一般不小于600mm。桩顶嵌入承台长度，对于大直径桩，不宜小于100mm；对于中等直径桩不宜小于50mm。

## 4.3 桩的根数及布置

### 4.3.1 桩的根数

当按第3.1、3.2节的方法确定了桩基中复合基桩或基桩的竖向承载力设计值$Q$后，可初步估算桩数$n$，同时区别建筑物桩基的安全等级给予相应的增减。

当桩基础为轴心受压时：

$$n \geqslant \frac{F+G}{Q} \cdot \gamma_0 \tag{4-1}$$

式中：$F$ 为作用于桩基承台顶面的竖向力设计值，kN；

$G$ 为桩基承台和桩基承台上土自重设计值，kN，地下水位以下应扣除浮力；

$\gamma_0$ 为建筑桩基重要性系数，对于一、二、三级建筑桩基分别取 $\gamma_0=1.1$、1.0、0.9。柱下单桩基础 $\gamma_0$ 按等级分别增加 0.1；

Q 为桩基中复合基桩或基桩的竖向承载力设计值，kN。

当桩基为偏心受压时，桩数应按上式确定的再增加 10%～20%，所选的桩数是否合适，尚待验算各桩受力后决定。

承受水平荷载的桩基，确定桩数时，还应满足水平承载力的要求。

应当指出，在很软的高灵敏度的粘土中，不宜采用桩距小而桩数多的桩基。否则，软粘土结构破坏严重，会使土体强度明显降低，加之各桩的相互影响，桩基的沉降和不均匀沉降将显著增加。此时，宜采用承载力高而桩数较少的桩基。

### 4.3.2 桩的平面布置

桩的间距（中心距）$S_a$ 一般采用 3～4 倍桩径。为了避免桩基施工可能引起土的松弛效应和挤土效应对相邻桩基的不利影响，以及群桩效应对基桩承载力的不利影响，布桩时应根据土类和成桩工艺及排列确定桩的最小间距。一般地，穿越饱和软土的挤土桩，其中心间距应最大，不挤土桩（如钻孔灌注桩）$S_a$ 应最小。为了提高基桩的承载力，桩的最小中心间距应符合表 4-2 的规定。对于大面积桩群，尤其是挤土桩，桩的最小中心间距宜按表列值适当增大；对于扩底桩，为保证桩侧阻力得到有效发挥且避免扩大桩相串，桩的最小中心距除按表 4-2 的要求外，尚应满足表 4-3 的规定。

**表 4-2　桩的最小中心距离**

| 土类与成桩工艺 | | 排数不少于 3 排且桩数不少于 9 根的摩擦型桩基 | 其他情况 |
|---|---|---|---|
| 非挤土和部分挤土灌注桩 | | $3.0d$ | $2.5d$ |
| 挤土灌注桩 | 穿越非饱和土 | $3.5d$ | $3.0d$ |
| | 穿越饱和土 | $4.0d$ | $3.5d$ |
| 挤土预制桩 | | $3.5d$ | $3.0d$ |
| 打入式敞口管桩和 $H$ 形钢桩 | | $3.5d$ | $3.0d$ |

注：$d$ 为圆桩直径或方桩边长。

**表 4-3　灌注桩扩底端最小中心距**

| 成桩方法 | 最小中心距 |
|---|---|
| 钻、挖孔灌注桩 | $1.5D$ 或 $D+1\text{m}$（当 $D>2\text{m}$ 时） |
| 沉管夯扩灌注桩 | $2.0D$ |

注：$D$ 为扩大端桩设计直径。

桩的平面布置原则是：排列基桩时，宜尽可能使群桩承载力合力点与基桩所承受的长期荷载的重心重合，以使各桩受力基本均匀。当作用在承台底面的弯矩较大时，应增加桩底横截面的抵抗矩。桩基受水平力的方向应有较大的截面模量。

桩的平面布置形式有方形、矩形、三角形和梅花形等，条形承台下的桩，可采用单排或双排布置，对于大直径桩也采用一柱一桩布置。图 4.1 是桩的几种布置形式（等桩距布置）。也可采用不等桩距布置。

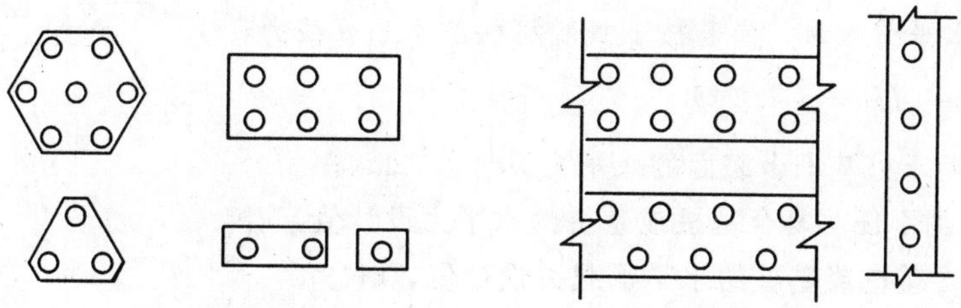


图 4.1　桩的平面布置

一般地说，桩数较少而桩长较长的桩基，在承台设计和施工方面，在提高群桩承载力以及减少桩基沉降量方面，都比桩数多而桩长小的桩基优越，设计时应尽可能采用。

## 4.4　桩基承载力验算

### 4.4.1　桩基中各桩（基桩或复合基桩）的荷载验算

在初步确定桩数和布桩之后，即可验算桩基中基桩或复合基桩所受的荷载是否超过其承载力设计值 $Q$。

桩基在轴心竖向力作用下应满足如下要求：

$$\gamma_0 N = \frac{F+G}{n} \cdot \gamma_0 \leqslant Q \tag{4-2}$$

式中：$N$ 为轴心竖向力作用下任一复合基桩或基桩所承受的竖向力设计值，kN；

其他各符号的意义同式（4-1）。

偏心竖向力作用下的桩基，可按材料力学偏心受压公式计算各桩所受荷载 $N_i$（设计值）：

$$N_i = \frac{F+G}{n} \pm \frac{M_x y_i}{\sum y_i^2} \pm \frac{M_y x_i}{\sum x_i^2} \tag{4-3}$$

式中：$N_i$ 为偏心竖向力作用下第 $i$ 复合基桩或基桩的竖向力设计值，kN；

$M_x$、$M_y$ 为作用于承台底面通过群桩形心的 $x$、$y$ 轴的弯矩设计值，kN·m；

$x_i$、$y_i$ 为第 $i$ 复合基桩或基桩至 $x$、$y$ 轴的距离，m。

见图 4.2。

离群桩截面形心最远处（坐标为 $x_{max}$、$y_{max}$）受轴力最大（$N_{max}$）的边缘基桩，其所受荷载应满足下列条件：

$$\gamma_0 N_{max} = \frac{F+G}{n} + \frac{M_x y_{max}}{\sum y_i^2} \pm \frac{M_y x_{max}}{\sum x_i^2} \leqslant 1.2Q \tag{4-4}$$

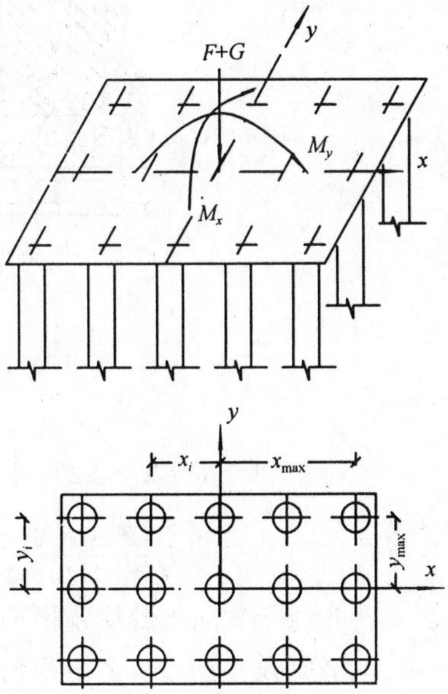


图 4.2　桩顶荷载计算简图

偏心受压时应同时满足式（4-2）和式（4-4）。

当桩承受水平荷载时，尚需按下式验算桩的水平承载力：

$$H_1=\frac{H}{n}\leqslant Q_{h1} \tag{4-5}$$

式中：$H$ 为作用于桩基承台底面的水平力设计值，kN；

$H_1$ 为作用于任一复合基桩或基桩的水平力设计值，kN；

$Q_{h1}$为复合基桩或基桩的水平承载力设计值，kN。

### 4.4.2 特殊条件下桩基承载力验算

4.4.2.1 软弱下卧层承载力的验算

当桩端平面以下受力层范围以内存在软弱下卧层时，如果软层承载力不足，就会导致持力层发生冲剪破坏。因此应对软弱下卧层的承载力进行验算。根据冲剪破坏模式分两种情况：

1. 整体冲剪破坏

对于桩距 $S_a\leqslant 6d$ 的群桩基础，桩群、桩间土、硬持力层冲剪体形成如同实体墩基而冲剪破坏。其剪切破坏面发生于桩群外围表面，冲切锥体锥面与竖直线成 $\theta$ 角（压力扩散角），见图 4.3(a)，$\theta$ 角随持力层与软弱下卧层压缩模量比 $E_{s1}/E_{s2}$以及桩端下硬持力层的相对厚度而变，其经验值见表 4-4。此种情况下，要求冲剪锥体底面压应力设计值不超过软弱下卧层的承载力设计值，即按下列公式验算：

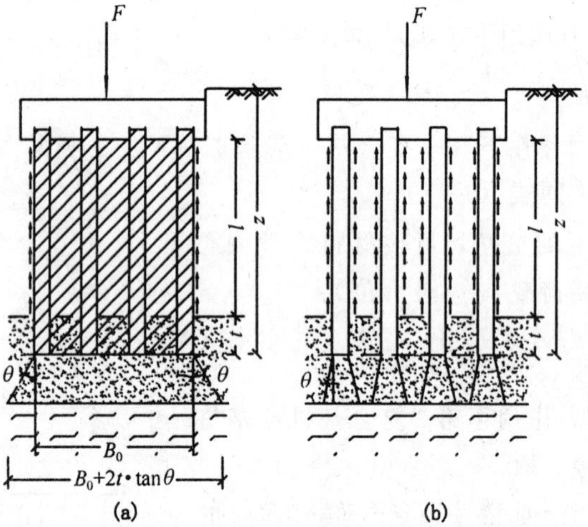


图 4.3 软弱下卧层承载力验算

$$\sigma_z+\gamma_z z_1\leqslant\frac{q_{uk}^{w}}{\gamma_q} \tag{4-6}$$

$$\sigma_z=\frac{\gamma_0(F+G)-2(A_0+B_0)\cdot\sum q_{ski}l_i}{(A_0+2t\cdot\tan\theta)(B_0+2t\cdot\tan\theta)} \tag{4-7}$$

式中：$\sigma_z$ 为作用于软弱下卧层顶面的附加应力，kPa；

$\gamma_z$ 为软弱层顶面以上各土层的加权平均重度，kN/m³；

$q_{uk}^{w}$为软弱下卧层经深度修正的地基极限承载力标准值，kPa；

$\gamma_q$ 为地基承载力分项系数，取 $\gamma_q=1.65$；

$A_0$、$B_0$ 为桩群外缘矩形面积扩散角，按表 4-4 取值。

2. 各基桩单独冲剪破坏

对于群桩桩距 $S_a>6d$，且各基桩桩端压力扩散线不相交于硬持力层中时，即硬持力层厚度 $t<(S_a-D_a)\cdot\tan^{-1}(\theta/2)$ 的群桩基础[图 4.3(b)]，各基桩呈单独冲剪破坏。此类群桩以及单桩基础，按式(4-6)验算软弱下卧层的承载力时，其 $\sigma_z$ 按下式确定：

$$\sigma_z=\frac{4(\gamma_0 N-u\sum q_{ski}l_i)}{\pi(D_e+2t\cdot\cot\theta)^2} \qquad (4-8)$$

**表 4-4　桩端硬持力层压力扩散角 $\theta$**

| $E_{s1}/E_{s2}$ | $t=0.25B_0$ | $t\geqslant 0.50B_0$ |
|---|---|---|
| 1 | 4° | 12° |
| 3 | 6° | 23° |
| 5 | 10° | 25° |
| 10 | 20° | 30° |

注：①$E_{s1}$、$E_{s2}$ 为硬持力层、软下卧层的压缩模量。

②$t<0.25B_0$ 时，$\theta$ 角降低取值。

式中：$N$ 为桩顶轴向压力设计值，kN；

$D_e$ 为桩端等代直径，m，对于圆形桩端，$D_e=D$；正方形，$D_e=1.136b$（$b$ 为桩的边长）；按表 4-4 确定 $\theta$ 时，$B_0=D_e$。

4.4.2.2　*考虑负摩阻力的影响*

当桩周土沉降可能引起桩侧负摩阻力时，应根据工程具体情况考虑负摩阻力对桩承载力和沉降的影响；当缺乏可参照的工程经验时，可按下列规定验算。

对于摩擦型基桩，当出现负摩阻力对基桩施加下拉荷载时，由于持力层压缩性大，随之引起基桩沉降。基桩沉降一出现，土对桩的相对位移便减小，负摩阻力便降低，直至为零。因此，一般情况下对于摩擦型基桩取桩身计算中性点以上侧阻力为零，按下式验算基桩承载力：

$$\gamma_0 N\leqslant Q \qquad (4-9)$$

对于端承型基桩除应满足上式要求外，尚应考虑负摩阻力引起基桩的下拉荷载 $Q_y^n$。这是由于桩端持力层较坚硬，受负摩阻力引起下拉荷载后不会产生沉降或沉降量较小，此时负摩阻力将长期作用于桩身中性点以上侧表面上，必须将下拉荷载作为外荷载的一部分，按下式验算基桩承载力：

$$(\gamma_0 N+1.27Q_y^n)\leqslant 1.6Q \qquad (4-10)$$

式中各符号意义同前，不同的是竖向承载力 $Q$ 只计中性点以下部分侧阻值及端阻值。

负摩阻力必然加大桩基沉降。如果各桩基周围土层出现不均匀沉降，则各桩基因负摩阻力产生的下拉荷载和沉降也会是不均匀的。所以，当土层不均匀或建筑物对不均匀沉降敏感时，尚应将负摩阻力引起的下拉荷载计入附加荷载验算桩基沉降。

关于负摩阻力引起的下拉荷载计算，可分两种情况进行：对于单桩基础，其下拉荷载标准值 $Q_y^n$ 即为桩侧负摩阻力总和：

$$Q_k^n=u\sum_{i=1}^{m}q_{si}^n l_i \qquad (4-11)$$

对于群桩基础，当桩距较小时，其基桩的负摩阻力因群桩效应而降低，在计算群桩中基桩的下拉荷载标准值 $Q_y^n$ 时，应乘以群桩效应系数 $\eta_n<1$，即：

$$Q_{gk}^n=\eta_n\cdot u\sum_{i=1}^{m}q_{si}^n l_i \qquad (4-12)$$

以上两式中：$m$ 为中性点以上土层数；

$l_i$ 为中性点以上各土层的厚度，m；

$q_{si}^n$ 为第 $i$ 层土桩侧负摩阻力标准值，kPa；

$u$ 为桩身横截面周长，m；

$\eta_n$ 为负摩阻力群桩效应系数。

4.4.2.3 抗拔承载力验算

承受拔力的桩基，应按下列公式同时验算群桩基础及其基桩的抗拔承载力，并按现行《混凝土结构设计规范》(GBJ10) 验算基桩材料受拉承载力。

$$\gamma_0 N \leqslant U_{gk}/\gamma_s + G_{gp} \quad (4-13)$$

$$\gamma_0 N \leqslant U_k/\gamma_s + G_p \quad (4-14)$$

式中：$N$ 为基桩所承受的上拔力设计值，kN；

$U_{gk}$ 为群桩呈整体破坏时基桩的抗拔极限承载力标准值，kN；

$U_k$ 为基桩抗拔极限承载力标准值，kN；

$G_{gp}$ 为群桩基础所包围体积的桩土自重设计值 $G_p$ 除以总桩数，地下水位以下取浮重度；

$G_p$ 为基桩和土自重设计值，地下水位以下取浮重度，对于扩底桩应以 $l/d=5$ 为界确定桩、土柱体周长，计算桩、土自重设计值，即自桩底算起，$5d$ 之内 $u_i=\pi D$，大于 $5d$ 部分取 $u_i=\pi d$。

另外，季节性冻土及膨胀土上的短桩基础，由于受到冻胀力或膨胀力的上拔作用，设计时亦应进行抗冻拔、抗拔承载力验算。在抗震设防区还需按《建筑抗震设计规范》规定，验算桩基承载力。

## 4.5 桩基沉降验算

### 4.5.1 概述

桩基变形可用下列变形指标表示：

(1) 沉降量；

(2) 沉降差；

(3) 倾斜：建筑物桩基础倾斜方向两端点的沉降差与其距离之比值；

(4) 局部倾斜：墙下条形承台沿纵向某一长度范围内（一般取 6～10m）桩基础两点的沉降差与其沉降距离的比值。

由于土层厚度与性质不均匀、荷载差异、体形复杂等因素引起的地基变形，对于砌体承重结构应由局部倾斜控制；对于框架结构应由相邻桩基的沉降差控制；对于多层或高层建筑和高耸结构应由倾斜值控制。

沉降验算的目的是判断桩基沉降量是否满足其变形允许值的要求（即桩基沉降量不大于其变形允许值）。桩基变形允许值如无当地经验时可按表 4-5 规定采用，对于表中未包括的建筑物桩基允许变形值，可根据上部结构对桩基变形的适应能力和使用上的要求确定。

### 4.5.2 等效作用分层总和法沉降计算

桩距 $S_a \leqslant 6d$ 的桩基最终沉降量可采用等效作用分层总和法进行计算。等效作用面位于桩端平面，等效作用面积为桩承台投影面积，等效作用附加应力近似取承台底平均附加压力。等效作用面以下的应力分布采用各向同性均质直线变形体理论，即 Boussinesq 解，如图 4.4。

**表 4-5　建（构）筑物地基变形允许值**

（引自国家标准《建筑地基基础设计规范》GBJ7-89）

<table>
<tr><td colspan="2" rowspan="2">变　形　特　征</td><td colspan="2">地　基　土　类　别</td></tr>
<tr><td>中低压缩性土</td><td>高压缩性土</td></tr>
<tr><td colspan="2">砌体承重结构基础的局部倾斜</td><td>0.002</td><td>0.003</td></tr>
<tr><td rowspan="3">工业与民用建筑相邻柱基的沉降差</td><td>框架结构</td><td>$0.002l$</td><td>$0.003l$</td></tr>
<tr><td>砖石墙填充的边排柱</td><td>$0.000\,7l$</td><td>$0.001l$</td></tr>
<tr><td>当基础不均匀沉降时不产生附加应力的结构</td><td>$0.005l$</td><td>$0.005l$</td></tr>
<tr><td colspan="2">单层排架结构（柱距为 6m）柱基的沉降量（mm）</td><td>(120)</td><td>200</td></tr>
<tr><td rowspan="2">桥式吊车轨面的倾斜（按不调整轨道考虑）</td><td>纵向</td><td colspan="2">0.004</td></tr>
<tr><td>横向</td><td colspan="2">0.003</td></tr>
<tr><td rowspan="4">多层和高层建筑基础的倾斜</td><td>$H_g \leqslant 24$</td><td colspan="2">0.004</td></tr>
<tr><td>$24 < H_g \leqslant 60$</td><td colspan="2">0.003</td></tr>
<tr><td>$60 < H_g \leqslant 100$</td><td colspan="2">0.002</td></tr>
<tr><td>$H_g > 100$</td><td colspan="2">0.001 5</td></tr>
<tr><td rowspan="6">高耸结构基础的倾斜</td><td>$H_g \leqslant 20$</td><td colspan="2">0.008</td></tr>
<tr><td>$20 < H_g \leqslant 50$</td><td colspan="2">0.006</td></tr>
<tr><td>$50 < H_g \leqslant 100$</td><td colspan="2">0.005</td></tr>
<tr><td>$100 < H_g \leqslant 150$</td><td colspan="2">0.004</td></tr>
<tr><td>$150 < H_g \leqslant 200$</td><td colspan="2">0.003</td></tr>
<tr><td>$200 < H_g \leqslant 250$</td><td colspan="2">0.002</td></tr>
<tr><td rowspan="3">高耸结构基础的沉降量（mm）</td><td>$H_g \leqslant 100$</td><td rowspan="3">(200)</td><td>400</td></tr>
<tr><td>$100 < H_g \leqslant 200$</td><td>300</td></tr>
<tr><td>$200 < H_g \leqslant 250$</td><td>200</td></tr>
</table>

注：①有括号者仅适用于中压缩性土；

②$l$ 为相邻柱基的中心距离，mm；$H_g$ 为自室外地面起算的建筑物高度，m。

4.5.2.1　桩基内任意点的最终沉降量计算

桩基内任意点的最终沉降量可按角点法计算：

$$S = \psi \cdot \psi_e \cdot S' = \psi \cdot \psi_e \cdot \sum_{j=1}^{m} p_{0j} \sum_{i=1}^{n} \frac{z_{ij}\alpha_{ij} - z_{(i-1)j}\alpha_{(i-1)j}}{E_{si}} \qquad (4-15)$$

式中：$S'$ 为按分层总和法计算出的桩基沉降量，mm；

$\psi$ 为桩基沉降计算经验系数，当无当地经验时可按下述方法确定：对于软土地区且桩端无良好持力层的桩基，当桩长 $l \leqslant 25$m 时，$\psi$ 取 1.7；当桩长 $l > 25$m 时，$\psi$ 取 $(5.9l-20)/(7l-100)$；对于其他情况的桩基，$\psi$ 取 1；

$\psi$ 为桩基等效沉降系数，按下式计算：

$$\psi_e = C_0 + \frac{n_b - 1}{C_1(n_b - 1) + C_2}$$

$n_b$ 为矩形布桩时的短边布桩数，当布桩不规则时，可按 $n_b = \sqrt{n' \cdot B_c / L_c}$ 计算，当 $n_b$ 计算值小于 1 时，取 $n_b = 1$；

$L_c$、$B_c$、$n'$分别为矩形承台的长、宽及总桩数；

$C_0$、$C_1$、$C_2$ 为根据群桩距径比（桩中心距与桩径之比）$S_a/d$、长径比 $l/d$ 及基础长宽比 $L_c/B_c$（如图 4.4），由表 4-6 查取；当布桩不规则时，等效距径比可按下式近似计算：

圆形桩：$S_a/d=\sqrt{A_e}/(\sqrt{n}\cdot d)$

方形桩：$S_a/d=0.886\sqrt{A_e}/(\sqrt{n}\cdot b)$

$A_e$ 为桩基承台总面积，$m^2$；

$b$ 为方形桩截面边长，m；

$n$ 为桩基沉降计算深度范围内所划分的土层数，如图 4.4；

$m$ 为角点法计算点对应的矩形荷载分块数；

$p_{0j}$为角点法计算点对应的第 $j$ 块矩形底面长期效应组合的附加压力，kPa；

$E_{si}$为等效作用底面第 $i$ 层土的压缩模量，MPa，采用地基土在自重压力至自重压力加附加压力作用时的压缩模量；

$z_{ij}$、$z_{(i-1)j}$为桩端平面第 $i$ 块荷载至第 $i$ 层土、第 $i-1$ 层土底面的距离，m；

$\alpha_{ij}$、$\alpha_{(i-1)j}$为桩端平面第 $j$ 块荷载计算点至第 $i$ 层、第 $i-1$ 层土底面深度范围内平均附加应力系数，根据矩形长宽比 $a_j/b_j$ 及深宽比 $z_j/b_j$ 查表 4-7。

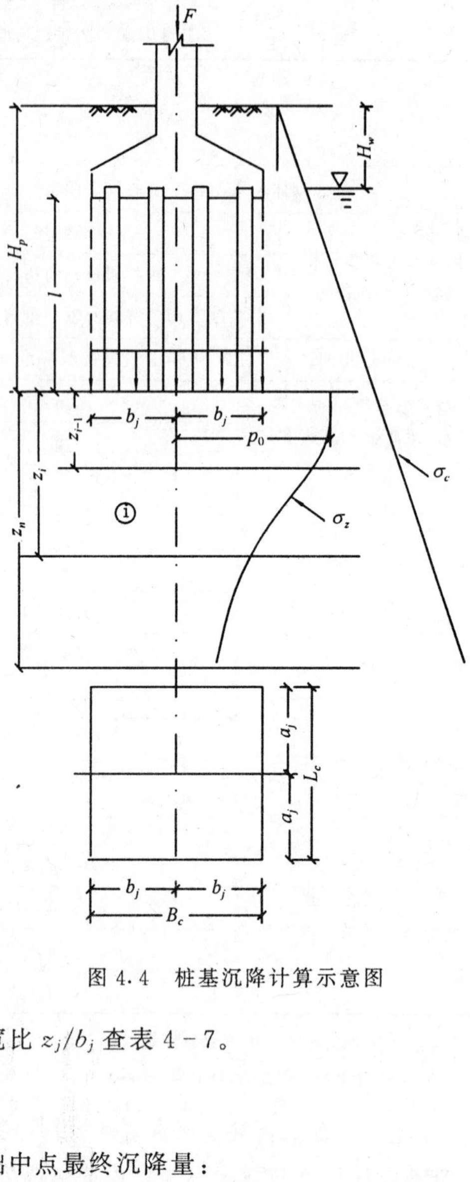


图 4.4　桩基沉降计算示意图

4.5.2.2　矩形桩基最终沉降量计算

1. 矩形基础中点沉降

式（4-15）经过简化后可直接计算矩形基础中点最终沉降量：

$$S=\psi\cdot\psi_e\cdot S'=4\psi\cdot\psi_e\cdot B_c\cdot p_0\sum_{i=1}^{n}\frac{z_i\alpha_i-z_{(i-1)}\alpha_{(i-1)}}{E_{si}} \qquad (4-16)$$

式中：$\alpha_i$、$\alpha_{(i-1)}$为桩端平面计算点至第 $i$ 层土、第 $i-1$ 层土底面深度范围内平均附加应力系数，根据矩形长宽比 $a/b$ 及深宽比 $z_i/b=2z_i/B_c$，$z_{(i-1)}/b=2z_{(i-1)}/B_c$ 查表 4-7 可得；

$B_c$ 为承台的短边宽度，m；

$p_0$ 为底面平均附加压力，kPa。

2. 矩形基础角点沉降

式（4-15）经过简化后可直接计算矩形基础角点最终沉降量：

$$S=\psi\cdot\psi_e\cdot S'=\psi\cdot\psi_e\cdot B_c\cdot p_0\sum_{i=1}^{n}\frac{z_i\alpha_i-z_{(i-1)}\alpha_{(i-1)}}{E_{si}} \qquad (4-17)$$

式中：$\alpha_i$、$\alpha_{(i-1)}$为桩端平面计算点至第 $i$ 层土、第 $i-1$ 层土底面深度范围内平均附加应力系数，

**表 4-6　桩基等效沉降系数 $\psi_e$ 计算参数表（$S_a/d=2$）**

| $l/d$ \ $L_c/B_c$ | | 1 | 2 | 3 | 4 | 5 | 6 | 7 | 8 | 9 | 10 |
|---|---|---|---|---|---|---|---|---|---|---|---|
| 5 | $C_0$ | 0.203 | 0.282 | 0.329 | 0.363 | 0.389 | 0.410 | 0.428 | 0.443 | 0.456 | 0.468 |
| | $C_1$ | 1.543 | 1.687 | 1.797 | 1.845 | 1.915 | 1.949 | 1.981 | 2.047 | 2.073 | 2.098 |
| | $C_2$ | 5.563 | 5.356 | 5.086 | 5.020 | 4.878 | 4.843 | 4.817 | 4.704 | 4.690 | 4.681 |
| 10 | $C_0$ | 0.125 | 0.188 | 0.228 | 0.258 | 0.282 | 0.301 | 0.318 | 0.333 | 0.346 | 0.357 |
| | $C_1$ | 1.487 | 1.573 | 1.653 | 1.676 | 1.731 | 1.750 | 1.768 | 1.828 | 1.844 | 1.860 |
| | $C_2$ | 7.000 | 6.260 | 5.737 | 5.535 | 5.292 | 5.191 | 5.114 | 4.949 | 4.903 | 4.865 |
| 15 | $C_0$ | 0.093 | 0.146 | 0.180 | 0.207 | 0.228 | 0.246 | 0.262 | 0.275 | 0.287 | 0.298 |
| | $C_1$ | 1.508 | 1.568 | 1.637 | 1.647 | 1.696 | 1.707 | 1.718 | 1.776 | 1.787 | 1.798 |
| | $C_2$ | 8.413 | 7.252 | 6.520 | 6.208 | 5.878 | 5.722 | 5.604 | 5.393 | 5.320 | 5.259 |
| 20 | $C_0$ | 0.075 | 0.120 | 0.151 | 0.175 | 0.194 | 0.211 | 0.225 | 0.238 | 0.249 | 0.260 |
| | $C_1$ | 1.548 | 1.592 | 1.654 | 1.656 | 1.701 | 1.706 | 1.712 | 1.770 | 1.777 | 1.783 |
| | $C_2$ | 9.783 | 8.236 | 7.310 | 6.897 | 6.486 | 6.280 | 6.123 | 5.870 | 5.771 | 5.689 |
| 25 | $C_0$ | 0.063 | 0.103 | 0.131 | 0.152 | 0.170 | 0.186 | 0.199 | 0.221 | 0.221 | 0.231 |
| | $C_1$ | 1.596 | 1.628 | 1.686 | 1.679 | 1.722 | 1.722 | 1.724 | 1.783 | 1.786 | 1.789 |
| | $C_2$ | 11.118 | 9.205 | 8.094 | 7.583 | 4.095 | 6.841 | 6.647 | 6.353 | 6.230 | 6.128 |
| 30 | $C_0$ | 0.055 | 0.090 | 0.116 | 0.135 | 0.152 | 0.166 | 0.179 | 0.190 | 0.200 | 0.209 |
| | $C_1$ | 1.646 | 1.669 | 1.724 | 1.711 | 1.753 | 1.748 | 1.745 | 1.806 | 1.806 | 1.806 |
| | $C_2$ | 12.426 | 10.159 | 8.868 | 8.264 | 7.700 | 7.400 | 7.170 | 6.836 | 6.689 | 6.568 |
| 40 | $C_0$ | 0.044 | 0.073 | 0.095 | 0.112 | 0.126 | 0.139 | 0.150 | 0.160 | 0.169 | 0.177 |
| | $C_1$ | 1.754 | 1.761 | 1.812 | 1.787 | 1.827 | 1.814 | 1.803 | 1.867 | 1.861 | 1.855 |
| | $C_2$ | 14.984 | 12.036 | 10.396 | 9.610 | 8.900 | 8.509 | 8.211 | 7.797 | 7.605 | 7.446 |
| 50 | $C_0$ | 0.036 | 0.062 | 0.081 | 0.096 | 0.108 | 0.120 | 0.129 | 0.138 | 0.147 | 0.154 |
| | $C_1$ | 1.865 | 1.860 | 1.909 | 1.873 | 1.911 | 1.889 | 1.872 | 1.939 | 1.927 | 1.916 |
| | $C_2$ | 17.492 | 13.885 | 11.905 | 10.945 | 10.090 | 9.613 | 9.247 | 8.755 | 8.519 | 8.323 |
| 60 | $C_0$ | 0.031 | 0.054 | 0.070 | 0.084 | 0.095 | 0.105 | 0.114 | 0.122 | 0.130 | 0.137 |
| | $C_1$ | 1.979 | 1.962 | 2.010 | 1.962 | 1.999 | 1.970 | 1.945 | 2.016 | 1.998 | 1.981 |
| | $C_2$ | 19.967 | 15.719 | 13.406 | 12.274 | 11.278 | 10.715 | 10.284 | 9.713 | 9.433 | 9.200 |
| 70 | $C_0$ | 0.028 | 0.048 | 0.063 | 0.075 | 0.085 | 0.094 | 0.102 | 0.110 | 0.117 | 0.123 |
| | $C_1$ | 2.095 | 2.067 | 2.114 | 2.055 | 2.091 | 2.054 | 2.021 | 2.097 | 2.072 | 2.049 |
| | $C_2$ | 22.423 | 17.546 | 14.901 | 13.602 | 12.465 | 11.818 | 11.322 | 10.672 | 10.349 | 10.080 |
| 80 | $C_0$ | 0.025 | 0.043 | 0.056 | 0.067 | 0.077 | 0.085 | 0.093 | 0.100 | 0.106 | 0.112 |
| | $C_1$ | 2.213 | 2.174 | 2.220 | 2.150 | 2.185 | 2.139 | 2.099 | 2.178 | 2.147 | 2.119 |
| | $C_2$ | 24.868 | 19.370 | 16.398 | 14.933 | 13.655 | 12.925 | 12.364 | 11.635 | 11.270 | 10.964 |
| 90 | $C_0$ | 0.022 | 0.039 | 0.051 | 0.061 | 0.070 | 0.078 | 0.085 | 0.091 | 0.097 | 0.103 |
| | $C_1$ | 2.333 | 2.283 | 2.328 | 2.245 | 2.280 | 2.225 | 2.177 | 2.261 | 2.223 | 2.189 |
| | $C_2$ | 27.307 | 21.195 | 17.897 | 16.267 | 14.849 | 14.036 | 13.411 | 12.603 | 12.194 | 11.853 |
| 100 | $C_0$ | 0.021 | 0.036 | 0.047 | 0.057 | 0.065 | 0.072 | 0.078 | 0.084 | 0.090 | 0.095 |
| | $C_1$ | 2.453 | 2.392 | 2.436 | 2.341 | 2.375 | 2.311 | 2.256 | 2.344 | 2.299 | 2.259 |
| | $C_2$ | 29.744 | 23.024 | 19.400 | 17.608 | 16.049 | 15.153 | 14.464 | 13.575 | 13.123 | 12.745 |

注：$L_c$—群桩基础承台长度；$B_c$—群桩基础承台宽度；$l$—桩长；$d$—桩径。

### 续表 4-6 桩基等效沉降系数 $\psi_e$ 计算参数表（$S_a/d=3$）

| $l/d$ \ $L_c/B_c$ | | 1 | 2 | 3 | 4 | 5 | 6 | 7 | 8 | 9 | 10 |
|---|---|---|---|---|---|---|---|---|---|---|---|
| 5 | $C_0$ | 0.203 | 0.318 | 0.377 | 0.416 | 0.445 | 0.468 | 0.486 | 0.502 | 0.516 | 0.528 |
| | $C_1$ | 1.483 | 1.723 | 1.875 | 1.955 | 2.045 | 2.098 | 2.144 | 2.218 | 2.256 | 2.290 |
| | $C_2$ | 3.679 | 4.036 | 4.006 | 4.053 | 3.995 | 4.007 | 4.014 | 3.938 | 3.944 | 3.948 |
| 10 | $C_0$ | 0.125 | 0.213 | 0.263 | 0.298 | 0.324 | 0.346 | 0.364 | 0.380 | 0.394 | 0.406 |
| | $C_1$ | 1.419 | 1.559 | 1.662 | 1.705 | 1.770 | 1.801 | 1.828 | 1.891 | 1.913 | 1.935 |
| | $C_2$ | 4.861 | 4.723 | 4.460 | 4.384 | 4.237 | 4.193 | 4.158 | 4.038 | 4.017 | 4.000 |
| 15 | $C_0$ | 0.093 | 0.166 | 0.209 | 0.240 | 0.265 | 0.285 | 0.302 | 0.317 | 0.330 | 0.342 |
| | $C_1$ | 1.430 | 1.533 | 1.619 | 1.646 | 1.703 | 1.723 | 1.741 | 1.801 | 1.817 | 1.832 |
| | $C_2$ | 5.900 | 5.435 | 5.010 | 4.855 | 4.641 | 4.559 | 4.496 | 4.340 | 4.300 | 4.267 |
| 20 | $C_0$ | 0.075 | 0.138 | 0.176 | 0.205 | 0.227 | 0.246 | 0.262 | 0.276 | 0.288 | 0.299 |
| | $C_1$ | 1.461 | 1.542 | 1.619 | 1.635 | 1.687 | 1.700 | 1.712 | 1.772 | 1.783 | 1.793 |
| | $C_2$ | 6.879 | 6.137 | 5.570 | 5.346 | 5.073 | 4.958 | 4.869 | 4.679 | 4.623 | 4.577 |
| 25 | $C_0$ | 0.063 | 0.118 | 0.153 | 0.179 | 0.200 | 0.218 | 0.233 | 0.246 | 0.258 | 0.268 |
| | $C_1$ | 1.500 | 1.565 | 1.637 | 1.644 | 1.693 | 1.699 | 1.706 | 1.767 | 1.774 | 1.780 |
| | $C_2$ | 7.822 | 6.826 | 6.127 | 5.839 | 5.511 | 5.364 | 5.252 | 5.030 | 4.958 | 4.899 |
| 30 | $C_0$ | 0.055 | 0.104 | 0.136 | 0.160 | 0.180 | 0.196 | 0.210 | 0.223 | 0.234 | 0.244 |
| | $C_1$ | 1.542 | 1.595 | 1.663 | 1.662 | 1.709 | 1.711 | 1.712 | 1.775 | 1.777 | 1.780 |
| | $C_2$ | 8.741 | 7.506 | 6.680 | 6.331 | 5.949 | 5.772 | 5.638 | 5.383 | 5.297 | 5.226 |
| 40 | $C_0$ | 0.044 | 0.085 | 0.112 | 0.133 | 0.150 | 0.165 | 0.178 | 0.189 | 0.199 | 0.208 |
| | $C_1$ | 1.632 | 1.667 | 1.729 | 1.715 | 1.759 | 1.750 | 1.743 | 1.808 | 1.804 | 1.799 |
| | $C_2$ | 10.535 | 8.845 | 7.774 | 7.309 | 6.822 | 6.588 | 6.410 | 6.093 | 5.978 | 5.883 |
| 50 | $C_0$ | 0.036 | 0.072 | 0.096 | 0.114 | 0.130 | 0.143 | 0.155 | 0.165 | 0.174 | 0.182 |
| | $C_1$ | 1.726 | 1.746 | 1.805 | 1.778 | 1.819 | 1.801 | 1.786 | 1.855 | 1.843 | 1.832 |
| | $C_2$ | 12.292 | 10.168 | 8.860 | 8.284 | 7.694 | 7.405 | 7.185 | 6.805 | 6.662 | 6.543 |
| 60 | $C_0$ | 0.031 | 0.063 | 0.084 | 0.101 | 0.115 | 0.127 | 0.137 | 0.146 | 0.155 | 0.163 |
| | $C_1$ | 1.822 | 1.828 | 1.885 | 1.845 | 1.885 | 1.858 | 1.834 | 1.907 | 1.888 | 1.870 |
| | $C_2$ | 14.029 | 11.486 | 9.944 | 9.259 | 8.568 | 8.224 | 7.962 | 7.520 | 7.348 | 7.206 |
| 70 | $C_0$ | 0.028 | 0.056 | 0.075 | 0.090 | 0.103 | 0.114 | 0.123 | 0.132 | 0.140 | 0.147 |
| | $C_1$ | 1.920 | 1.913 | 1.968 | 1.916 | 1.954 | 1.918 | 1.885 | 1.962 | 1.936 | 1.911 |
| | $C_2$ | 15.756 | 12.801 | 11.029 | 10.237 | 9.444 | 9.047 | 8.742 | 8.238 | 8.038 | 7.871 |
| 80 | $C_0$ | 0.025 | 0.050 | 0.068 | 0.081 | 0.093 | 0.103 | 0.112 | 0.120 | 0.127 | 0.134 |
| | $C_1$ | 2.019 | 2.000 | 2.053 | 1.988 | 2.025 | 1.979 | 1.938 | 2.019 | 1.985 | 1.954 |
| | $C_2$ | 17.478 | 14.120 | 12.117 | 11.220 | 10.325 | 9.874 | 9.527 | 8.959 | 8.731 | 8.540 |
| 90 | $C_0$ | 0.022 | 0.045 | 0.062 | 0.074 | 0.085 | 0.095 | 0.103 | 0.110 | 0.117 | 0.123 |
| | $C_1$ | 2.118 | 2.087 | 2.139 | 2.060 | 2.096 | 2.041 | 1.991 | 2.076 | 2.036 | 1.998 |
| | $C_2$ | 19.200 | 15.442 | 13.210 | 12.208 | 11.211 | 10.705 | 10.316 | 9.684 | 9.427 | 9.211 |
| 100 | $C_0$ | 0.021 | 0.042 | 0.057 | 0.069 | 0.079 | 0.087 | 0.095 | 0.102 | 0.108 | 0.114 |
| | $C_1$ | 2.218 | 2.174 | 2.225 | 2.133 | 2.168 | 2.103 | 2.044 | 2.133 | 2.086 | 2.042 |
| | $C_2$ | 20.925 | 16.770 | 14.307 | 13.201 | 12.101 | 11.541 | 11.110 | 10.413 | 10.127 | 9.886 |

注：$L_c$—群桩基础承台长度；$B_c$—群桩基础承台宽度；$l$—桩长；$d$—桩径。

续表 4-6 桩基等效沉降系数 $\psi_e$ 计算参数表($S_a/d=4$)

| $l/d$ \ $L_c/B_c$ | | 1 | 2 | 3 | 4 | 5 | 6 | 7 | 8 | 9 | 10 |
|---|---|---|---|---|---|---|---|---|---|---|---|
| 5 | $C_0$ | 0.203 | 0.354 | 0.422 | 0.464 | 0.495 | 0.519 | 0.538 | 0.555 | 0.568 | 0.580 |
| | $C_1$ | 1.445 | 1.786 | 1.986 | 2.101 | 2.213 | 2.286 | 2.349 | 2.434 | 2.484 | 2.530 |
| | $C_2$ | 2.633 | 3.243 | 3.340 | 3.444 | 3.431 | 3.466 | 3.488 | 3.433 | 3.447 | 3.457 |
| 10 | $C_0$ | 0.125 | 0.237 | 0.294 | 0.332 | 0.361 | 0.384 | 0.403 | 0.419 | 0.433 | 0.445 |
| | $C_1$ | 1.378 | 1.570 | 1.695 | 1.756 | 1.830 | 1.870 | 1.906 | 1.972 | 2.000 | 2.027 |
| | $C_2$ | 3.707 | 3.873 | 3.743 | 3.729 | 3.630 | 3.612 | 3.597 | 3.500 | 3.490 | 3.482 |
| 15 | $C_0$ | 0.093 | 0.185 | 0.234 | 0.269 | 0.296 | 0.317 | 0.335 | 0.351 | 0.364 | 0.376 |
| | $C_1$ | 1.384 | 1.524 | 1.626 | 1.666 | 1.729 | 1.757 | 1.781 | 1.843 | 1.863 | 1.881 |
| | $C_2$ | 4.571 | 4.458 | 4.188 | 4.107 | 3.951 | 3.904 | 3.866 | 3.736 | 3.712 | 3.693 |
| 20 | $C_0$ | 0.075 | 0.153 | 0.198 | 0.230 | 0.254 | 0.275 | 0.291 | 0.306 | 0.319 | 0.331 |
| | $C_1$ | 1.408 | 1.521 | 1.611 | 1.638 | 1.695 | 1.713 | 1.730 | 1.791 | 1.805 | 1.818 |
| | $C_2$ | 5.361 | 5.024 | 4.636 | 4.502 | 4.297 | 4.225 | 4.169 | 4.009 | 3.973 | 3.944 |
| 25 | $C_0$ | 0.063 | 0.132 | 0.173 | 0.202 | 0.225 | 0.244 | 0.260 | 0.274 | 0.286 | 0.297 |
| | $C_1$ | 1.441 | 1.534 | 1.616 | 1.633 | 1.686 | 1.698 | 1.708 | 1.770 | 1.779 | 1.786 |
| | $C_2$ | 6.114 | 5.578 | 5.081 | 4.900 | 4.650 | 4.555 | 4.482 | 4.293 | 4.246 | 4.208 |
| 30 | $C_0$ | 0.055 | 0.117 | 0.154 | 0.181 | 0.203 | 0.221 | 0.236 | 0.249 | 0.261 | 0.271 |
| | $C_1$ | 1.477 | 1.555 | 1.633 | 1.640 | 1.691 | 1.696 | 1.701 | 1.764 | 1.768 | 1.771 |
| | $C_2$ | 6.843 | 6.122 | 5.524 | 5.298 | 5.004 | 4.887 | 4.799 | 4.581 | 4.524 | 4.477 |
| 40 | $C_0$ | 0.044 | 0.095 | 0.127 | 0.151 | 0.170 | 0.186 | 0.200 | 0.212 | 0.223 | 0.233 |
| | $C_1$ | 1.555 | 1.611 | 1.681 | 1.673 | 1.720 | 1.714 | 1.708 | 1.774 | 1.770 | 1.765 |
| | $C_2$ | 8.261 | 7.195 | 6.402 | 6.093 | 5.713 | 5.556 | 5.436 | 5.163 | 5.085 | 5.021 |
| 50 | $C_0$ | 0.036 | 0.081 | 0.109 | 0.130 | 0.148 | 0.162 | 0.175 | 0.186 | 0.196 | 0.205 |
| | $C_1$ | 1.636 | 1.674 | 1.740 | 1.781 | 1.762 | 1.745 | 1.730 | 1.800 | 1.787 | 1.775 |
| | $C_2$ | 9.648 | 8.258 | 7.277 | 6.887 | 6.424 | 6.227 | 6.077 | 5.749 | 5.650 | 5.569 |
| 60 | $C_0$ | 0.031 | 0.071 | 0.096 | 0.115 | 0.131 | 0.144 | 0.156 | 0.166 | 0.175 | 0.183 |
| | $C_1$ | 1.719 | 1.742 | 1.805 | 1.768 | 1.810 | 1.783 | 1.758 | 1.832 | 1.811 | 1.791 |
| | $C_2$ | 11.021 | 9.319 | 8.152 | 7.684 | 7.138 | 6.902 | 6.721 | 6.338 | 6.219 | 6.120 |
| 70 | $C_0$ | 0.028 | 0.063 | 0.086 | 0.103 | 0.117 | 0.130 | 0.140 | 0.150 | 0.158 | 0.166 |
| | $C_1$ | 1.803 | 1.811 | 1.872 | 1.821 | 1.861 | 1.824 | 1.789 | 1.867 | 1.839 | 1.812 |
| | $C_2$ | 12.387 | 10.381 | 9.029 | 8.485 | 7.856 | 7.580 | 7.369 | 6.929 | 6.789 | 6.672 |
| 80 | $C_0$ | 0.025 | 0.057 | 0.077 | 0.093 | 0.107 | 0.118 | 0.128 | 0.137 | 0.145 | 0.152 |
| | $C_1$ | 1.887 | 1.882 | 1.940 | 1.876 | 1.914 | 1.866 | 1.822 | 1.904 | 1.868 | 1.834 |
| | $C_2$ | 13.753 | 11.447 | 9.911 | 9.291 | 8.578 | 8.262 | 8.020 | 7.524 | 7.362 | 7.226 |
| 90 | $C_0$ | 0.022 | 0.051 | 0.071 | 0.085 | 0.098 | 0.108 | 0.117 | 0.126 | 0.133 | 0.140 |
| | $C_1$ | 1.972 | 1.953 | 2.009 | 1.931 | 1.867 | 1.909 | 1.857 | 1.943 | 1.899 | 1.858 |
| | $C_2$ | 15.119 | 12.518 | 10.799 | 10.102 | 9.305 | 8.949 | 8.674 | 8.122 | 7.938 | 7.782 |
| 100 | $C_0$ | 0.021 | 0.045 | 0.065 | 0.079 | 0.090 | 0.100 | 0.109 | 0.117 | 0.123 | 0.130 |
| | $C_1$ | 2.057 | 2.025 | 2.079 | 1.986 | 2.021 | 1.953 | 1.891 | 1.981 | 1.931 | 1.883 |
| | $C_2$ | 16.490 | 13.595 | 11.691 | 10.918 | 10.036 | 9.639 | 9.331 | 8.722 | 8.515 | 8.339 |

注：$L_c$—群桩基础承台长度；$B_c$—群桩基础承台宽度；$l$—桩长；$d$—桩径。

续表 4-6　桩基等效沉降系数 $\psi_e$ 计算参数表（$S_a/d=5$）

| $l/d$ \ $L_c/B_c$ | | 1 | 2 | 3 | 4 | 5 | 6 | 7 | 8 | 9 | 10 |
|---|---|---|---|---|---|---|---|---|---|---|---|
| 5 | $C_0$ | 0.203 | 0.389 | 0.464 | 0.510 | 0.543 | 0.567 | 0.587 | 0.603 | 0.617 | 0.628 |
| | $C_1$ | 1.416 | 1.864 | 2.120 | 2.277 | 2.416 | 2.514 | 2.599 | 2.695 | 2.761 | 2.821 |
| | $C_2$ | 1.941 | 2.652 | 2.824 | 2.957 | 2.973 | 3.018 | 3.045 | 3.008 | 3.023 | 2.033 |
| 10 | $C_0$ | 0.125 | 0.260 | 0.323 | 0.364 | 0.394 | 0.417 | 0.437 | 0.453 | 0.467 | 0.480 |
| | $C_1$ | 1.349 | 1.593 | 1.740 | 1.818 | 1.902 | 1.952 | 1.996 | 2.065 | 2.099 | 2.131 |
| | $C_2$ | 2.959 | 3.301 | 3.255 | 3.278 | 3.208 | 3.206 | 3.201 | 3.120 | 3.116 | 3.112 |
| 15 | $C_0$ | 0.093 | 0.202 | 0.257 | 0.295 | 0.323 | 0.345 | 0.364 | 0.379 | 0.393 | 0.405 |
| | $C_1$ | 1.351 | 1.528 | 1.645 | 1.697 | 1.766 | 1.800 | 1.829 | 1.893 | 1.916 | 1.938 |
| | $C_2$ | 3.724 | 3.825 | 3.649 | 3.614 | 3.492 | 3.465 | 3.442 | 3.329 | 3.314 | 3.301 |
| 20 | $C_0$ | 0.075 | 0.168 | 0.218 | 0.252 | 0.278 | 0.299 | 0.317 | 0.332 | 0.345 | 0.357 |
| | $C_1$ | 1.372 | 1.513 | 1.615 | 1.651 | 1.712 | 1.735 | 1.755 | 1.818 | 1.834 | 1.849 |
| | $C_2$ | 4.407 | 4.316 | 4.036 | 3.957 | 3.792 | 3.745 | 3.708 | 3.566 | 3.542 | 3.522 |
| 25 | $C_0$ | 0.063 | 0.145 | 0.190 | 0.222 | 0.246 | 0.267 | 0.283 | 0.298 | 0.310 | 0.322 |
| | $C_1$ | 1.399 | 1.517 | 1.609 | 1.633 | 1.690 | 1.705 | 1.717 | 1.781 | 1.791 | 1.800 |
| | $C_2$ | 5.049 | 4.792 | 4.418 | 4.301 | 4.096 | 4.031 | 3.982 | 3.812 | 3.780 | 3.754 |
| 30 | $C_0$ | 0.055 | 0.128 | 0.170 | 0.199 | 0.222 | 0.241 | 0.257 | 0.271 | 0.283 | 0.294 |
| | $C_1$ | 1.431 | 1.531 | 1.617 | 1.630 | 1.684 | 1.692 | 1.697 | 1.762 | 1.767 | 1.770 |
| | $C_2$ | 5.668 | 5.258 | 4.796 | 4.644 | 4.401 | 4.320 | 4.259 | 4.063 | 4.022 | 3.990 |
| 40 | $C_0$ | 0.044 | 0.105 | 0.141 | 0.167 | 0.188 | 0.205 | 0.219 | 0.232 | 0.243 | 0.253 |
| | $C_1$ | 1.498 | 1.573 | 1.650 | 1.646 | 1.695 | 1.689 | 1.683 | 1.751 | 1.746 | 1.741 |
| | $C_2$ | 6.865 | 6.176 | 5.547 | 5.331 | 5.013 | 4.902 | 4.817 | 4.568 | 4.512 | 4.467 |
| 50 | $C_0$ | 0.036 | 0.089 | 0.121 | 0.144 | 0.163 | 0.179 | 0.192 | 0.204 | 0.214 | 0.224 |
| | $C_1$ | 1.569 | 1.623 | 1.695 | 1.675 | 1.720 | 1.703 | 1.868 | 1.758 | 1.743 | 1.730 |
| | $C_2$ | 8.034 | 7.085 | 6.296 | 6.018 | 5.628 | 5.486 | 5.379 | 5.078 | 5.006 | 4.948 |
| 60 | $C_0$ | 0.031 | 0.078 | 0.106 | 0.128 | 0.145 | 0.159 | 0.171 | 0.182 | 0.192 | 0.201 |
| | $C_1$ | 1.642 | 1.678 | 1.745 | 1.710 | 1.753 | 1.724 | 1.697 | 1.772 | 1.749 | 1.727 |
| | $C_2$ | 9.192 | 7.994 | 7.046 | 6.709 | 6.246 | 6.074 | 5.943 | 5.590 | 5.502 | 5.429 |
| 70 | $C_0$ | 0.028 | 0.069 | 0.095 | 0.114 | 0.130 | 0.143 | 0.155 | 0.165 | 0.174 | 0.182 |
| | $C_1$ | 1.715 | 1.735 | 1.799 | 1.748 | 1.789 | 1.749 | 1.712 | 1.791 | 1.760 | 1.730 |
| | $C_2$ | 10.345 | 8.905 | 7.800 | 7.403 | 6.868 | 6.664 | 6.509 | 6.104 | 5.999 | 5.911 |
| 80 | $C_0$ | 0.025 | 0.063 | 0.086 | 0.104 | 0.118 | 0.131 | 0.141 | 0.151 | 0.159 | 0.167 |
| | $C_1$ | 1.788 | 1.793 | 1.854 | 1.788 | 1.827 | 1.776 | 1.730 | 1.812 | 1.773 | 1.737 |
| | $C_2$ | 11.498 | 9.820 | 8.558 | 8.102 | 7.493 | 7.258 | 7.077 | 6.620 | 6.497 | 6.393 |
| 90 | $C_0$ | 0.022 | 0.057 | 0.079 | 0.095 | 0.109 | 0.120 | 0.130 | 0.139 | 0.147 | 0.154 |
| | $C_1$ | 1.861 | 1.851 | 1.909 | 1.830 | 1.866 | 1.805 | 1.749 | 1.835 | 1.789 | 1.745 |
| | $C_2$ | 12.653 | 10.741 | 9.321 | 8.805 | 8.123 | 7.854 | 7.647 | 7.138 | 6.996 | 6.876 |
| 100 | $C_0$ | 0.021 | 0.052 | 0.072 | 0.088 | 0.100 | 0.111 | 0.120 | 0.129 | 0.136 | 0.143 |
| | $C_1$ | 1.934 | 1.909 | 1.966 | 1.871 | 1.905 | 1.834 | 1.769 | 1.859 | 1.805 | 1.755 |
| | $C_2$ | 13.812 | 11.667 | 10.089 | 9.512 | 8.755 | 8.453 | 8.218 | 7.657 | 7.495 | 7.358 |

注：$L_c$—群桩基础承台长度；$B_c$—群桩基础承台宽度；$l$—桩长；$d$—桩径。

### 续表 4-6 桩基等效沉降系数 $\psi_e$ 计算参数表($S_a/d=6$)

| $l/d$ \ $L_c/B_c$ | | 1 | 2 | 3 | 4 | 5 | 6 | 7 | 8 | 9 | 10 |
|---|---|---|---|---|---|---|---|---|---|---|---|
| 5 | $C_0$ | 0.203 | 0.423 | 0.506 | 0.555 | 0.588 | 0.613 | 0.633 | 0.649 | 0.663 | 0.674 |
| | $C_1$ | 1.393 | 1.956 | 2.277 | 2.485 | 2.658 | 2.789 | 2.902 | 3.021 | 3.099 | 3.179 |
| | $C_2$ | 1.438 | 2.152 | 2.365 | 2.503 | 2.538 | 2.581 | 2.603 | 2.586 | 2.596 | 2.599 |
| 10 | $C_0$ | 0.125 | 0.281 | 0.350 | 0.393 | 0.424 | 0.449 | 0.468 | 0.485 | 0.499 | 0.511 |
| | $C_1$ | 1.328 | 1.623 | 1.793 | 1.889 | 1.983 | 2.044 | 2.096 | 2.169 | 2.210 | 2.247 |
| | $C_2$ | 2.421 | 2.870 | 2.881 | 2.927 | 2.879 | 2.886 | 2.887 | 2.818 | 2.817 | 2.815 |
| 15 | $C_0$ | 0.093 | 0.219 | 0.279 | 0.318 | 0.348 | 0.371 | 0.390 | 0.406 | 0.419 | 0.423 |
| | $C_1$ | 1.327 | 1.540 | 1.671 | 1.733 | 1.809 | 1.848 | 1.882 | 1.949 | 1.975 | 1.999 |
| | $C_2$ | 3.126 | 3.366 | 3.256 | 3.250 | 3.153 | 3.139 | 3.126 | 3.024 | 3.015 | 3.007 |
| 20 | $C_0$ | 0.075 | 0.182 | 0.236 | 0.272 | 0.300 | 0.322 | 0.340 | 0.355 | 0.369 | 0.380 |
| | $C_1$ | 1.344 | 1.513 | 1.625 | 1.669 | 1.735 | 1.762 | 1.785 | 1.850 | 1.868 | 1.884 |
| | $C_2$ | 3.740 | 3.815 | 3.607 | 3.565 | 3.428 | 3.398 | 3.374 | 3.243 | 3.227 | 3.214 |
| 25 | $C_0$ | 0.063 | 0.157 | 0.207 | 0.240 | 0.266 | 0.287 | 0.304 | 0.319 | 0.332 | 0.343 |
| | $C_1$ | 1.368 | 1.509 | 1.610 | 1.640 | 1.700 | 1.717 | 1.731 | 1.796 | 1.807 | 1.816 |
| | $C_2$ | 4.311 | 4.242 | 3.950 | 3.877 | 3.703 | 3.659 | 3.625 | 3.468 | 3.445 | 3.427 |
| 30 | $C_0$ | 0.055 | 0.139 | 0.184 | 0.216 | 0.240 | 0.260 | 0.276 | 0.291 | 0.303 | 0.314 |
| | $C_1$ | 1.395 | 1.516 | 1.608 | 1.627 | 1.683 | 1.692 | 1.699 | 1.765 | 1.769 | 1.773 |
| | $C_2$ | 4.858 | 4.659 | 4.288 | 4.187 | 3.977 | 3.921 | 3.879 | 3.694 | 3.666 | 3.643 |
| 40 | $C_0$ | 0.044 | 0.114 | 0.153 | 0.181 | 0.203 | 0.221 | 0.236 | 0.249 | 0.261 | 0.271 |
| | $C_1$ | 1.455 | 1.545 | 1.627 | 1.626 | 1.676 | 1.671 | 1.664 | 1.733 | 1.727 | 1.721 |
| | $C_2$ | 5.912 | 5.477 | 4.957 | 4.804 | 4.528 | 4.447 | 4.386 | 4.151 | 4.111 | 4.078 |
| 50 | $C_0$ | 0.036 | 0.097 | 0.132 | 0.157 | 0.177 | 0.193 | 0.207 | 0.219 | 0.230 | 0.240 |
| | $C_1$ | 1.517 | 1.584 | 1.659 | 1.640 | 1.687 | 1.699 | 1.650 | 1.723 | 1.707 | 1.691 |
| | $C_2$ | 6.939 | 6.287 | 5.624 | 5.423 | 5.080 | 4.974 | 4.896 | 4.610 | 4.557 | 4.514 |
| 60 | $C_0$ | 0.031 | 0.085 | 0.116 | 0.139 | 0.157 | 0.172 | 0.185 | 0.196 | 0.207 | 0.216 |
| | $C_1$ | 1.581 | 1.627 | 1.698 | 1.662 | 1.706 | 1.675 | 1.645 | 1.722 | 1.697 | 1.672 |
| | $C_2$ | 7.956 | 7.097 | 6.292 | 6.043 | 5.634 | 5.504 | 5.406 | 5.071 | 5.004 | 4.948 |
| 70 | $C_0$ | 0.028 | 0.076 | 0.104 | 0.125 | 0.141 | 0.156 | 0.168 | 0.178 | 0.188 | 0.196 |
| | $C_1$ | 1.645 | 1.673 | 1.740 | 1.688 | 1.728 | 1.686 | 1.646 | 1.726 | 1.692 | 1.660 |
| | $C_2$ | 8.968 | 7.908 | 6.964 | 6.667 | 6.191 | 6.035 | 5.917 | 5.532 | 5.450 | 5.382 |
| 80 | $C_0$ | 0.025 | 0.068 | 0.094 | 0.113 | 0.129 | 0.142 | 0.153 | 0.163 | 0.172 | 0.182 |
| | $C_1$ | 1.708 | 1.720 | 1.783 | 1.716 | 1.754 | 1.700 | 1.650 | 1.734 | 1.692 | 1.652 |
| | $C_2$ | 9.981 | 8.724 | 7.640 | 7.293 | 6.751 | 6.569 | 6.428 | 5.994 | 5.896 | 5.814 |
| 90 | $C_0$ | 0.022 | 0.062 | 0.086 | 0.104 | 0.118 | 0.131 | 0.141 | 0.150 | 0.159 | 0.167 |
| | $C_1$ | 1.772 | 1.768 | 1.827 | 1.745 | 1.780 | 1.716 | 1.657 | 1.744 | 1.694 | 1.648 |
| | $C_2$ | 10.997 | 9.544 | 8.319 | 7.924 | 7.314 | 7.103 | 6.939 | 6.457 | 6.342 | 6.244 |
| 100 | $C_0$ | 0.021 | 0.057 | 0.079 | 0.096 | 0.110 | 0.121 | 0.131 | 0.140 | 0.148 | 0.155 |
| | $C_1$ | 1.835 | 1.815 | 1.872 | 1.775 | 1.808 | 1.733 | 1.665 | 1.755 | 1.698 | 1.646 |
| | $C_2$ | 12.016 | 10.370 | 9.004 | 8.557 | 7.879 | 7.639 | 7.450 | 6.919 | 6.787 | 6.673 |

注:$L_c$—群桩基础承台长度;$B_c$—群桩基础承台宽度;$l$—桩长;$d$—桩径。

### 表 4－7　矩形面积上均布荷载作用下角点的平均附加应力系数 $\alpha$

| z/b \ a/b | 1.0 | 1.2 | 1.4 | 1.6 | 1.8 | 2.0 | 2.4 | 2.8 | 3.2 | 3.6 | 4.0 | 5.0 | ≥10.0（条形） |
|---|---|---|---|---|---|---|---|---|---|---|---|---|---|
| 0.0 | 0.250 0 | 0.250 0 | 0.250 0 | 0.250 0 | 0.250 0 | 0.250 0 | 0.250 0 | 0.250 0 | 0.250 0 | 0.250 0 | 0.250 0 | 0.250 0 | 0.250 0 |
| 0.2 | 0.249 6 | 0.249 7 | 0.249 7 | 0.249 8 | 0.249 8 | 0.249 8 | 0.249 8 | 0.249 8 | 0.249 8 | 0.249 8 | 0.249 8 | 0.249 8 | 0.249 8 |
| 0.4 | 0.247 4 | 0.247 9 | 0.248 1 | 0.248 3 | 0.248 3 | 0.248 4 | 0.248 5 | 0.248 5 | 0.248 5 | 0.248 5 | 0.248 5 | 0.248 5 | 0.248 5 |
| 0.6 | 0.242 3 | 0.243 7 | 0.244 4 | 0.244 8 | 0.245 1 | 0.245 2 | 0.245 4 | 0.245 5 | 0.245 5 | 0.245 5 | 0.245 5 | 0.245 5 | 0.245 6 |
| 0.8 | 0.234 6 | 0.237 2 | 0.238 7 | 0.239 5 | 0.240 0 | 0.240 3 | 0.240 7 | 0.240 8 | 0.240 9 | 0.240 9 | 0.241 0 | 0.241 0 | 0.241 0 |
| 1.0 | 0.225 2 | 0.229 1 | 0.231 3 | 0.232 6 | 0.233 5 | 0.234 0 | 0.234 6 | 0.234 9 | 0.235 1 | 0.235 2 | 0.235 2 | 0.235 3 | 0.235 3 |
| 1.2 | 0.214 9 | 0.219 9 | 0.222 9 | 0.224 8 | 0.226 0 | 0.226 8 | 0.227 8 | 0.228 2 | 0.228 5 | 0.228 6 | 0.228 7 | 0.228 8 | 0.228 9 |
| 1.4 | 0.204 3 | 0.210 2 | 0.214 0 | 0.216 4 | 0.218 0 | 0.219 1 | 0.220 4 | 0.221 1 | 0.221 5 | 0.221 7 | 0.221 8 | 0.222 0 | 0.222 1 |
| 1.6 | 0.193 0 | 0.200 9 | 0.204 9 | 0.207 9 | 0.209 9 | 0.211 3 | 0.213 0 | 0.213 8 | 0.214 3 | 0.214 6 | 0.214 8 | 0.215 0 | 0.215 2 |
| 1.8 | 0.184 0 | 0.191 2 | 0.196 0 | 0.199 4 | 0.201 8 | 0.203 4 | 0.205 5 | 0.206 6 | 0.207 3 | 0.207 7 | 0.207 9 | 0.208 2 | 0.208 4 |
| 2.0 | 0.174 6 | 0.182 2 | 0.187 5 | 0.191 2 | 0.193 8 | 0.195 8 | 0.198 2 | 0.199 6 | 0.200 4 | 0.200 9 | 0.201 2 | 0.201 5 | 0.201 8 |
| 2.2 | 0.165 9 | 0.173 7 | 0.179 3 | 0.183 3 | 0.186 2 | 0.188 3 | 0.191 1 | 0.192 7 | 0.193 7 | 0.194 3 | 0.194 7 | 0.195 2 | 0.195 5 |
| 2.4 | 0.157 8 | 0.165 7 | 0.171 5 | 0.175 7 | 0.178 9 | 0.181 2 | 0.184 3 | 0.186 2 | 0.187 3 | 0.188 0 | 0.188 5 | 0.189 0 | 0.189 5 |
| 2.6 | 0.150 3 | 0.158 3 | 0.164 2 | 0.168 6 | 0.171 9 | 0.174 5 | 0.177 9 | 0.177 9 | 0.181 2 | 0.182 0 | 0.182 5 | 0.183 2 | 0.183 8 |
| 2.8 | 0.143 3 | 0.151 4 | 0.157 4 | 0.161 9 | 0.165 4 | 0.168 0 | 0.171 7 | 0.173 9 | 0.175 3 | 0.176 3 | 0.176 9 | 0.177 7 | 0.178 4 |
| 3.0 | 0.136 9 | 0.144 9 | 0.151 0 | 0.155 6 | 0.159 2 | 0.161 9 | 0.165 8 | 0.168 2 | 0.169 8 | 0.170 8 | 0.171 5 | 0.172 5 | 0.173 3 |
| 3.2 | 0.131 0 | 0.139 0 | 0.145 0 | 0.149 7 | 0.153 3 | 0.156 2 | 0.160 2 | 0.162 8 | 0.164 5 | 0.167 5 | 0.166 4 | 0.167 5 | 0.168 5 |
| 3.4 | 0.125 6 | 0.133 4 | 0.139 4 | 0.144 1 | 0.147 8 | 0.150 8 | 0.155 0 | 0.157 7 | 0.159 5 | 0.160 7 | 0.161 6 | 0.162 8 | 0.163 9 |
| 3.6 | 0.120 5 | 0.128 2 | 0.134 2 | 0.138 9 | 0.142 7 | 0.145 6 | 0.150 0 | 0.152 8 | 0.154 8 | 0.156 1 | 0.157 0 | 0.158 3 | 0.159 5 |
| 3.8 | 0.115 8 | 0.123 4 | 0.129 3 | 0.134 0 | 0.137 8 | 0.140 8 | 0.145 2 | 0.148 2 | 0.150 2 | 0.151 6 | 0.152 6 | 0.154 1 | 0.155 4 |
| 4.0 | 0.111 4 | 0.118 9 | 0.124 8 | 0.129 4 | 0.133 2 | 0.136 2 | 0.140 8 | 0.143 8 | 0.145 9 | 0.147 4 | 0.148 5 | 0.150 0 | 0.151 6 |
| 4.2 | 0.107 3 | 0.114 7 | 0.120 5 | 0.125 1 | 0.128 9 | 0.131 9 | 0.136 5 | 0.139 6 | 0.141 8 | 0.143 4 | 0.144 5 | 0.146 2 | 0.147 9 |
| 4.4 | 0.103 5 | 0.110 7 | 0.116 4 | 0.121 0 | 0.124 8 | 0.127 9 | 0.132 5 | 0.135 7 | 0.137 9 | 0.139 6 | 0.140 7 | 0.142 5 | 0.144 4 |
| 4.6 | 0.100 0 | 0.107 0 | 0.112 7 | 0.117 2 | 0.120 9 | 0.124 0 | 0.128 7 | 0.131 9 | 0.134 2 | 0.135 9 | 0.137 1 | 0.139 0 | 0.141 0 |
| 4.8 | 0.111 4 | 0.096 7 | 0.103 6 | 0.109 1 | 0.113 6 | 0.117 3 | 0.120 4 | 0.125 0 | 0.128 3 | 0.130 7 | 0.132 4 | 0.133 7 | 0.137 9 |
| 5.0 | 0.093 5 | 0.100 3 | 0.105 7 | 0.110 2 | 0.113 9 | 0.116 9 | 0.121 6 | 0.124 9 | 0.127 3 | 0.129 1 | 0.130 1 | 0.132 5 | 0.134 8 |
| 5.2 | 0.090 6 | 0.197 2 | 0.126 0 | 0.107 0 | 0.110 6 | 0.113 6 | 0.128 3 | 0.121 7 | 0.124 1 | 0.125 9 | 0.127 3 | 0.129 5 | 0.132 0 |
| 5.4 | 0.087 8 | 0.194 3 | 0.199 6 | 0.103 9 | 0.107 5 | 0.110 5 | 0.115 2 | 0.118 6 | 0.121 1 | 0.122 9 | 0.124 3 | 0.126 5 | 0.129 2 |
| 5.6 | 0.085 2 | 0.191 6 | 0.196 8 | 0.101 0 | 0.104 6 | 0.107 6 | 0.112 2 | 0.115 6 | 0.118 1 | 0.120 0 | 0.121 5 | 0.123 8 | 0.126 6 |
| 5.8 | 0.082 8 | 0.089 0 | 0.094 1 | 0.098 3 | 0.101 8 | 0.104 7 | 0.109 4 | 0.112 8 | 0.115 3 | 0.117 2 | 0.118 7 | 0.121 1 | 0.124 0 |
| 6.0 | 0.050 8 | 0.086 6 | 0.091 6 | 0.095 7 | 0.099 1 | 0.102 1 | 0.106 7 | 0.110 1 | 0.112 6 | 0.114 6 | 0.116 1 | 0.118 5 | 0.121 6 |
| 6.2 | 0.078 3 | 0.084 2 | 0.089 1 | 0.093 2 | 0.096 6 | 0.099 5 | 0.104 1 | 0.107 5 | 0.110 1 | 0.112 0 | 0.113 6 | 0.116 1 | 0.119 3 |
| 6.4 | 0.076 2 | 0.082 0 | 0.086 9 | 0.090 9 | 0.094 2 | 0.097 1 | 0.101 6 | 0.105 0 | 0.107 6 | 0.109 6 | 0.111 1 | 0.113 7 | 0.117 1 |
| 6.6 | 0.074 2 | 0.079 9 | 0.084 7 | 0.088 6 | 0.091 9 | 0.094 7 | 0.099 3 | 0.102 7 | 0.105 3 | 0.107 3 | 0.108 8 | 0.114 0 | 0.114 9 |
| 6.8 | 0.072 3 | 0.077 9 | 0.082 6 | 0.086 5 | 0.089 8 | 0.092 6 | 0.097 0 | 0.100 4 | 0.103 0 | 0.105 0 | 0.106 6 | 0.109 2 | 0.112 9 |
| 7.0 | 0.070 5 | 0.076 1 | 0.080 6 | 0.084 4 | 0.087 7 | 0.090 4 | 0.094 9 | 0.098 2 | 0.100 8 | 0.102 8 | 0.104 4 | 0.107 1 | 0.110 9 |
| 7.2 | 0.068 8 | 0.074 2 | 0.078 7 | 0.082 5 | 0.085 7 | 0.088 4 | 0.092 8 | 0.096 2 | 0.098 7 | 0.100 8 | 0.102 3 | 0.105 1 | 0.110 0 |
| 7.4 | 0.066 2 | 0.072 5 | 0.076 9 | 0.080 6 | 0.083 8 | 0.086 5 | 0.090 8 | 0.094 2 | 0.096 7 | 0.098 8 | 0.100 4 | 0.103 1 | 0.108 1 |
| 7.6 | 0.065 6 | 0.070 9 | 0.075 2 | 0.078 9 | 0.082 0 | 0.084 6 | 0.088 9 | 0.092 2 | 0.094 8 | 0.096 8 | 0.098 4 | 0.101 2 | 0.105 4 |
| 7.8 | 0.064 2 | 0.069 3 | 0.073 6 | 0.077 1 | 0.080 2 | 0.082 8 | 0.087 1 | 0.090 4 | 0.092 9 | 0.095 0 | 0.096 6 | 0.099 4 | 0.103 6 |
| 8.0 | 0.062 7 | 0.067 8 | 0.070 2 | 0.075 5 | 0.081 1 | 0.085 3 | 0.085 2 | 0.088 6 | 0.091 2 | 0.093 2 | 0.094 8 | 0.097 6 | 0.102 0 |
| 8.2 | 0.061 4 | 0.066 3 | 0.070 5 | 0.073 9 | 0.076 9 | 0.079 5 | 0.083 7 | 0.086 9 | 0.089 4 | 0.091 4 | 0.093 1 | 0.095 9 | 0.100 4 |
| 8.4 | 0.060 1 | 0.064 9 | 0.069 0 | 0.072 4 | 0.075 4 | 0.077 9 | 0.082 0 | 0.085 2 | 0.087 8 | 0.089 3 | 0.091 4 | 0.094 3 | 0.098 8 |
| 8.6 | 0.058 8 | 0.063 6 | 0.067 6 | 0.071 0 | 0.073 9 | 0.076 4 | 0.080 5 | 0.083 6 | 0.086 2 | 0.088 2 | 0.089 8 | 0.092 7 | 0.097 3 |
| 8.8 | 0.057 6 | 0.062 3 | 0.066 3 | 0.069 6 | 0.072 4 | 0.074 9 | 0.079 0 | 0.082 1 | 0.084 6 | 0.086 6 | 0.088 2 | 0.091 2 | 0.095 9 |

**续表 4-7**

| $z/b$ \ $a/b$ | 1.0 | 1.2 | 1.4 | 1.6 | 1.8 | 2.0 | 2.4 | 2.8 | 3.2 | 3.6 | 4.0 | 5.0 | ≥10.0（条形） |
|---|---|---|---|---|---|---|---|---|---|---|---|---|---|
| 9.0 | 0.055 4 | 0.059 9 | 0.063 7 | 0.067 0 | 0.069 7 | 0.072 1 | 0.076 1 | 0.079 2 | 0.081 7 | 0.083 7 | 0.085 3 | 0.088 2 | 0.093 1 |
| 9.6 | 0.053 3 | 0.057 7 | 0.061 4 | 0.064 5 | 0.067 2 | 0.069 6 | 0.073 4 | 0.076 5 | 0.078 9 | 0.080 9 | 0.082 5 | 0.085 5 | 0.090 5 |
| 10.0 | 0.051 4 | 0.055 6 | 0.059 2 | 0.062 2 | 0.064 9 | 0.067 2 | 0.071 0 | 0.073 9 | 0.076 3 | 0.078 3 | 0.079 9 | 0.082 9 | 0.088 0 |
| 10.4 | 0.049 6 | 0.053 7 | 0.057 2 | 0.060 1 | 0.062 7 | 0.064 9 | 0.068 6 | 0.071 6 | 0.073 9 | 0.075 9 | 0.077 5 | 0.080 4 | 0.085 7 |
| 10.8 | 0.047 9 | 0.051 9 | 0.055 3 | 0.058 1 | 0.060 6 | 0.062 8 | 0.066 4 | 0.069 3 | 0.071 7 | 0.073 6 | 0.075 1 | 0.078 1 | 0.083 4 |
| 11.2 | 0.046 3 | 0.050 2 | 0.053 5 | 0.056 3 | 0.065 7 | 0.060 9 | 0.064 4 | 0.067 2 | 0.069 5 | 0.071 4 | 0.073 0 | 0.075 9 | 0.081 3 |
| 11.6 | 0.044 8 | 0.048 6 | 0.051 8 | 0.054 5 | 0.056 9 | 0.059 0 | 0.062 5 | 0.065 2 | 0.067 5 | 0.069 4 | 0.070 9 | 0.073 8 | 0.079 3 |
| 12.0 | 0.043 5 | 0.047 1 | 0.050 2 | 0.052 9 | 0.055 2 | 0.057 3 | 0.060 6 | 0.063 4 | 0.065 6 | 0.067 4 | 0.069 0 | 0.071 9 | 0.077 4 |
| 12.8 | 0.040 9 | 0.044 4 | 0.047 4 | 0.049 9 | 0.052 1 | 0.054 1 | 0.053 7 | 0.059 9 | 0.062 1 | 0.063 9 | 0.065 4 | 0.068 2 | 0.073 9 |
| 13.6 | 0.038 7 | 0.042 0 | 0.044 8 | 0.047 2 | 0.049 3 | 0.051 2 | 0.054 3 | 0.056 8 | 0.058 9 | 0.060 7 | 0.062 1 | 0.064 9 | 0.070 7 |
| 14.4 | 0.036 7 | 0.039 8 | 0.042 5 | 0.044 8 | 0.046 8 | 0.046 8 | 0.051 6 | 0.054 9 | 0.056 1 | 0.057 7 | 0.059 2 | 0.061 9 | 0.067 7 |
| 15.2 | 0.034 9 | 0.037 9 | 0.040 4 | 0.042 6 | 0.044 6 | 0.046 3 | 0.049 2 | 0.051 5 | 0.053 5 | 0.055 1 | 0.056 5 | 0.059 2 | 0.065 0 |
| 16.0 | 0.033 2 | 0.036 1 | 0.038 5 | 0.040 7 | 0.042 5 | 0.044 2 | 0.046 9 | 0.049 2 | 0.051 1 | 0.052 7 | 0.054 0 | 0.056 7 | 0.062 5 |
| 18.0 | 0.029 7 | 0.032 3 | 0.034 5 | 0.036 4 | 0.038 1 | 0.039 6 | 0.042 2 | 0.042 2 | 0.046 0 | 0.047 5 | 0.048 7 | 0.051 2 | 0.057 0 |
| 20.0 | 0.026 9 | 0.029 2 | 0.031 2 | 0.033 0 | 0.034 5 | 0.035 9 | 0.038 5 | 0.040 2 | 0.041 8 | 0.043 2 | 0.044 4 | 0.046 8 | 0.052 4 |

根据矩形长宽比 $a/b$ 及深宽比 $z_i/b=z_i/B_c$，$z_{(i-1)}/b=z_{(i-1)}/B_c$ 查表 4-7 可知。

4.5.2.3 沉降计算深度确定

地基沉降计算深度 $z_n$ 按应力比法确定，且 $z_n$ 的地基附加应力 $\sigma_z$ 与土的自重应力 $\sigma_c$ 应符合下列要求：

$$\sigma_z = 0.2\sigma_c \tag{4-18}$$

桩端平面下地基中的附加应力 $\sigma_z$ 的计算方法同浅基础。对于矩形桩基，若作用于等效作用面（桩端平面）处的均布荷载为 $p_0$（即取承台底平面附加压力），则角点下深度 $z$ 处某点的竖向附加应力为：

$$\sigma_z = \alpha_c p_0 \tag{4-19}$$

式中：$\alpha_c$ 为均布矩形荷载角点下附加应力系数，根据矩形长宽比 $L_c/B_c$ 及深宽比 $z/B_c$ 查表 4-8。

中点下深度 $z$ 处某点的竖向附加应力为：

$$\sigma_z = 4\alpha_c p_0 \tag{4-20}$$

式中：$\alpha_c$ 为均布矩形荷载角点下附加应力系数，根据矩形长宽比 $L_c/B_c$ 及深宽比 $2z/B_c$ 查表 4-8。

4.5.2.4 承台底面平均附加应力

在轴心荷载作用下，承台底面压力可假定为均匀分布，此时均布压力值为 $P$：

$$P = \frac{F+G}{A} \tag{4-21}$$

式中：$A$ 为承台底面积，$m^2$。

承台底面平均附加应力 $p_0$：

$$p_0 = P - \gamma_z h_z \tag{4-22}$$

式中：$\gamma_z$ 为承台底面标高以上土的加权平均重度，$kN/m^3$；

$h_z$ 为从自然地面算起的基础埋深，m。

**表 4-8 均布矩形荷载角点下竖向附加应力系数 $\alpha_c$**

| $z/B_c$ | $L_c/B_c$ | | | | | | | | | | | |
|---|---|---|---|---|---|---|---|---|---|---|---|---|
| | 1.0 | 1.2 | 1.4 | 1.6 | 1.8 | 2.0 | 3.0 | 4.0 | 5.0 | 6.0 | 10.0 | 条形 |
| 0.0 | 0.250 | 0.250 | 0.250 | 0.250 | 0.250 | 0.250 | 0.250 | 0.250 | 0.250 | 0.250 | 0.250 | 0.250 |
| 0.2 | 0.249 | 0.249 | 0.249 | 0.249 | 0.249 | 0.249 | 0.249 | 0.249 | 0.249 | 0.249 | 0.249 | 0.249 |
| 0.4 | 0.240 | 0.242 | 0.243 | 0.243 | 0.244 | 0.244 | 0.244 | 0.244 | 0.244 | 0.244 | 0.244 | 0.244 |
| 0.6 | 0.223 | 0.228 | 0.230 | 0.232 | 0.232 | 0.233 | 0.234 | 0.234 | 0.234 | 0.234 | 0.234 | 0.234 |
| 0.8 | 0.200 | 0.207 | 0.212 | 0.215 | 0.216 | 0.218 | 0.220 | 0.220 | 0.220 | 0.220 | 0.220 | 0.220 |
| 1.0 | 0.175 | 0.185 | 0.191 | 0.195 | 0.198 | 0.200 | 0.203 | 0.204 | 0.204 | 0.204 | 0.205 | 0.205 |
| 1.2 | 0.152 | 0.163 | 0.171 | 0.176 | 0.179 | 0.182 | 0.187 | 0.188 | 0.189 | 0.189 | 0.189 | 0.189 |
| 1.4 | 0.131 | 0.142 | 0.151 | 0.157 | 0.161 | 0.164 | 0.171 | 0.173 | 0.174 | 0.174 | 0.174 | 0.174 |
| 1.6 | 0.112 | 0.124 | 0.133 | 0.140 | 0.145 | 0.148 | 0.157 | 0.159 | 0.160 | 0.160 | 0.160 | 0.160 |
| 1.8 | 0.097 | 0.108 | 0.117 | 0.124 | 0.129 | 0.133 | 0.143 | 0.146 | 0.147 | 0.148 | 0.148 | 0.148 |
| 2.0 | 0.084 | 0.096 | 0.103 | 0.110 | 0.116 | 0.120 | 0.131 | 0.135 | 0.136 | 0.137 | 0.137 | 0.137 |
| 2.2 | 0.073 | 0.083 | 0.092 | 0.098 | 0.104 | 0.108 | 0.121 | 0.125 | 0.126 | 0.127 | 0.128 | 0.128 |
| 2.4 | 0.064 | 0.073 | 0.081 | 0.088 | 0.093 | 0.098 | 0.111 | 0.116 | 0.118 | 0.118 | 0.119 | 0.119 |
| 2.6 | 0.057 | 0.065 | 0.072 | 0.079 | 0.084 | 0.089 | 0.102 | 0.107 | 0.110 | 0.111 | 0.112 | 0.112 |
| 2.8 | 0.050 | 0.058 | 0.065 | 0.071 | 0.076 | 0.080 | 0.094 | 0.100 | 0.102 | 0.104 | 0.105 | 0.105 |
| 3.0 | 0.045 | 0.052 | 0.058 | 0.064 | 0.069 | 0.073 | 0.087 | 0.093 | 0.096 | 0.097 | 0.099 | 0.099 |
| 3.2 | 0.040 | 0.047 | 0.053 | 0.058 | 0.063 | 0.067 | 0.081 | 0.087 | 0.090 | 0.092 | 0.093 | 0.094 |
| 3.4 | 0.036 | 0.042 | 0.048 | 0.053 | 0.057 | 0.061 | 0.075 | 0.081 | 0.085 | 0.086 | 0.088 | 0.089 |
| 3.6 | 0.033 | 0.038 | 0.043 | 0.048 | 0.052 | 0.056 | 0.069 | 0.076 | 0.080 | 0.082 | 0.084 | 0.084 |
| 3.8 | 0.030 | 0.035 | 0.040 | 0.044 | 0.048 | 0.052 | 0.065 | 0.072 | 0.075 | 0.077 | 0.080 | 0.080 |
| 4.0 | 0.027 | 0.032 | 0.036 | 0.040 | 0.044 | 0.048 | 0.060 | 0.067 | 0.071 | 0.073 | 0.076 | 0.076 |
| 4.2 | 0.025 | 0.029 | 0.033 | 0.037 | 0.041 | 0.044 | 0.056 | 0.063 | 0.067 | 0.070 | 0.072 | 0.073 |
| 4.4 | 0.023 | 0.027 | 0.031 | 0.034 | 0.038 | 0.041 | 0.053 | 0.060 | 0.064 | 0.066 | 0.069 | 0.070 |
| 4.6 | 0.021 | 0.025 | 0.028 | 0.032 | 0.035 | 0.038 | 0.049 | 0.056 | 0.061 | 0.063 | 0.066 | 0.067 |
| 4.8 | 0.019 | 0.023 | 0.026 | 0.029 | 0.032 | 0.035 | 0.046 | 0.053 | 0.058 | 0.060 | 0.064 | 0.064 |
| 5.0 | 0.018 | 0.021 | 0.024 | 0.027 | 0.030 | 0.033 | 0.043 | 0.050 | 0.055 | 0.057 | 0.061 | 0.062 |
| 6.0 | 0.013 | 0.015 | 0.017 | 0.020 | 0.022 | 0.024 | 0.033 | 0.039 | 0.043 | 0.046 | 0.051 | 0.052 |
| 7.0 | 0.009 | 0.011 | 0.013 | 0.015 | 0.016 | 0.018 | 0.025 | 0.031 | 0.035 | 0.038 | 0.043 | 0.045 |
| 8.0 | 0.007 | 0.009 | 0.010 | 0.011 | 0.013 | 0.014 | 0.020 | 0.025 | 0.028 | 0.031 | 0.037 | 0.039 |
| 9.0 | 0.006 | 0.007 | 0.008 | 0.009 | 0.010 | 0.011 | 0.016 | 0.020 | 0.024 | 0.026 | 0.032 | 0.035 |
| 10.0 | 0.005 | 0.006 | 0.007 | 0.007 | 0.008 | 0.009 | 0.013 | 0.017 | 0.020 | 0.022 | 0.028 | 0.032 |
| 12.0 | 0.003 | 0.004 | 0.005 | 0.005 | 0.006 | 0.006 | 0.009 | 0.012 | 0.014 | 0.017 | 0.022 | 0.026 |
| 14.0 | 0.002 | 0.003 | 0.004 | 0.004 | 0.004 | 0.005 | 0.007 | 0.009 | 0.011 | 0.013 | 0.018 | 0.023 |
| 16.0 | 0.002 | 0.002 | 0.003 | 0.003 | 0.003 | 0.004 | 0.005 | 0.007 | 0.009 | 0.010 | 0.014 | 0.020 |
| 18.0 | 0.001 | 0.002 | 0.002 | 0.002 | 0.003 | 0.003 | 0.004 | 0.006 | 0.007 | 0.008 | 0.012 | 0.018 |
| 20.0 | 0.001 | 0.001 | 0.002 | 0.002 | 0.002 | 0.002 | 0.004 | 0.005 | 0.006 | 0.007 | 0.010 | 0.016 |
| 25.0 | 0.001 | 0.001 | 0.001 | 0.001 | 0.001 | 0.002 | 0.002 | 0.003 | 0.004 | 0.004 | 0.007 | 0.013 |
| 30.0 | 0.001 | 0.001 | 0.001 | 0.001 | 0.001 | 0.001 | 0.002 | 0.002 | 0.003 | 0.003 | 0.005 | 0.011 |
| 35.0 | 0.000 | 0.000 | 0.001 | 0.001 | 0.001 | 0.001 | 0.001 | 0.002 | 0.002 | 0.002 | 0.004 | 0.009 |
| 40.0 | 0.000 | 0.000 | 0.000 | 0.000 | 0.001 | 0.001 | 0.001 | 0.001 | 0.001 | 0.002 | 0.003 | 0.008 |

## 4.6 桩身结构设计

桩身结构设计是根据要求的荷载性质和大小以及地基土的情况，对所选类型的桩基础进行桩基材料的确定和配筋计算，并按有关的混凝土结构设计规范（如GBJ10）进行的设计。

### 4.6.1 灌注桩结构设计

灌注桩桩身材料和配筋的选择主要是满足工作条件下桩的强度要求。当灌注桩经计算符合要求时，桩身可不配抗压钢筋，只需配置桩顶与承台连接的构造筋。当桩顶竖向荷载和水平荷载较大时，则需按设计规范配置抗压或抗拉钢筋。

4.6.1.1 按构造要求配筋

当灌注桩的桩顶轴向和水平荷载不很大时，只需按构造要求配筋，就能满足桩的工作要求，此时桩顶轴向压力应符合以下规定：

$$\gamma_0 N \leqslant f_c \cdot A \qquad (4-23)$$

式中：$A$ 为桩身截面面积，$m^2$；

$f_c$ 为混凝土轴心抗压强度设计值，kPa，根据灌注桩施工工艺予以折减：对于干作业非排土灌注桩乘以 0.9，对于其他类型灌注桩乘以 0.8。

对于不同安全等级的建筑物，灌注桩桩身构造配筋的要求分别为：

（1）一级建筑桩基，应配置桩顶与承台的连接钢筋，其主筋采用 6～10 根 $\phi$12～14 钢筋，配筋率不小于 0.2%，锚入承台 30 倍主筋直径，伸入桩身长度不小于 10 倍桩身直径，且不小于承台下软弱土层层底深度。

（2）二级建筑桩基，根据桩径大小配置 4～8 根 $\phi$10～12 的桩顶与承台连接钢筋，锚入承台至少 30 倍主筋直径，伸入桩身长度不小于 5 倍桩身直径。对于沉管灌注桩，由于成桩过程的挤土效应往往引起上部软弱土层中桩身出现缩颈、断裂等，因此，其连接构造筋的配筋长度不应小于承台下软弱土层层底深度。

（3）三级建筑桩基可不配构造钢筋。

4.6.1.2 根据桩身受力情况按规定配置受力钢筋

1. 配筋率

当桩顶轴向和水平荷载很大时，必须按规定配置受力钢筋，当桩身直径为 300～2 000mm 时，截面配筋率可取 0.65%～0.20%（小桩径取高值，大桩径取低值）；对受水平荷载特别大的桩、抗拔桩和嵌岩端承桩，应根据桩的承载力要求，通过计算确定配筋率。

2. 配筋长度

配筋长度根据桩身情况决定。

（1）端承桩的桩长一般相对较小，所承受的竖向力沿深度递减很小，故宜通长配筋；

（2）受水平荷载（包括地震作用）的摩擦桩，由于桩长一般相对较大，桩身轴力递减快，通长配筋并非受力所需，因此，配筋长度宜采用 $4.0/\alpha$（$\alpha = \sqrt[5]{\dfrac{mb_0}{E_I}}$，各符号的意义参见第 3.3.2.3 节）；

（3）对于单桩竖向承载力较高的摩擦端承桩，由于传递到桩端的轴向压力较大，一般情况下宜沿深度降低配筋率，即宜沿深度分段变截面配通长或局部长筋；

(4) 受负摩阻力较大的桩，由于中性点截面的轴向压力大于桩顶荷载，且全桩长的轴向压力都较大，因此，宜通长配筋；

(5) 位于坡地岸边的桩基，兼有抗滑、保持整体稳定的作用，也宜通长配筋；

(6) 对抗拔桩应通长配置抗拔钢筋。

3. 主筋

桩顶主筋应伸入承台内，其锚固长度不宜小于30倍主筋直径，对于抗拔桩基不应小于40倍主筋直径。

对于受水平荷载的桩，主筋不宜小于8$\phi$10，对于抗压和抗拔桩，主筋不应小于6$\phi$10，纵向主筋沿桩身周边均匀布置，其净距离不应小于60mm，并尽量减少钢筋接头。

4. 箍筋

箍筋采用$\phi$6～8@200～300mm螺旋式箍筋；受水平荷载较大的桩基和抗震桩基，桩顶3～5倍桩径范围内箍筋应适当加密；当钢筋笼长度超过4m时，应每隔2m左右焊接一道$\phi$12～18加劲箍筋。

4.6.1.3 桩身混凝土

混凝土强度等级不得低于C15，水下灌注混凝土时不得低于C20；必须具有良好的和易性，坍落度宜为180～220mm；粗骨料的最大粒径应不小于40mm，含砂量宜为40%～45%。

主筋的混凝土保护层厚度不应小于35mm，水下灌注混凝土不得小于50mm。

### 4.6.2 钢筋混凝土预制桩

对于钢筋混凝土预制桩，其桩身结构设计除首先满足工作条件下桩的承载力或抗裂性要求外，还应考虑桩在制作、运输、吊放和打入过程中的复杂受力状态，设计时应根据各个阶段最不利的受力情况进行桩身强度和抗裂度计算。

(1) 混凝土预制桩的截面边长不应小于200mm；预应力混凝土预制桩的截面边长不宜小于350mm；预应力混凝土离心管桩的外径不宜小于300mm。

(2) 预制桩的桩身配筋应按吊运、打桩及桩在建筑物中受力等条件计算确定。预制桩的最小配筋率不宜小于0.80%。如采用静压法沉桩，其最小配筋率不宜小于0.4%，主筋直径不宜小于$\phi$14，打入桩桩顶2～3倍桩径范围内箍筋要加密，并设置钢筋网片，如图4.5。

预应力混凝土预制桩宜优先采用先张法施加预应力。预应力钢筋宜选用冷拉Ⅲ级、Ⅳ级、Ⅴ级钢筋。

预制桩起吊、运输、堆放时，合理的吊点(支点)位置应根据跨中正弯矩与支点负弯矩绝对值相等的条件确定。

(3) 预制桩的混凝土强度等级不宜低于C30，采用静压法沉桩时，可适当降低，但不宜低于C20，预应力混凝土桩的混凝土强度等级不宜低于C40，预制桩纵向主筋的混凝土保护层厚度不宜小于30mm。

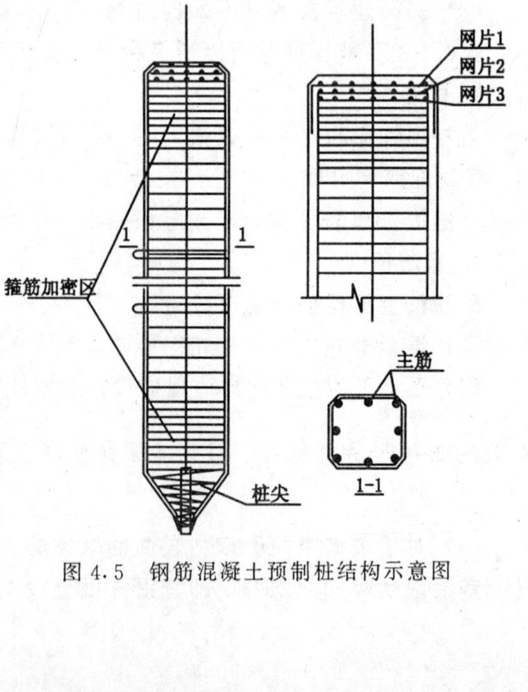

图4.5 钢筋混凝土预制桩结构示意图

（4）应根据施工条件及运输条件确定预制桩的分节长度，接头数量不宜超过两个，预应力管桩接头数量不宜超过4个。

## 4.7 承台的设计

承台设计是桩基设计的一个重要组成部分。具有足够强度和刚度的承台能可靠地把上部结构的荷载传递给各桩，并将各单桩连成整体。承台的设计主要包括承台构造设计和强度计算。

### 4.7.1 承台的构造要求

#### 4.7.1.1 承台的构造尺寸

承台的构造尺寸，除满足抗冲切、抗剪切、抗弯和上部结构需要外，尚应符合下列要求：

(1)承台最小宽度不应小于500mm，承台边缘至桩中心的距离不宜小于桩的直径或边长，且边缘挑出部分不应小于150mm。对于条形承台梁边缘挑出部分不应小于75mm。

(2) 条形承台和柱下独立桩基承台的厚度不应小于300mm。筏形、箱形承台板的厚度应满足整体刚度、施工条件及防水要求。对于桩布置于墙下或基础梁下的情况，承台板厚度不宜小于250mm，且板厚与计算区段最小跨度之比不宜小于1/20。

(3) 承台的埋置深度应不小于600mm。

(4) 柱下单桩基础，宜按连接柱、连系梁的构造要求将连系梁高度范围内桩的圆形截面变换成方形截面。

#### 4.7.1.2 承台混凝土

承台混凝土的强度等级不宜小于C15，采用Ⅱ级钢筋时，混凝土强度等级不宜低于C20。承台底面钢筋的混凝土保护层厚度不宜小于70mm。当设素混凝土垫层时，保护层厚度可适当减小（但一般不小于50mm）；垫层厚度宜为100mm，强度等级宜为C7.5。

#### 4.7.1.3 承台配筋

承台的钢筋配置一般根据计算确定，但还应符合下列要求：

(1) 承台梁的纵向主筋直径不宜小于$\phi 12$，架立筋直径不宜小于$\phi 10$，箍筋直径不宜小于$\phi 6$。

(2) 柱下独立桩基承台的受力钢筋应通长配置。矩形承台板配筋宜按双向均匀布置，钢筋直径不宜小于$\phi 10$，间距应满足100～200mm。对于三桩承台，应按三向板带均匀配置，最里面三根钢筋相交围成的三角形应位于柱截面范围以内，如图4.6。

(3) 筏形承台板的分布构造钢筋可采用$\phi 10$～12，间距150～200mm。当仅考虑局部弯曲作用按倒楼盖法计算内力时，考虑到整体弯矩的影响，纵横两个方向的支座钢筋还应有1/2～1/3且配筋率不小于0.15%的贯通全跨配置，跨中钢筋应按计算配筋率全部连通。

(4) 箱形承台顶、底板的配筋，应综合考虑承受整体弯曲钢筋的配置部位，以充分发

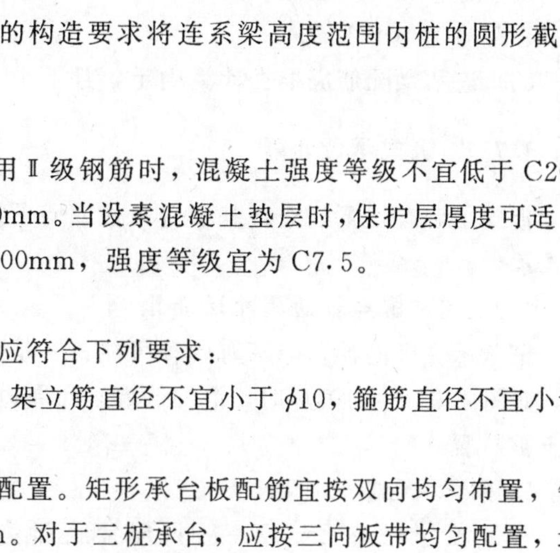

(a)矩形承台　　(b)三角形承台

图4.6 柱下独立桩基承台配筋

挥各截面钢筋的作用。当仅按局部弯曲作用计算内力时，考虑到整体弯曲的影响，钢筋配置量除符合局部弯曲计算要求外，纵横两方向支座钢筋尚应有 1/2～1/3 且配筋率不小于 0.15%、0.10%的贯通全跨配置，跨中钢筋应按实际配筋率全部连通。

4.7.1.4　桩与承台的连接

桩与承台的连接要求如下：

（1）对于大直径桩，桩顶嵌入承台的长度不宜小于 100mm；对于中等直径桩不宜小于 50mm。

（2）混凝土桩的桩顶主筋应伸入承台内，其锚固长度不宜小于 30 倍主筋直径，对于抗拔桩基不应小于 40 倍主筋直径。预应力混凝土桩可采用钢筋与桩头钢板焊接的连接方式。钢桩可采用在桩头加焊锅型钣或钢筋的连接方式。

4.7.1.5　承台之间的连接

独立柱桩基承台之间的连系梁能传递和分布水平荷载，增强各桩基之间的共同作用。

（1）柱下单桩宜在桩顶两个互相垂直方向设置连系梁。当桩柱截面直径之比较大（一般大于 2）且桩底剪力和弯矩较小时可不设连系梁。

（2）两桩桩基的承台宜在其短向设置连系梁，当短向的柱底剪力和弯矩较小时可不设连系梁。

（3）有抗震要求的柱下独立桩基承台纵横向宜设置连系梁；

（4）连系梁顶面宜与承台顶位于同一标高。连系梁宽度不宜小于 200mm，其高度可取承台中心距的 1/10～1/15。

（5）连系梁配筋应根据计算确定，且不小于 4$\phi$12。

### 4.7.2　板式承台计算

板式承台有柱下独立桩基承台，柱或墙下满堂桩基承台，独立基础的桩基承台常设计成板式承台。

4.7.2.1　承台板的抗冲切计算

桩基承台板的冲切破坏有两种可能：一是柱或墙对承台板的冲切，二是桩对承台板的冲切，如图 4.7。冲切破坏时，沿柱（墙）底周边或桩顶周边以 45°扩散线围成的锥形体面上混凝土被拉裂。

1. 柱对承台板的冲切

柱下独立桩基承台板一般只配置底部受拉钢筋，而不配置箍筋和弯起钢筋，因此承台板的抗冲切承载力可按下式计算：

$$\gamma_0 F_l \leqslant \alpha f_t u_m h_0 \qquad (4-24)$$

式中：$F_l$ 为作用于冲切破坏锥体上的冲切力设计值，kN，

$$F_l = F - \sum Q_i \qquad (4-25)$$

$\sum Q_i$ 为冲切破坏锥体范围内各基桩的净反力（不计承台和承台上土自重）设计值之和，kN；

$f_t$ 为承台混凝土抗拉强度设计值，kPa；

$u_m$ 为冲切破坏锥体一半有效高度处的周长，m；

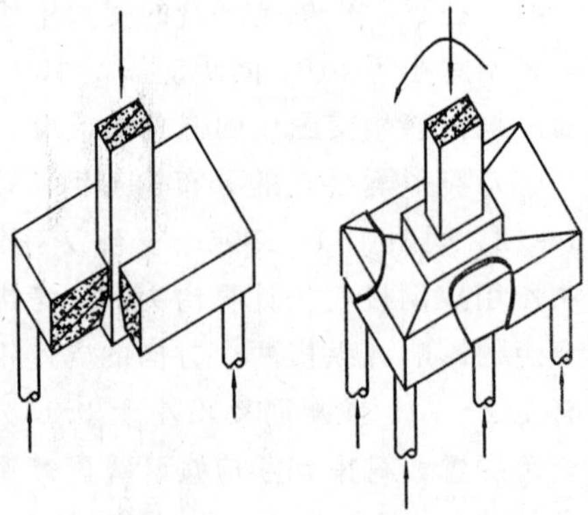


图 4.7　承台板的冲切破坏

$h_0$ 为承台冲切破坏锥体的有效高度，m；

$\alpha$ 为冲切系数：

$$\alpha = \frac{0.72}{\lambda + 0.2} \tag{4-26}$$

$\lambda$ 为冲跨比，$\lambda = \alpha_0 / h_0$；

$\alpha_0$ 为冲跨，即柱（墙）边或承台变阶处到桩边的水平距离，当 $\alpha_0 < 0.20h_0$ 时，取 $\alpha_0 = 0.20h_0$，当 $\alpha_0 > 0.20h_0$，取 $\alpha_0 = h_0$，$\lambda$ 满足 0.2～1.0。

对于圆柱及圆桩，计算时应将截面换算成方柱及方桩，即取换算柱截面边宽 $b_c = 0.8d_c$，换算桩截面边宽 $b_p = 0.8d$。

对于柱下矩形独立承台受柱冲切的承载力可按下列公式计算（如图 4.8）：

$$\gamma_0 F_l \leqslant 2[\alpha_{0x}(b_c + a_{0y}) + \alpha_{0y}(h_c + a_{0x})]f_t h_0 \tag{4-27}$$

式中：$\alpha_{0x}$、$\alpha_{0y}$ 由式（4-26）求得，$\lambda_{0x} = \alpha_{0x}/h_0$；$\lambda_{0y} = \alpha_{0y}/h_0$；

$h_c$、$b_c$ 为柱截面长、短边尺寸，m；

$a_{0x}$ 为自柱短边到最近桩边的水平距离，m；

$a_{0y}$ 为自柱长边到最近桩边的水平距离，m。

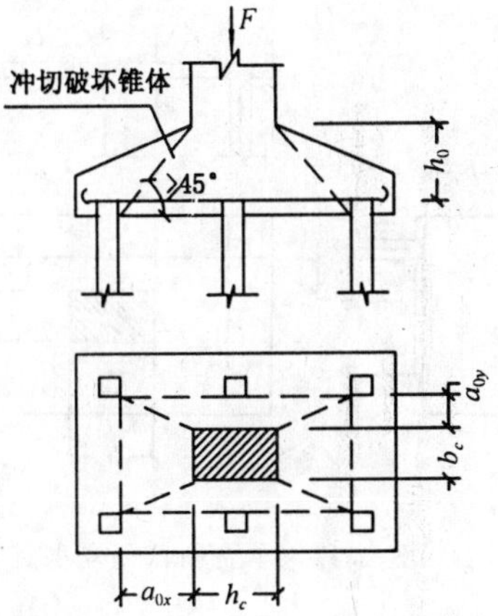


图 4.8 柱下独立桩基柱对承台的冲切计算

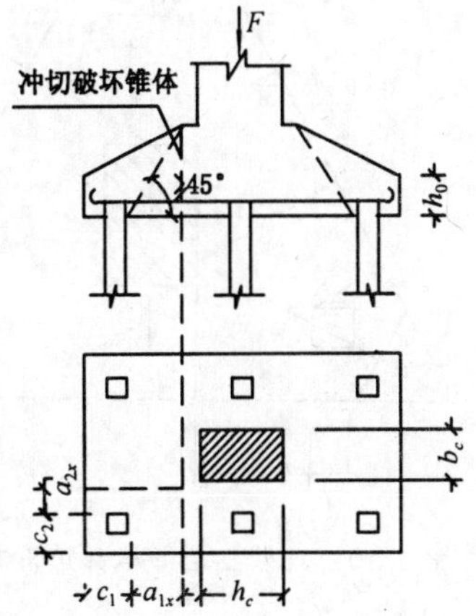


图 4.9 四桩以上承台角桩的冲切计算

2. 桩对承台板的冲切

对于位于柱（墙）冲切破坏锥体以外的基桩，应计算桩对承台的冲切。

（1）四桩以上（含四桩）承台受角桩冲切的承载力按下式计算（如图 4.9）：

$$\gamma_0 N_l \leqslant [\alpha_{1x}(c_2 + \frac{a_{1y}}{2}) + \alpha_{1y}(c_1 + \frac{a_{1x}}{2})]f_t h_0 \tag{4-28}$$

式中：$N_l$ 为作用于角桩桩顶的竖向力设计值，kN；

$\alpha_{1x}$、$\alpha_{1y}$ 由式（4-26）求得，$\lambda_{1x} = \alpha_{1x}/h_0$；$\lambda_{1y} = \alpha_{1y}/h_0$；

$c_1$、$c_2$ 为从角桩内边缘至承台外边缘的距离，m；

$a_{1x}$、$a_{1y}$ 为从承台底角桩内边缘引 45°冲切线与承台顶面相交点至角桩内边缘的水平距离；当柱或承台变阶处位于该 45°线以内时，则取由柱边或变阶处与桩内边缘连线为冲切锥体的锥线，m；

$h_0$ 为承台外边缘的有效高度，m。

(2) 三桩三角形承台受角桩冲切的承载力按下式计算（如图 4.10）：

底部角桩：

$$\gamma_0 N_l \leqslant \alpha_{11}(2c_1 + a_{11})\tan\frac{\theta_1}{2} f_t h_0 \tag{4-29}$$

顶部角桩：

$$\gamma_0 N_l \leqslant \alpha_{12}(2c_2 + a_{12})\tan\frac{\theta_2}{2} f_t h_0 \tag{4-30}$$

式中：$\alpha_{11}$、$\alpha_{12}$为角桩冲切系数，$\alpha_{11}=\dfrac{0.48}{\lambda_{11}+0.2}$，$\alpha_{12}=\dfrac{0.48}{\lambda_{12}+0.2}$，$\lambda_{11}=a_{11}/h_0$，$\lambda_{12}=a_{12}/h_0$；

$a_{11}$、$a_{12}$为从承台底角桩内边缘向相邻承台边引 45°冲切线与承台顶面相交点至角桩内边缘的水平距离，当柱位于该 45°线以内时，则取由柱边与桩内边缘连线为冲切锥体的锥线，m。

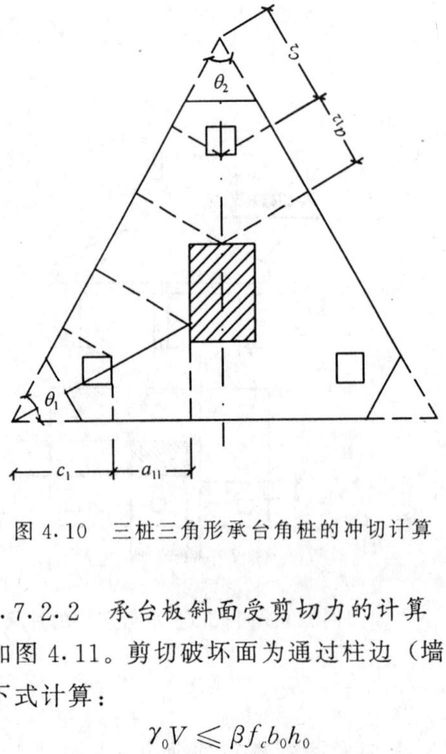


图 4.10 三桩三角形承台角桩的冲切计算

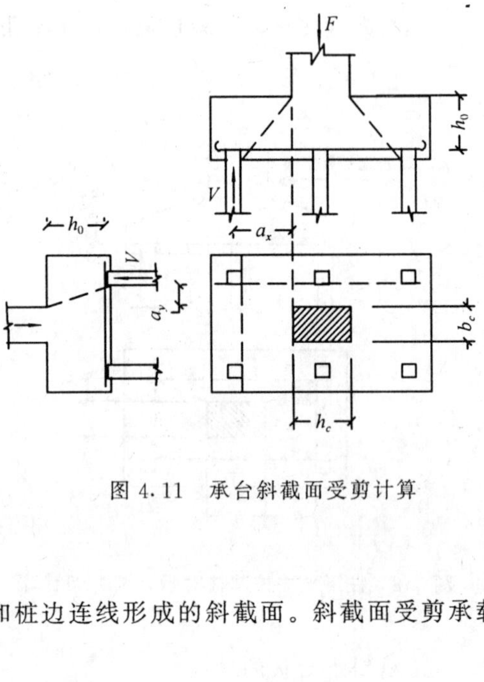


图 4.11 承台斜截面受剪计算

4.7.2.2 承台板斜面受剪切力的计算

如图 4.11。剪切破坏面为通过柱边（墙边）和桩边连线形成的斜截面。斜截面受剪承载力按下式计算：

$$\gamma_0 V \leqslant \beta f_c b_0 h_0 \tag{4-31}$$

式中：$V$ 为斜截面的最大剪力设计值，kN；

$f_c$ 为混凝土轴心抗压强度设计值，kPa；

$b_0$ 为承台计算截面处的计算宽度，m；

$h_0$ 为承台计算截面处的有效高度，m；

$\beta$ 为剪切系数：

$$\beta=\frac{0.2}{\lambda+1.5} \quad (1.4 \leqslant \lambda \leqslant 3)$$

$$\beta=\frac{0.12}{\lambda+0.3} \quad (0.3 \leqslant \lambda \leqslant 1.4)$$

$\lambda$ 为计算截面处的剪跨比，$\lambda_x=a_x/h_0$；$\lambda_y=a_y/h_0$，$a_x$、$a_y$ 为柱边（墙边）或承台变阶处到

$x$、$y$ 方向计算一排桩的桩边的水平距离；当 $\lambda<0.3$ 时，取 $\lambda=0.3$，当 $\lambda>3$，取 $\lambda=3$，$\lambda$ 满足 0.3～3.0。

当柱边（墙边）外有多排桩形成多个剪切斜面时，对每一个斜截面都应进行受剪承载力计算。

对于柱下矩形独立承台，应分别对柱的纵横（$X$—$X$、$Y$—$Y$）两个方向的斜截面进行受剪承载力计算：

（1）对于阶梯形承台应分别在变阶处（$A_1$—$A_1$、$B_1$—$B_1$）及柱边处（$A_2$—$A_2$、$B_2$—$B_2$）进行斜截面受剪计算，如图 4.12。

计算变阶处截面 $A_1$—$A_1$、$B_1$—$B_1$ 的斜截面受剪承载力时，其截面有效高度均为 $h_{01}$，截面计算宽度分别为 $b_{y1}$、$b_{x1}$。

计算变柱边截面 $A_2$—$A_2$、$B_2$—$B_2$ 的斜截面受剪承载力时，其截面有效高度均为 $h_{01}+h_{02}$，截面计算宽度分别为：

截面 $A_2$—$A_2$：$b_{y0}=\dfrac{b_{y1}\cdot h_{01}+b_{y2}\cdot h_{02}}{h_{01}+h_{02}}$

截面 $B_2$—$B_2$：$b_{x0}=\dfrac{b_{x1}\cdot h_{01}+b_{x2}\cdot h_{02}}{h_{01}+h_{02}}$

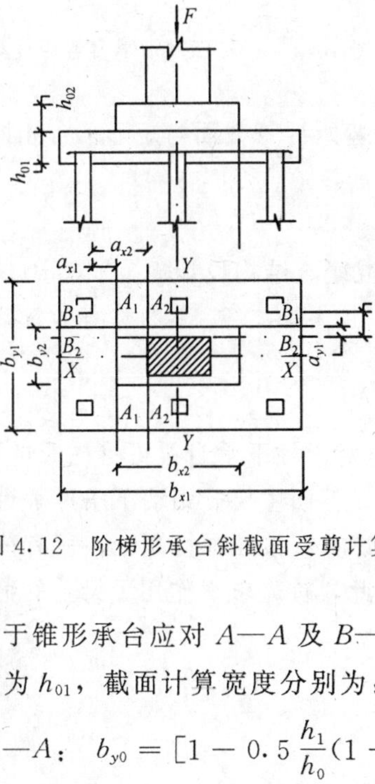


图 4.12　阶梯形承台斜截面受剪计算

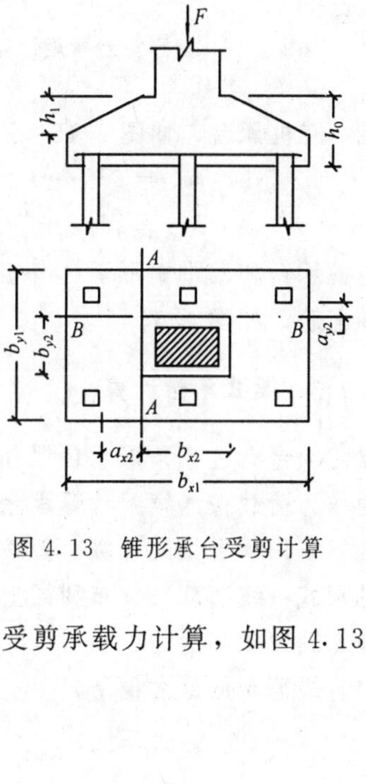


图 4.13　锥形承台受剪计算

（2）对于锥形承台应对 $A$—$A$ 及 $B$—$B$ 两个截面进行受剪承载力计算，如图 4.13，截面有效高度均为 $h_{01}$，截面计算宽度分别为：

截面 $A$—$A$：$b_{y0}=\left[1-0.5\dfrac{h_1}{h_0}\left(1-\dfrac{b_{y2}}{b_{y1}}\right)\right]b_{y1}$

截面 $B$—$B$：$b_{x0}=\left[1-0.5\dfrac{h_1}{h_0}\left(1-\dfrac{b_{x2}}{b_{x1}}\right)\right]b_{x1}$

将 $b_{y0}$、$b_{x0}$ 代入式（4-31）即可进行计算。

4.7.2.3　承台板的正截面抗弯计算

独立柱桩基承台板的破坏特征是屈服线将承台板分成若干规则的刚性块体，最大弯矩产生于屈服线处。利用屈服线理论可导出承台的内力计算公式。

（1）多桩矩形承台，如图 4.14。弯矩的计算截面取在柱边和承台高度变化处。

$$M_x = \sum N_i y_i \tag{4-32}$$

$$M_y = \sum N_i x_i \tag{4-33}$$

式中：$M_x$、$M_y$ 为垂直于 $Y$ 轴和 $X$ 轴方向计算截面处的弯矩设计值，kN·m；

$N_i$ 为扣除承台和承台上土自重设计值后第 $i$ 桩竖向净反力设计值，当承台底面下存在新填土、欠固结土等情况而不考虑承台效应时，则为第 $i$ 桩竖向总反力设计值，kN；

$x_i$、$y_i$ 为垂直于 $Y$ 轴和 $X$ 轴方向自桩轴线到相应计算截面的距离，m。

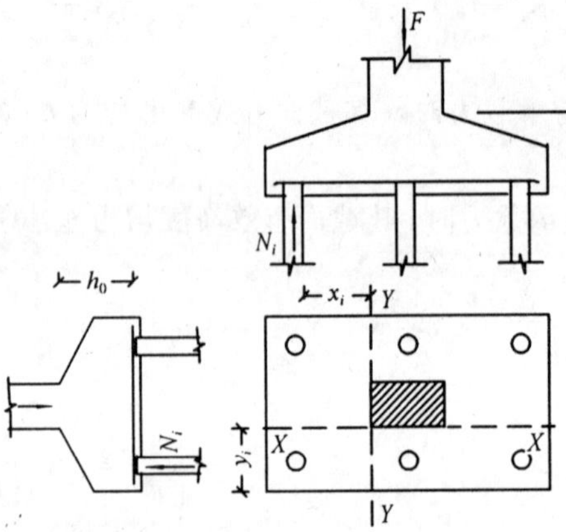


图 4.14　矩形承台弯矩计算

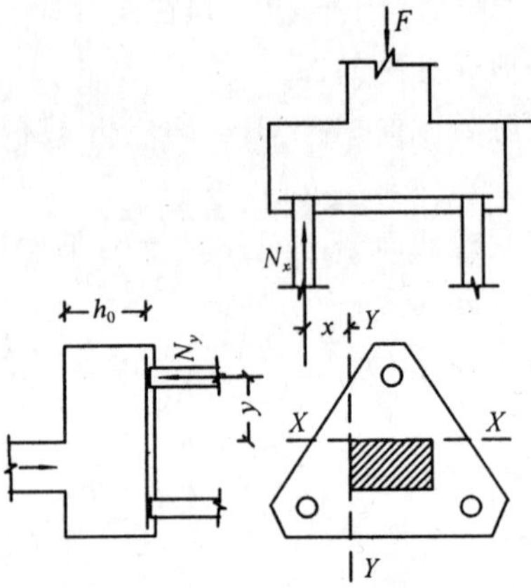


图 4.15　三桩三角形承台弯矩计算

（2）三桩承台，如图 4.15。三桩三角形承台的弯矩计算截面与矩形承台相同。

$$M_x = N_y \cdot y \tag{4-34}$$

$$M_y = N_x \cdot x \tag{4-35}$$

三桩承台和四桩矩形承台弯矩计算后，可按《混凝土结构设计规范》（GBJ10）计算钢筋面积和配筋，如图 4.6。

### 4.7.3　梁式承台计算

梁式承台有柱下条形承台梁和墙下条形承台梁。对于柱下承台梁可将柱看成不动支座，桩顶反力作为荷载按连续梁计算承台梁的弯矩和剪力。下面主要介绍墙下条形承台梁的计算。

墙下条形承台梁的计算一般按倒置弹性地基梁计算。按照弹性理论，所有荷载以两个三角形的形式（线荷载）分布到梁上，如图 4.16。因此，首先求得作用于梁上的荷载，再按普通梁计算其弯矩和剪力：

（1）线荷载的最大值 $p_0$

$$p_0 = \frac{qL_c}{a_0} \tag{4-36}$$

式中：$a_0$ 为自桩边算起的三角形线荷载图形的底边长度，m；

中间跨：　$a_0 = 3.14\sqrt[3]{\frac{E_n I}{E_k b_k}}$

边　跨：　$a_0 = 2.4\sqrt[3]{\frac{E_n I}{E_k b_k}}$

$L_c$ 为计算跨度，$L_c = 1.05L$；

$L$ 为两相邻桩之间的净距，m；

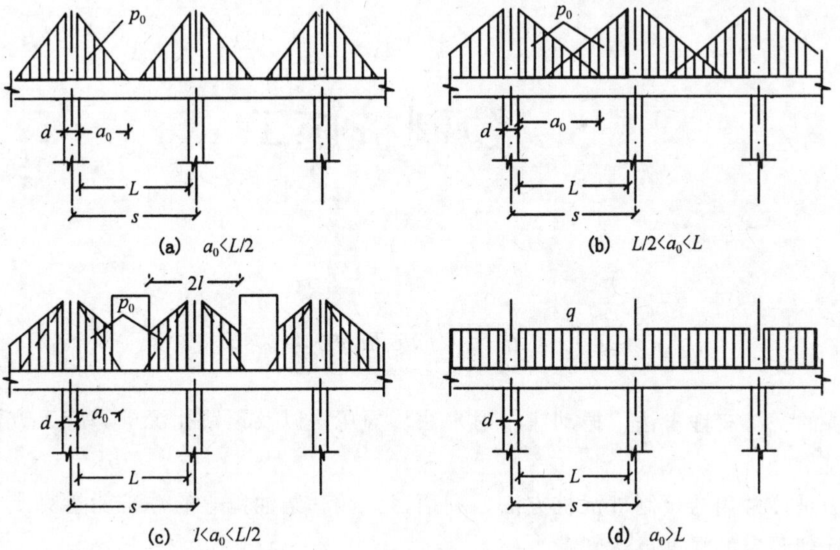


图 4.16 墙下条形桩基连续承台梁计算简图

$q$ 为承台梁底面以上的均布荷载，kN/m，包括梁自重、梁上的墙砌体的重量和作用在墙上的楼板重量及其他有效荷载；

$E_nI$ 为承台梁的抗弯刚度，kN·m²；

$E_k$ 为墙体的弹性模量，kN/m²；

$b_k$ 为墙体的宽度，m。

(2) 弯矩和剪力计算

弯矩和剪力计算根据表 4-9 进行。

**表 4-9 墙下条形桩基连续承台梁内力计算公式**

| 内　　力 | 图 4.16 中的各图编号 | 内力计算公式 |
|---|---|---|
| 支座弯矩 | (a)、(b)、(c) | $M=-p_0\dfrac{a_0^2}{12}(2-\dfrac{a_0}{L_c})$ |
| | (d) | $M=-\dfrac{qL_c^2}{12}$ |
| 跨中弯矩 | (a)、(c) | $M=p_0\dfrac{a_0^3}{12L_c}$ |
| | (b) | $M=\dfrac{p_0}{12}\left[L_c(6a_0-3L_c+0.5\dfrac{L_c^2}{a_0})-a_0^2(4-\dfrac{a_0}{L_c})\right]$ |
| | (d) | $M=\dfrac{qL_c^2}{24}$ |
| 最大剪力 | (a)、(b)、(c) | $V=\dfrac{p_0a_0}{2}$ |
| | (d) | $V=\dfrac{p_0L}{2}$ |

注：当连续承台梁少于 6 跨时，其支座与跨中弯矩应按实际跨数和图 4.16 求计算公式。

当门、窗口下布有桩，且承台梁顶面至门、窗口的砌体高度小于门、窗口的净宽时，则应按倒置的简支梁计算该段梁的弯矩，即取门、窗净宽的 1.05 倍为计算跨度，取门、窗口下桩顶荷载为计算集中荷载进行计算。

# 5 预制桩施工

## 5.1 常用的沉桩施工方法

预制桩的沉桩有锤击法、振动法、射水法、静压法以及预钻孔沉桩等施工方法。

1. 锤击法

锤击法是最常用的预制桩沉桩方法。利用蒸汽锤、柴油锤等的冲击能量克服土对桩的阻力，使桩沉到预定的深度或达到持力层。

2. 振动法

振动法沉桩的主要设备是一个大功率的电力振动器（振动打桩机）和一些附属起吊机械设备。沉桩时，把振动打桩机安装在桩顶上，利用振动力来减少土对桩的阻力使桩能较快沉入土中。这种方法一般用于沉、拔钢板桩和钢管桩，效果很好，尤其是在砂土中效率最高。对粘土地基则需要大功率振动器。

3. 射水法

射水沉桩是锤击法或振动法的一种辅助方法，利用高压水流经过依附于桩侧面或空心桩内部的射水管，冲松桩尖附近的土层，以减少桩下沉时的阻力，使桩在自重或锤击作用下沉入土中。此法一般用于砂土层中，效率很高，或在锤击法遇砂卵石层受阻打不穿时，可辅以射水法穿过，当桩尖沉到距设计标高约 1.0～1.5m 时，应停止射水，而用锤击法将桩沉到设计标高。

4. 静压法

静压法是借助专用桩架自重和配重或结构物自重，通过滑车换向把桩压入土中。这是一种利用静压作用的沉桩方法，具有无噪音、无振动、无冲击力、施工应力小等特点，在桩基施工中获得良好效果。该法适用于较均质的软土地基，在砂土及其他坚硬土层中，由于压桩阻力过大而不宜采用。国内现有压桩设备一般为 800～3 000kN，最大也有超过 5 000kN 的。

5. 预钻孔沉桩法

当桩较长，截面尺寸较大，深部土层较坚硬，且在缺乏大能量桩锤时，预制桩常难以顺利沉达预定深度。预钻孔沉桩法是先用钻机在桩位上打钻孔，孔径略小于桩径，孔深可距桩尖设计标高 1～2m（一般钻孔取土深度为 8～10m，过浅作用不大，过深对桩的承载力影响较大）。成孔后，在预钻孔位上沉桩，可大大减小锤击沉桩阻力。预钻孔沉桩的单桩承载力略低于常规锤击沉桩的单桩承载力，但可使桩能较顺利地穿过一定厚度的硬土层而达到下部更坚硬土层，故可以减小桩基沉降量。

## 5.2 沉桩机械

### 5.2.1 打桩机械

5.2.1.1 桩架

陆上使用的打桩架按移动形式分类有：行走式、轨道式、钢管滚动式、履带式、轮胎式等；按其导向杆的支承方式分类有：三点支承式、悬垂式等。图 5.1 为蒸汽锤桩架示意图，图 5.2 为多功能柴油打桩锤桩架示意图。

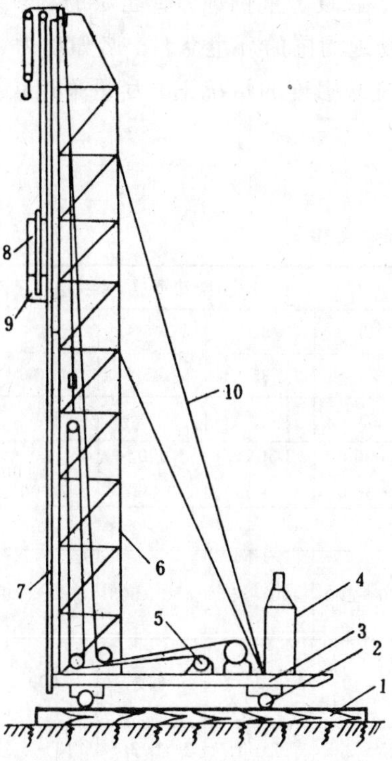


图 5.1 蒸汽锤（或落锤）桩架

1—枕木；2—滚筒；3—底架；4—锅炉；5—卷扬机；6—桩架；7—龙门导杆；8—蒸汽锤；9—桩帽；10—缆风绳

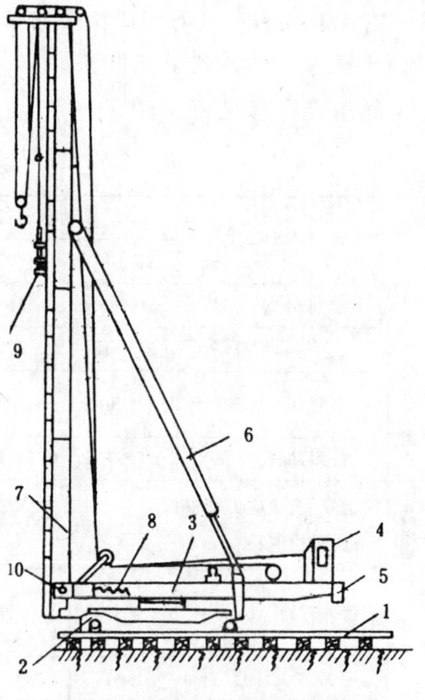


图 5.2 多功能柴油打桩锤桩架

1—钢轨；2—底盘；3—回转平台；4—司机室；5—平衡重；6—撑杆；7—挺杆；8—水平调整装置；9—柴油打桩锤；10—万向节

三点支承式打桩架主要由导向杆、导向杆底座和本体构成。导向杆上部有撑杆支承，下部支承在导向杆底座上，与本体连接。撑杆下部有调节长度用的螺杆和伸缩用的汽缸，导向杆下端的支承部分为球形，通过调整撑杆，能够正确地将导向杆安置在预定位置上。导向杆底座为滑动支承，能够利用油压或螺杆前后移动。

悬垂式打桩架由起重机臂、导向杆、板叉和本体构成。导向杆上部通过起重机臂，下部通过板叉与本体连接。一般能直接将履带式起重机改装成打桩机，适用于简单的打桩作业。

三点支承履带自行式柴油打桩机，其导杆具有足够的强度、刚度和稳定性，打桩时，导杆颤动小，移动方便，调整桩位和垂直度较灵活。常用的机型有：IPD-8、IPD-90、D308、D408、75P、85P 等。

一般一台桩架或两台桩架同时沉桩作业时，可配备一台 15～30t 吊车，作卸桩、摆桩、喂桩之用。

5.2.1.2　桩锤

锤击桩可采用的桩锤有：落锤、蒸汽锤和柴油锤、振动锤等。落锤是最传统、简易且笨重的桩锤，依靠桩锤自由落体产生的能量来沉桩，常用于小直径短桩。蒸汽锤有单作用蒸汽锤与双作用蒸汽锤之分，也可用压缩空气替代蒸汽，但目前已极少用。目前最常用的是柴油锤，柴油锤灵活机动、操作容易、维修简便，桩锤连续起爆，锤心弹跳高、沉桩能力强，适用于打中、长桩及硬土层上的桩。当打桩非常困难时，可用大功率振动锤（上海金茂大厦主楼钢管桩的最后一节，就是用振动锤打入的）。此外还有新型桩锤——液压锤。

桩锤选择应考虑下述因素：①桩的材质、形式、长度、重量等。②土层的物理力学性能，特别是土层的标贯 $N_{63.5}$ 和静力触探 $P_s$ 值。③施工场地周围的环境条件，诸如动力、能源的供应；有无对噪音、振动等严格要求等。④在不超过桩身强度的情况下，尽量采用较大的桩锤，以便于重锤轻击，利于沉桩。

锤重选择参见表 5－1。

**表 5－1　锤重选择参考表**

<table>
<tr><td colspan="3" rowspan="2">锤　型</td><td colspan="3">单动蒸汽锤（kN）</td><td colspan="5">柴油锤（kN）</td></tr>
<tr><td>35～45</td><td>70</td><td>100</td><td>25</td><td>35</td><td>45</td><td>60</td><td>72</td></tr>
<tr><td rowspan="4">锤的动力性能</td><td colspan="2">冲击部分重（kN）</td><td>30～40</td><td>55</td><td>90</td><td>25</td><td>35</td><td>45</td><td>60</td><td>72</td></tr>
<tr><td colspan="2">总重（kN）</td><td>35～45</td><td>67</td><td>110</td><td>65</td><td>72</td><td>96</td><td>150</td><td>180</td></tr>
<tr><td colspan="2">冲击力（MPa）</td><td>～2 300</td><td>～3 000</td><td>3 500～4 000</td><td>2 000～2 500</td><td>2 500～4 000</td><td>4 000～5 000</td><td>5 000～7 000</td><td>7 000～10 000</td></tr>
<tr><td colspan="2">常用冲程（m）</td><td>0.6～0.8</td><td>0.5～0.7</td><td>0.4～0.6</td><td colspan="5">1.8～2.3</td></tr>
<tr><td rowspan="2">适用的桩规格</td><td colspan="2">预制方桩、预应力管桩的边长或直径（mm）</td><td>350～400</td><td>400～450</td><td>400～500</td><td>350～400</td><td>400～450</td><td>450～500</td><td>500～550</td><td>550～600</td></tr>
<tr><td colspan="2">钢管桩直径（mm）</td><td></td><td></td><td></td><td colspan="2">400</td><td>600</td><td>900</td><td>900～1 000</td></tr>
<tr><td rowspan="4">持力层</td><td rowspan="2">粘性土</td><td>一般进入深度（m）</td><td>1～2</td><td>1.5～2.5</td><td>2～3</td><td>1.5～2.5</td><td>2～3</td><td>2.5～3.5</td><td>3～4</td><td>3～5</td></tr>
<tr><td>静力触探比贯入阻力 $P_s$ 平均值（MPa）</td><td>3</td><td>4</td><td>5</td><td>4</td><td>5</td><td>>5</td><td>>5</td><td>>5</td></tr>
<tr><td rowspan="2">砂土</td><td>一般进入深度（m）</td><td>0.5～1</td><td>1～1.5</td><td>1.5～2</td><td>0.5～1.5</td><td>1～2</td><td>1.5～2.5</td><td>2～3</td><td>2.5～3.5</td></tr>
<tr><td>标准贯入击数 $N_{63.5}$ 值</td><td>15～25</td><td>20～30</td><td>30～40</td><td>20～30</td><td>30～40</td><td>40～45</td><td>45～50</td><td>50</td></tr>
<tr><td colspan="3">锤的常用控制贯入度（cm/10击）</td><td colspan="3">3～5</td><td colspan="2">2～3</td><td>3～5</td><td colspan="2">4～8</td></tr>
<tr><td colspan="3">设计单桩极限承载力（kN）</td><td>600～1 400</td><td>1 500～3 000</td><td>2 500～4 000</td><td>800～1 600</td><td>2 500～4 000</td><td>3 000～5 000</td><td>5 000～7 000</td><td>7 000～10 000</td></tr>
</table>

注：①本表仅供选锤参考，不能作为确定贯入度和承载力的依据；
　　②适用于 20～60m 长预制钢筋混凝土桩，40～60m 长钢管桩，且桩端进入硬土一定深度。

5.2.1.3　附属件

1. 桩帽、锤垫和桩垫

桩帽安放在桩的顶部，作用是均匀地向桩传递桩锤的冲击力。桩帽必须精确加工，且要不易损坏。桩帽的内径要比桩外径大一些，但过大又不稳定，一般桩帽内径与桩周围的间隙应为 5～10mm。锤、桩帽和桩身在沉桩时必须处在同一轴线上。

桩帽的上围箍内，须嵌入硬木作“锤垫”，锤垫的木纹要平行桩轴，以保护桩锤和桩帽；桩帽的下围箍内，须嵌入富有弹性和韧性的“桩垫”，桩垫一般由有足够厚度的硬橡胶、草袋、硬纸板、叠层水泥袋纸组成，桩垫可减少桩头的破碎，当衬垫被打硬、砸实或烧焦后，应及时更换。

2. 送桩杆

当桩顶要送入地面以下时，常用送桩杆，送桩的深度一般 4～9m，也有更深的，送桩杆常由两端加强的钢管组成。

### 5.2.2 压桩机械

静压法沉桩机械设备主要由桩架、压梁或液压抱箍、桩帽、卷扬机、钢索滑轮或液压千斤顶等组成。如图 5.3。

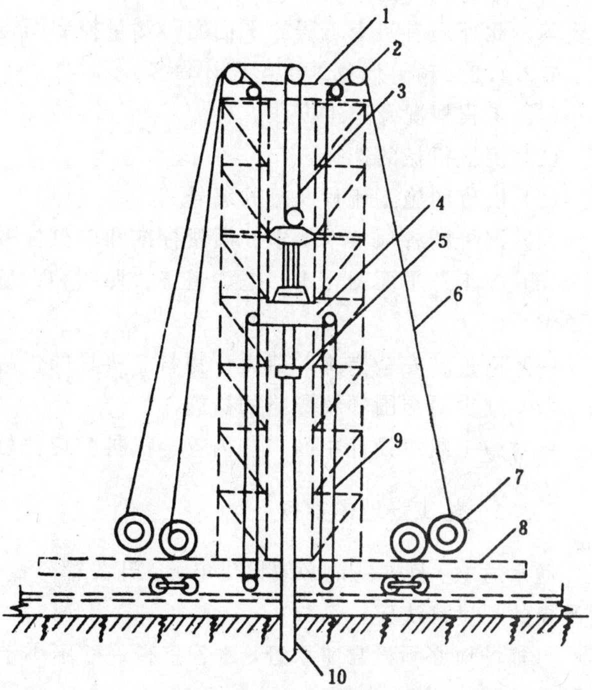


图 5.3 压桩机工作原理图

1—桩架顶梁；2—导向滑轮；3—提升滑轮组；4—压梁；5—桩帽；6—钢丝绳；7—卷扬机；8—底盘；9—压桩滑轮组；10—桩

压桩架按其行走方式可分为托板圆轮式、步履式、履带式等。按压桩机构特性可分为直桁架式、柱式、挺杆式等。按沉桩施工方式可分为中压式、箍压式、前压式（固定式和旋转式）等。通常桩架上均设置有配重，以提高静压能力，按配重的设置形式压桩架可分为固定式和平衡移动式，平衡移动式配重均设置在钢轨小平车上（常用于前压式桩机）。

国内研制出的箍压式桩机，压桩时，开动电动油泵，通过抱箍千斤顶将桩箍紧，并通过压桩千斤顶将整个压桩机的自重和配重施加在桩身上，把桩逐渐压入土中。

## 5.3 沉桩前的准备工作

### 5.3.1 预制桩施工前的资料准备

5.3.1.1 编制施工组织设计前应掌握的资料

(1) 拟建场地勘察报告：包括拟建场地平面图、工程地质剖面图、各土层的物理力学性能指标、尤其是各土层的标准贯入击数 $N_{63.5}$ 和静力触探探头的比贯入阻力 $P$ 值等。

(2) 拟建场地的地上和地下情况：地上有无架空管线，尤其是高压电线等。地下有否管道、墓穴、暗浜及人防等。

(3) 拟建场地周围环境情况：地面有否高层建筑物、精密仪器车间、医院和学校等；地下有无重要的管线、管道等。预制桩尤其是较密集、较长的预制桩在沉桩过程中有较大的挤土效应，常会危及周围建筑和管线管道的安全。医院和学校对噪音与振动也有一定要求。

(4) 临近已有的打桩经验、打桩记录以及试桩资料。

(5) 施工图：包括桩的平面布置图、桩样图、单桩的设计承载力及静荷载试验的数量和位置等。此外还有整个工程的平面图、测量控制网点的布置图等。

5.3.1.2 预制桩施工组织设计内容

(1) 工程概况及施工方法。

(2) 沉桩机械的选择。

(3) 沉桩的施工流程及桩的编号。

(4) 沉桩的各项技术要求、质量标准和停打标准。

(5) 施工总平面图，水、电、道路、照明和大型机械的布置。桩的堆放位置及场地平整的要求。

(6) 质量与安全措施，劳力、物料、机具的供应计划。

(7) 减少对周围环境影响的措施。

针对施工组织设计中的一些内容，沉桩前应做好一些必要的准备工作。

### 5.3.2 施工场地的准备

通水通电：打桩场地必须设供电源，开关箱容量一般不小于200kVA，其位置根据使用方便及拉的长度来决定。

打桩场地必须设自来水管，水管直径一般不小于38mm，水龙头设置根据使用方便决定，间距一般不大于50m。

打桩场地周围应设排水明沟，且相互沟通形成完整排水系统，保证排水畅通。尤其是沿海地区，表层为软土地基，雨天又较多，地下水位较浅，打桩过程中由于超静水压力增加，部分地下水常常被挤出地面，造成施工场地积水。因此，地面排水是保障施工顺利进行的重要因素。

打桩场地周围应布置足够的照明设施，桩机附近还应设移动照明，保证作业所需照明度。

平整打桩场地：妥善处理打桩场地高空、地面和地下的障碍物，平整施工场地。考虑进出的运桩车辆及沉桩机械所必须的地耐力，一般场地平整后要铺垫碎石道渣，厚度视基层条件及机械重量而定，一般为10～20cm，再用120t压路机辗压，场地的承载能力应满足沉桩机械对地面的压力要求，如达不到要求，则须考虑垫路基箱或厚钢板，以保证沉桩机械的安全，场地内坡度一般要求小于1%。

抄平放线：合理布置测量网点，一般测量网点应远离打桩区边排桩30～50m以外。在网点四周应加设保护标志及围栏。打桩初期每10d复查一次，打桩高峰期每星期复查一次。

正确测放、保护、复查桩位：放桩位可采用50mm×50mm小木桩，长25cm，露出地面5cm，上面钉小钉，表示桩位中心。一个工程有不同桩种时，应按桩种分别测放桩位

**表5-2 预制桩位置的允许偏差表**

| 序号 | 项目 | 允许偏差值（mm） |
|---|---|---|
| 1 | 单排或双排桩条形桩基<br>(1) 垂直于条形桩基纵轴方向<br>(2) 平行于条形桩基纵轴方向 | <br>100<br>150 |
| 2 | 桩数为1～3根桩基中的桩 | 100 |
| 3 | 桩数为4～16根桩基中的桩 | 1/3桩径或边长 |
| 4 | 桩数大于16根桩基中的桩<br>(1) 最外边桩<br>(2) 中间桩 | <br>1/3桩径或边长<br>1/2桩径或边长 |

并用不同颜色油漆加以区分。每打一根桩前必须对桩位重新复查一次，保证桩位的正确性。表5-2为预制桩位置的允许偏差。

### 5.3.3 桩的制作、运输与堆放

预制方桩的构造要求参见第4.6.2节。

5.3.3.1 钢筋混凝土预制桩钢筋骨架

钢筋混凝土预制桩钢筋骨架的允许偏差见表5-3。

5.3.3.2 钢筋混凝土预制方桩

钢筋混凝土预制方桩是用得非常多的一种桩型，这种桩取材容易，成本相对较低，可以工厂预制，也可以现场预制。其截面一般为300mm×300mm～500mm×500mm。考虑到运输的可能性，一般工厂预制桩的长度不超过13.5m。

预制方桩的制作标准应满足《地基与基础工程施工及验收规范》(GBJ 202-83)和《钢筋混凝土工程施工及验收规范》(GBJ 204-83)的有关要求，方桩的制作允许偏差见表5-4。

**表5-3 钢筋混凝土预制桩钢筋骨架的允许偏差表**

| 序号 | 偏差名称 | 允许偏差值(mm) |
|---|---|---|
| 1 | 主筋间距 | ±5 |
| 2 | 箍筋间距或螺旋筋的螺距 | ±20 |
| 3 | 吊钩对桩纵轴线的偏差 | ±20 |
| 4 | 吊钩沿垂直与桩纵轴线的偏差 | ±20 |
| 5 | 吊钩露出桩表面高度 | +10 |
| 6 | 多节桩锚固钢筋长度 | ±10 |
| 7 | 多节桩锚固钢筋平面位置 | 5 |
| 8 | 多节桩预埋件位置 | ±3 |
| 9 | 桩顶钢筋网片位置 | ±10 |
| 10 | 主筋距桩顶距离 | ±5 |
| 11 | 桩尖中心线 | 10 |

**表5-4 方桩的制作允许偏差表**

| 序号 | 偏差名称 | 允许偏差值(mm) |
|---|---|---|
| 1 | 横截面边长 | ±5 |
| 2 | 桩顶对角线之差 | 10 |
| 3 | 保护层厚度 | ±5 |
| 4 | 桩身弯曲矢高 | ≤1‰桩长且≤20 |
| 5 | 桩尖中心线 | 10 |
| 6 | 桩顶平面对桩中心线的倾斜 | ≤3 |
| 7 | 锚筋预留孔深 | +20 |
| 8 | 浆锚预留孔位置 | 5 |
| 9 | 浆锚预留孔直径 | ±5 |
| 10 | 锚筋孔的垂直度 | ≤1% |
| 11 | 接桩时上下节桩中心线偏差 | 5 |
| 12 | 接桩时节点弯曲矢高 | ≤1‰桩长且≤20 |

常用的预制方桩混凝土强度等级为C30～C40。当桩混凝土强度达到设计强度70%时方可起吊，达到100%才能运输。

工厂预制桩运到现场，堆放场地必须坚实平整，满足对地基承载力的要求，支点应按吊点位置布置。

现场重叠法预制方桩时，制作场地必须坚实平整，满足对地基承载力和限制地基变形的要求，使制作偏差满足要求；桩与邻桩，桩与底模间的接触面处，必须做好隔离层，严防互相粘结；上层桩或邻桩的灌筑，必须在下层桩或邻桩的混凝土达到设计强度30%以后，方可进行；桩的重叠层数不宜超过4层。

5.3.3.3 预应力钢筋混凝土管桩

预应力钢筋混凝土管桩（简称PC桩）是在工厂用离心旋转法制作的，目前已定型的产品有外径400～550mm，壁厚80～100mm，每节长度4～12m，混凝土强度等级一般为C45。最近又新生产一种高强预应力离心混凝土管桩（简称PHC桩）定型产品有外径400～1 000mm，壁厚100～130mm，每节长度5～12m，混凝土强度等级C80，预应力筋用高强钢丝或冷拉IV级钢。这种新型预应力离心混凝土管桩，是将混凝土经过高温、高压蒸汽养护，从而大大提

高了混凝土强度；其抗锤击能力大，抗弯能力比普通钢筋混凝土预制方桩有较大的提高，承载力高，成本比钢管桩低，桩长可接至60m以上，由于具备上述优点，在工程中广泛得到了使用。管桩运输堆放支点位置为0.2$L$（$L$为桩长），桩堆放一般不应超过4层，地面要用枕木垫平，堆放场地平整坚实，防止管桩变形。

沉桩前一定要做好管桩的质量检查：外观质量看有否主筋脱头、露筋、裂缝、桩绊蜂窝以及粘皮麻面等缺陷，并进行修补。还应根据厂家提出的结构性能，进行抗裂、抗断试验。对管桩各部尺寸的检查可根据允许偏差进行。钢筋混凝土管桩的允许偏差见表5-5。

**表5-5 管桩的制作允许偏差表**

| 序号 | 偏差名称 | 允许偏差值（mm） |
|---|---|---|
| 1 | 直径 | ±5 |
| 2 | 管壁厚度 | −5 |
| 3 | 抽心圆孔中心线对桩中心线 | 5 |
| 4 | 桩尖中心线 | 10 |
| 5 | 下节或上节桩的法兰对中心线的偏斜 | 2 |
| 6 | 中节桩两法兰对桩中心线倾斜之和 | 3 |

5.3.3.4 钢管桩

钢管桩具有自重轻、强度高、能承受较大的冲击力、易于加工、易于拼接、运输就位方便、贯入性能好、挤土效应小、质量稳定等优点，但造价相对较高。

钢管桩的制作材料的规格及强度应满足设计要求，材料表面不得有裂缝、起鳞、夹层及严重锈蚀等缺陷，并应具有供货单位的材质合格证。施工前须抽样检验材料的化学成分和机械性能。

钢管桩制作的偏差应符合表5-6的规定。

**表5-6 钢管桩制作允许偏差表**

| 项目 | 部位 | 允许偏差 |
|---|---|---|
| 外径 | 管端部 | ±0.5%（外周长） |
| | 管身部 | ±1.0%（外周长） |
| 管壁厚<16m/m | 外径<500mm | +无规定，−0.6mm |
| | 500mm<外径<800mm | +无规定，−0.7mm |
| | 外径>800mm | +无规定，−0.8mm |
| 单管长度 | | 0～150mm |
| 矢高 | | ≤0.1%单管长度 |
| 管端垂直度 | | <外径0.5%，但最大为4mm |
| 管端平整度 | | ≤2mm |

### 5.3.4 减小沉桩对周围管线及建筑物的影响

沉桩过程是一个挤土过程，尤其在软土地区，打密集的实心桩挤土效应更大，对周围的管线及建筑物带来的危害也越大。在距密集群桩边缘一根桩长（自地表到桩尖的长度）的范围内影响比较明显。为减小沉桩对周围管线及建筑物的影响，通常采取如下措施：

(1) 设置袋装砂井或塑料排水板，以减小软土中的超孔隙水压力。

(2) 先钻孔取土，孔深约8～10m，再沉桩。

(3) 开挖防挤沟。

(4) 控制沉桩速率，每天沉桩根数要有限制。

(5) 选择合理的沉桩路线。

一般当桩较密集且距周围管线、原建筑物较近，场地开阔时，可由中间向四周进行沉桩施工。当桩较密集、场地狭长，两端距管线或原建筑物较远时，可由中间向场地两端对称沉桩施工。当桩较密集，且一侧与管线或原有建筑物较近时，可由近管线或原建筑物的一侧向远离管线或原建筑物方向进行沉桩施工。

一般先沉长桩再沉短桩，先沉深桩再沉浅桩，先沉规格较大桩再沉规格较小的桩。沉桩路线的选择要考虑到桩架行走的路线最短，移动次数最少，运桩、喂桩最方便。

### 5.3.5 减小沉桩时对周围的环境影响

预制桩打桩施工往往会给周围环境带来比其他机械大得多的噪音及振动。例如柴油打桩机施工时，距施工场地40m远处还能产生有70～100dB的噪音。柴油打桩机造成的冲击振动是周期性的，在距施工场地40m处，振动等级可达60～80dB。振动式打桩机造成的振动是连续发生的，振动等级比柴油式打桩机小。当打桩机产生的振动达到近似于地基土相同的固有频率时，可使振动的衰减程度大大变小，振动传播距离会很远。另外木结构或钢结构一类较轻的建筑物，因其自振频率与打桩的振动频率相近，所以有时会接近共振状态，这些在沉桩前都应有所考虑。我国目前还没有对施工噪音与振动颁布具体的法规，必要时可进行噪音与振动的监测。

### 5.3.6 试打桩

试打桩的目的主要是确定桩锤落距、累积锤击次数、打入深度、最终贯入度、回弹量等施工参数，为设备选择和标准制定提供依据。试打桩按下述方法进行：

(1) 对场地内地质条件不同的地段应分别打试桩。

(2) 试打桩的总长度应大于预制桩贯入持力层的深度，且不易在较厚的中间硬层或夹砂层处停锤接桩，以免造成打桩困难。

(3) 试打桩标准应符合设计要求，或会同设计单位研究决定。

## 5.4 锤击沉桩施工

### 5.4.1 打桩顺序

打桩顺序是否合理，直接影响沉桩质量、施工进度和对环境的影响程度。在一般情况下，打桩顺序有：逐排打设、自边沿向中央打设、自中央向边沿打设和分段打设。实际施工中应根据场地地质条件、环境空间、桩位布置、施工进度等情况具体确定合理的打桩顺序，但必须按如下总体原则进行：

(1) 对于密集桩群，自中间向两个方向或向四周对称施打；

(2) 当一侧毗邻建筑物时，由毗邻建筑物处向另一方向施打；

(3) 根据基础的设计标高，宜先深后浅；

(4) 根据桩的规格，宜先大后小，先长后短。

### 5.4.2 吊桩

桩机就位后，先将桩锤吊起固定在桩架上，以便进行吊桩。吊桩即利用桩架上的卷扬机将桩吊至垂直状态并送入送桩杆内。桩就位后，在桩顶放上弹性桩垫，放下桩帽套入桩顶，再在桩帽上放好垫木，降下桩锤压住桩帽。在锤重压力作用下，桩会沉入土中一定深度，待下沉停止后，再检查一次桩的垂直度，确保合格后即可开始打桩。

### 5.4.3 打桩

开始打桩时，桩锤落距宜低，一般为0.5～0.8m，以使桩能正常沉入土中。待桩入土一定深度后，桩尖不易产生偏移时，可适当增加落距，并逐渐增加到规定的数值。一般重锤低打可取得良好的打桩效果。

打桩时应观察桩锤的回弹情况，如回弹较大，则说明桩锤太轻，不能使桩下沉，应予以更换。当贯入度骤减，桩锤有较大回弹时，表明桩尖遇到障碍，此时应将锤击的落距减小，加快锤击。如上述情况仍然存在，应停止锤击，研究遇阻的原因并进行处理。

打桩过程中，如突然出现桩锤回弹，贯入度突增，锤击时桩弯曲、倾斜、颠动、桩顶破坏加剧等，则桩身可能已经破坏。

送桩时，桩与送桩设备的纵轴线应在同一直线上。

### 5.4.4 接桩形式

1. 钢筋混凝土预制方桩

钢筋混凝土预制方桩的接桩形式有焊接法及硫磺胶泥锚接法两种。硫磺胶泥仅适用于抗震设计烈度小于7度，且一般土质较软、桩距较大的工程，估计沉桩无困难时采用硫磺胶泥锚接桩。

(1) 接桩应注意下列几点：

①接桩形式应力求简单，传力可靠，施工方便。

②接头处抗弯、抗压、抗拉强度不应低于桩身。

③方桩分段不宜多于三段。

④地震区桩接头应避开液化层。

⑤接桩应在桩尖穿过硬层后进行。

(2) 焊接法接桩时，应满足下列几点：

①预埋件表面应保持清洁。

②上、下节桩间的缝隙，应用厚薄适宜的锲形铁片填实焊牢。

③焊条要与预埋件、连接件钢材相配套，焊缝要求连续饱满，并采取措施，减少焊接变形。

(3) 硫磺胶泥锚接桩时，应注意：

①接桩锚筋应清刷干净，调直。

②锚筋长度、孔的深度和平面位置、螺纹等要预先检查，必须合格。

③孔内无水、无杂质和油污。

④胶泥浇注温度、时间及胶泥浇注后需停歇的时间均要严格控制。

⑤硫磺胶泥必须按规定进行力学性能试验。

2. 管桩

管桩一般用焊接连接，管桩连接前应清理接口焊接件处混凝土及泥土杂物。调整上下节桩接口间隙，用铁片填实垫牢，接合面之间的间隙不得大于2。上下节桩中心线偏差不得大于5，节点弯曲矢高不得大于1桩长，且不大于20。

焊接时应采取措施，减少焊接变形，沿接口圆周宜对称点焊六点，待上下桩节固定后再拆除导向箍，分层施焊，有焊肉不饱满、夹渣、气孔等缺陷时，须按焊接规程处理合格。风天焊接要设防风罩，潮湿天气要利用热风机烘干焊接区。宜采用粉芯焊丝自保护半自动焊接法，焊丝使用前应在干燥箱内经200～300℃烘干2h，并存放烘干箱内维持恒温150℃。每个接头焊接完毕，应冷却1～3min后，方可继续锤击。

3. 钢管桩

钢管桩的接桩采用焊接方法，焊接可采用手把焊、半自动焊或全自动焊。钢管桩接头焊缝坡口由工厂加工，经过运输、就位及锤打，接头部位应保持无损伤。焊条焊丝及焊剂应存放在干燥处，使用前应按要求进行烘干，并放在干燥筒中随取随用，焊接结束后，应放回干燥箱内。焊接应遵守下列规定：

(1) 焊工必须考试合格，并取得相应施焊条件的合格证。

(2) 焊接前应检查接头部位是否完好，并清除浮锈、泥污等。做好焊接的施工记录。

(3) 多层焊接时，每层焊完后要将落渣打掉，每道焊口接头要错开。为减少焊接变形和内应力，宜对称焊接。

(4) 应防止焊肉不足和重叠烧透等缺陷，发生有害的缺陷时，须进行修整，对产生裂纹的部位，须清理并仔细除去其周围的焊肉再进行焊接，每20根桩，须抽样进行焊缝X射线探伤。

(5) 风雨天及环境潮湿时，要采取挡风雨及焊口烘干等措施，大雨大雪影响焊接质量时，应停止施工。

(6) 接头焊完后，须经一定时间冷却，使母材降温至300℃以下才能继续锤击。焊接的质量标准见表5-7。

表5-7 钢管桩接头焊接的质量标准

| 项目 | 允许偏差 (mm) |
|---|---|
| 桩接口间隙 | 2～4 |
| 桩接口错口 | ＜2 |
| 咬肉深度 | ≤0.5 |
| 焊缝堆高 | ≤2～4 |
| 焊缝搭边 | ≤3 |
| 漏焊 | 不允许 |

### 5.4.5 打桩记录

认真做好打桩记录，一般为1m长设一标志，记录下每沉1m的击数，并作最后10击贯入度记录。

### 5.4.6 停止打桩的标准

当桩端位于一般粘性土或粉质粘土、粉土时，以控制桩端设计标高为主，贯入度可作参考。当桩端位于中等密度以上的砂土层时，一般以贯入度控制为主，桩端标高作为参考。对重要建筑物，最好进行试桩，通过试桩的大应变试验，推算桩的极限承载力，决定停打桩的控制贯入度。一般桩锤的常用控制贯入度可参见表5-1，每根桩的总锤击数也可作为决定停打桩的标准。一般钢管桩总锤击数不超过3 500击，最后10m限制击数为1 500击左右；钢筋混凝土预应力管桩的总锤击数不超过2 500击，最后10m限制击数1 000击左右；钢筋混凝土方桩总锤击数还要少些。

### 5.4.7 打桩中常见问题及其分析处理

5.4.7.1 桩头破损

除因为桩尖遇到孤石、障碍物外，其原因往往是桩头钢筋设置不合要求，混凝土强度不足，锤击偏心，桩垫厚度不足等等。

(1) 桩头钢筋设置不合要求：根据设计要求非预应力钢筋混凝土桩的主筋端部与桩顶应留有适当距离，而且每根主筋端部到桩顶距离是相等的。桩头处箍筋要加密放置，并增置钢筋网片。这些要求在预制桩施工中应特别注意，不然就造成桩头在锤打时受力不均，强度不够而引起桩头破损。

(2) 混凝土强度不足：桩身混凝土必须达到设计标号才能准予沉桩。如采用蒸汽养护，则出池后应放置一个月左右，达到100%强度后才能使用。在浇捣桩身混凝土时，尤其要注意对两端钢筋密布处的振捣，不能因振捣不密实而引起施打中混凝土提早破损。

(3) 锤击偏心：桩顶不平，桩与地面不垂直，桩帽、桩垫位置不正确等原因，都能造成锤击偏心，造成桩顶受力不均而提早破损。

5.4.7.2 桩身断裂

在打桩过程中，若桩尖没遇到地质勘察报告中所指明的软层，而贯入度突然增大，同时锤弹跳起后，桩身随之出现回弹现象，这就表明桩身可能已经断裂。其原因主要是桩身在施工中出现较大弯曲；打桩中，桩头处错误地施加了牵拉力进行校正，使桩身变弯，在反复冲击的集中荷载作用下，超过了桩身的抗弯强度，桩身出现横向裂缝，并不断扩大最后造成桩身断裂破坏。

另外，接桩一定要保证上下节桩在一条轴线上，不能成为折线。接桩时，桩尖所在位置应避免是硬层或夹砂层，因为停锤接桩，会使扰动了的桩周土体得到一定程度的恢复，使本来就难于穿过的中间硬层或夹砂层变得更难穿过，不得不拼命锤击，造成桩头破损或桩身断裂。因此选配桩节长度时，要结合地质勘察报告进行。

5.4.7.3 桩顶位移

桩顶位移除了桩位定得不准外，往往由下列原因造成：

(1) 第一节桩没有从两个垂直方向校准好垂直度，造成桩身倾斜，以后几节桩往往只能顺着第一节桩的轴线接长，造成桩顶偏位。所以应严加控制第一节桩的垂直度及平面位置，如有超过允许偏差，应拔出采取措施后再重新插入。

(2) 桩头不平，桩尖制作歪斜，造成施打过程中桩顶位移。

(3) 土层中有较陡的倾斜面，使桩沿斜面滑下。

(4) 密集群桩采用了逐排连续打桩的施工流程，使土体挤向一侧，引起桩顶偏位。因此在软土地基中打密集群桩，一定要组织好施工流程。

5.4.7.4 挤土隆起和桩身上抬

当大量的预制桩连续沉入土中时，土体压缩，粘性土中孔隙水压力提高，土体被压缩到一定程度后，只能向周围排挤或向上涌起。伴随着土体的隆起，桩也可能被向上涌抬。对密集群桩，应尽可能用挤土效应较小的钢管桩或钢筋混凝土预应力管桩。同时应选用焊接接桩，焊缝质量一定要可靠，避免桩身向上涌抬时接头被拉裂。上抬的桩，经过荷载试验一般极限承载力不会减小，但沉降量有所增加，所以打桩流程要尽可能对称，避免建筑物不均匀沉降。

上海某港区散粮筒仓，建筑物占地面积为35.2×69.4$m^2$，用604根45×45$cm^2$、长30.7m的钢筋混凝土预制方桩作基础，桩尖持力层为黄褐色砂质粉砂土。桩沉入后，测得打桩区内土孔隙水压力普遍大于上覆荷重。桩区边缘土体隆起达45～50cm，桩区中心隆起13cm，土体总隆起占桩体积的40%。土体表层的水平位移最大值达40cm，发生在桩区边缘。在远离打桩地25m处，土体隆起5cm，水平位移15cm。

## 5.5 静压沉桩施工

静力压桩是利用静压力将预制桩压入土中的一种沉桩方法，主要用于软土层基础的施工。压桩过程中自动记录压桩力，可以保证桩的承载力并避免锤击过度而使桩身断裂。但压桩设备笨重，效率较低，压桩力有限，单桩垂直承载力较低（目前未超过1 200kN）。

### 5.5.1 压桩与接桩

压桩一般情况下都采取分段压入，逐渐接长的办法。当下面的一节桩压到露出地面0.8～1.0m时，接上一节桩。每节桩之间的连接可采用角钢帮焊、法兰盘连接和硫磺胶泥锚固连接等形式。

### 5.5.2 送桩与截桩

当桩顶接近地面，而沉桩压力距规定值还略有差距时，可以用另一节桩放在桩顶上向下进行压送，使沉桩压力达到要求的数值。当桩顶高出一定距离，而沉桩压力已达到规定值时，则要截桩，以便压桩机移位和后续施工。

### 5.5.3 压桩施工注意事项

压桩施工应注意如下事项：

（1）压桩施工前应对现场的土层地质情况了解清楚，同时应做好设备的检查工作，保证使用可靠，以免中途间断压桩；

（2）最终压力值和桩的接头节点处理必须符合设计要求和施工规范；

（3）压桩过程中，应随时保持轴心受压，若有偏移，应及时调整；

（4）接桩时应保持上、下节桩的轴线一致，并尽可能地缩短接桩时间；

（5）量测压力等仪器应注意保养，及时保修和定期标定，以减小量测误差；

（6）当压桩阻力超过桩机能力，或由于来不及调整平衡，使桩机发生较大倾斜时，应立即停压并采取安全措施，以免造成断桩或其他事故。

# 6 灌注桩施工

在世界各国的深基础工程中，桩基是主要手段，而在桩基工程中应用最广泛的是混凝土灌注桩。灌注桩的施工工艺基本上属于挤土型的沉管灌注桩类或非挤土型的钻孔灌注桩类，桩的种类多，施工技术发展快。灌注桩具有单桩承载力高、可以嵌岩、成孔直径范围大、能承受纵横向荷载、抗震性好、对环境影响小等优点，因此，其在桩基工程中起着越来越大的作用，尤其是高承载力桩和大直径超深桩，或是在复杂地质条件、不利环境条件下成桩，灌注桩是其他桩型无法代替的。灌注桩技术在国内外工程界日益受到重视和发展。

灌注桩的工程质量主要取决于施工工艺和施工水平。与预制桩相比，其保证工程质量的难度较大。需要采取可靠的方法检查桩身质量以消除隐患。(在重要工程中，如没有高效可靠的检测手段，灌注桩的工程质量就缺乏保证，因而可能影响灌注桩的作用。这一点是十分重要的。)

灌注桩的成孔工艺，按桩所穿越土层的性质、桩端持力层的条件、地下水位情况等，可采用钻、冲、抓和挖等不同方式。成孔作业还可分为干式成孔（孔内无水）和湿式成孔（孔内有水），分别采用不同的成孔设备和技术措施。湿式成孔时，须采用泥浆护壁，并用水下灌注混凝土的浇筑方式浇筑桩身混凝土。

## 6.1 泥浆护壁成孔灌注桩

目前，国内外广泛采用的泥浆护壁成孔灌注桩主要有钻孔灌注桩（正循环和反循环钻孔灌注桩）、冲击成孔灌注桩、钻斗成孔灌注桩、冲抓成孔灌注桩和潜水电钻成孔灌注桩。其一般的工艺流程如图 6.1。

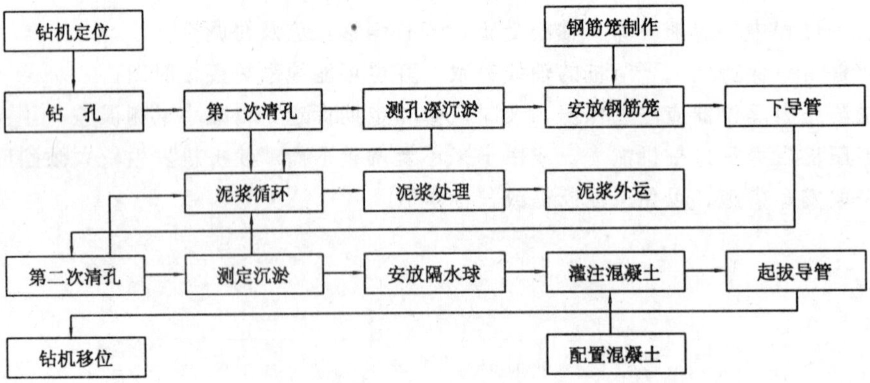


图 6.1 泥浆护壁成孔灌注桩施工工艺流程

### 6.1.1 施工准备

施工准备工作对于一项工程是否能保证优良质量、按工期要求顺利完成，有相当重要的作用。施工准备包括如下诸多方面：

6.1.1.1 技术准备

无论是投标工程或者是开工工程都需要掌握如下有关资料：

(1) 施工场地的工程地质及有关的水文地质资料；

(2) 设计图纸和技术要求，特别对桩位图、桩结构图，更应详细阅读，每一条都必须领会清楚，有不明确的及时提出；

(3) 现场地形图、管线图、测量基准点资料；

(4) 场地及邻近区内的危房等特殊建筑物分布情况及地下障碍物（旧基础、地下工程、报废管线等）的分布，特别是搞清埋藏深度；

(5) 施工中所用有关报表、规范、技术书及以往工作经验资料等等。

研究这些资料，吃透设计方和建设方的设计精神，对桩长、桩直径、混凝土设计标号和配比、水下混凝土和水上混凝土的关系、配筋及钢筋笼的制作规格等都必须认真研究，认为设计合理，按此编写施工组织设计；认为设计方面有些不适合的地方，通过协商往往可得到解决。例如：主筋过大，主筋过密（碎石无法穿过），箍筋设计位置不适合，绕筋过疏或过密等，标高尺寸不对等等都发生过，在技术准备过程中要充分解决这些问题，有分歧意见的在技术交底会上明确提出来，并通过书面形式确定。

(6) 施工组织设计的编写。目前由于招标投标议标工作较普遍，施工组织设计往往在承接工程任务一开始就要进行，在正式施工前再进行一次认真修改和补充。施工组织设计体现一个施工单位的技术水平和管理水平，关系到是否中标，关系到施工质量和施工进度的快慢，甚至对成本利润也起一定的控制作用。因此必须努力编制好施工组织设计，而且应由单位最高技术负责人亲自主持进行。施工组织设计应根据工程和场地特点，具有针对性，其主要内容包括如下诸方面：

①工程概况和设计要求；

②施工方案，包括成孔工艺方法，混凝土灌注方案的选定和与此相配套设备的选型、数量；

③施工平面布置图：应标明拟建建筑物及轴线坐标、场地周围有关主要原有建筑物、马路或有标志性的市政构筑物等，水电线路的走向和具体安排，主要设备的停机位置及行走路线，泥浆循环系统，钢筋笼制作场地，混凝土搅拌设备及材料堆场、仓库，临时生产、生活设施等。要特别强调的是场地围墙方案和施工时地坪处理方案应包括进去，如果在复杂场地施工，施工平面布置图尚需在不同的施工阶段进行及时高速的绘制；并应明确是硬地施工还是软地施工；

④桩位图和施工流程说明：桩位图挂在办公室墙上，最好用白纸将原设计图放大并按桩位逐个编号，施工中统一桩号，有利生产和竣工资料提交；

⑤工艺技术要求，包括成孔，钢筋笼制作、下入，清孔、混凝土施工，试块制作及导管起拔等工艺技术要求；

⑥保证工程质量、安全施工、生活卫生、季节性施工和环境保护的技术措施；

⑦工程进度计划和施工作业计划；

⑧主要施工设备及机具的配备计划；

⑨主要材料供应计划；

⑩劳动力组织及技术管理人员配备计划，技术复核项目计划，隐蔽工程验收项目计划。

6.1.1.2 设备的准备

1. 泥浆护壁成孔灌注桩主要施工机械设备的选择

(1) 正循环回转钻机。

国内正循环回转钻进用于钻孔灌注桩工程施工的钻机，多借用现有的转盘式水井钻机，如SPJ-300、SPC-300H、红星-300及红星-400型钻机等。根据钻孔灌注桩工程施工的需要，对上述钻机进行某种程度的改造，如扩大底盘、增加移动装置等等，如GJC-40H或XY-5G由XY-5型钻机改造而成。

(2) 反循环回转钻机。

国内反循环钻进设备最近几年发展比较快，包括：反循环回转钻机、反循环泵组和其他有关附属设备。反循环回转钻进所用钻机大部分是地面动力机驱动的转盘式钻机，部分采用将动力机潜入孔底的潜水钻机。

(3) 钻斗成孔钻机。

钻斗钻进，在日本称为土钻，主要适用于土层中，特别是软土层中，是进行大口径深钻孔的一种有效方法。最大的优点是避免泥浆大量外运和泥浆造成的环境污染。

钻斗钻进也是一种无冲（吹）洗介质循环的钻进方法，但钻进时为保护孔壁稳定，孔内要注满优质泥浆（又叫稳定液）。钻斗即是切削破碎工具，又是暂时存土容器。钻斗底部镶有大尺寸、大前角和大出刃的耙齿，它在回转力矩和轴向压力作用下以切削和铲掘方式破碎土层，是一种大切削量的改进方法。钻斗钻进排土量大，并为护壁泥浆稀释，有时直接运出现场有一定难度，可放在现场稍晾干后再运走。钻斗钻进对粘性土、粉性土、部分砂性土及淤泥层具有很高效率，但是对卵石层及硬基岩的效率就很低。钻进时，孔壁和孔底土易为钻斗耙齿切削疏松，孔壁不规则，扩孔率和灌注充盈系数较大。

钻头钻进成孔直径可为500～2 000mm，钻孔深度60m，成桩直径为钻头直径的1.1～1.2倍。

(4) 冲击成孔钻机。

该钻机主要用于岩层中，施工时将冲锥式钻头提升一定高度后以自由下落的冲击力来破碎岩石，然后排除碎块后成孔。

(5) 冲抓成孔钻机。

冲抓成孔钻机是利用冲抓张开的锥瓣向下冲击切入土石中，再收拢锥瓣将土石抓入锥中，然后提出到地表卸去土石，再下入孔内冲击抓取土石，如此循环钻进成孔的。孔中的泥浆只起护壁作用，土层较好的钻孔可用清水水头护壁。日本的TH型和MT型钻机则是利用压入钢护筒到桩底护壁，用冲抓锥钻进。

按操纵锥瓣开合方法的不同，冲抓成孔钻机有双绳冲抓锥和单绳冲抓锥两种形式。

冲抓成孔钻机适用于粘性土、砂性土、夹石砂粘土及粒径50～100mm含量在40%以内的卵石层，在冲击钻头的配合下，冲抓成孔能适合于各种复杂地层。冲抓成孔的成孔速度因锥重、孔深不同而有差异。孔越深，冲抓锥起落时间长，成孔速度越慢。因此，冲抓成孔主要用于孔深在20m以内的浅孔，以及与冲击钻进配合作为回转钻进成孔的辅助方法。

(6) 潜水成孔钻机。

潜水成孔钻机的成孔原理与正反循环相同，只是钻机是密封的，潜入水中工作。国产的主要机型为河北新河钻机厂GZQ型系列钻机，其中GZQ－1250型钻机既能用于正循环钻进，又能用于反循环钻进。日本产RRC潜水钻机为一种无钻杆反循环多头潜水钻机。

有关成孔钻机的详细资料参见本丛书《岩土工程钻进原理》分册的有关章节。具体工程应根据工程需要的本单位的物力、财力及工人对钻机操作的适应情况，从上述主要钻机类型（或选用其他类型钻机）中选择某种钻机。在同一个工地同一类型桩最好用同种类型的钻机施工。

2. 机械设备配套

在进行灌注桩施工前，应周密考虑和准备好设备配套，以上海某施工工地的实例来说明比较容易理解。该工程是商务大厦，占地面积3 500$m^2$，建筑总面积23 750$m^2$，地下2层，开挖深度7.5m（局部9.5m），地上23层，建筑总高度72.65m。基础桩采用钻孔灌注桩，桩径700mm，有效桩长40m，桩数为348根。围护工程钻孔灌注桩直径800mm，有效桩长18m，桩数为299根。搅拌桩采用双头一排，位于围护钻孔灌注桩外侧（钻孔灌注桩在基坑一侧），1 200mm×700mm，有效桩长16m，桩数599根。工期为100d，进场设备配套见表6－1。

该工程由于设备配套考虑比较充分，施工进行得很顺利，工程质量优，受到建设方、设计方和工程总承包方的赞扬。在施工钻孔灌注桩时，进场设备和工程量要相适应，与施工环境要协调，否则，设备进得少了，影响工期和信誉，进得多了，影响效率，有时反而慢，承接工程时应仔细考虑和测算准确。

**表6－1　钻孔灌注桩施工设备一览表**

| 序号 | 设备名称 | 数量 | 单位 | 备　注 |
|---|---|---|---|---|
| 1 | GPS-10型钻机 | 6 | 套 | 另备用主机1套，配件若干 |
| 2 | 16t吊车 | 2 | 台 | |
| 3 | BW-850型泥浆泵 | 4 | 台 | |
| 4 | 3PLN泥浆泵 | 4 | 台 | |
| 5 | TG350型 | 4 | 台 | 备用，另准备1台 |
| 6 | 汽车吊（8t） | 1 | 台 | |
| 7 | ZXG-30电焊机 | 4 | 台 | |
| 8 | GJ-40钢筋弯曲机 | 1 | 台 | |
| 9 | 25$m^3$储浆罐 | 3 | 只 | |
| 10 | 排浆车（8t） | 6 | 辆 | |
| 11 | 0.6$m^3$空压机 | 4 | 台 | |
| 12 | 抽水泵 | 6 | 台 | |
| 13 | 双头SJB-Ⅱ型深层搅拌桩机 | 2 | 套 | 备用动力头1副 |
| 14 | 5t运输汽车 | 2 | 辆 | |

当然，针对一个具体工程，钻机配套及进入现场作业钻机的类型和数量还要考虑现场场地大小、工期要求、地层情况及设计对钻孔成桩的具体要求。大的工程还要考虑不同阶段设备在现场的不同配备。假设组成一台正循环回转钻机台，机具配备参见表6－2，未列入表内的随用工具及各种车辆，可酌情选定。

**表 6-2 机具配套明细表**

| 序号 | 名称 | 规格 | 单位 | 数量 | 备注 |
|---|---|---|---|---|---|
| 1 | 钻机 | | | | |
| 2 | 动力机 | 与钻机配套 | | | |
| 3 | 钻塔 | 9～12m 高 | | | |
| 4 | 主动钻杆 | 110mm×10mm×7 000mm（四方钻杆） | 根 | 2 | |
| 5 | 水龙头 | | 个 | 2 | |
| 6 | 泥浆泵 | 按技术要求选定 | 台 | 2 | |
| 7 | 钻杆 | ϕ89；ϕ114 或 ϕ127 | 根 | 若干 | |
| 8 | 天车 | | 副 | 1 | 按孔深和孔的直径选配 |
| 9 | 提引器 | 5/2 | 个 | 2 | |
| 10 | 高压管 | | 根 | 4 | 根据使用钻杆配 |
| 11 | 胶管 | | 根 | 1 | |
| 12 | 照明变压器 | 36V | 套 | 1 | |
| 13 | 定、动滑轮 | | 副 | 2 | |
| 14 | 钢丝绳 | ϕ16～ϕ19 | m | 35～45 | |
| 15 | 钻具夹持器 | 自行设计加工 | 副 | 2 | 按搭高配 |
| 16 | 泥浆搅拌机 | 立式或卧式 | 台 | 1 | 扭卸钻具用 |
| 17 | 混凝土搅拌机 | $J_2$-350 | 台 | 2 | 最好 $1m^3$ 立式的较适用 |
| 18 | 钻头 | 按钻孔直径及地层情况选定 | 个 | 若干 | 其他型号也可 |
| 19 | 导管 | 按钻孔直径及下钢筋笼直径配 | m | 若干 | 注意施工时对钻头的改造 |
| 20 | 护筒 | 按钻孔直径配 | 个 | 若干 | 多余孔深备用 1～2 根 |
| 21 | 扭卸工具 | | 件 | 若干 | 尽量多配些护筒 |
| 22 | 工具箱 | 自制 | 个 | 1 | 包括各种管钳、扳手 |
| 23 | 电源箱 | 购买或自制 | 个 | 1 | |
| 24 | 电缆 | 动力线和照明线 | m | 若干 | |
| 25 | 泥浆测试器 | | 套 | 1 | |
| 26 | 测锤 | | 个 | 2 | |

6.1.1.3 原材料的准备

灌注桩施工所用原材料主要包括钢材、水泥、砂、碎石及外加剂等材料。选购的数量及质量关系到工程的成败，必须严把原材料数量关和质量关，现场安排人员认真验收。

1. 钢材

钢材选购过程中容易发生的问题是规格不对，选定的生产厂家生产的牌号进到现场时临时出错，验收人员应有经验，化验也必须及时。钢筋的基本机械性能与化学成分见表 6-3、表 6-4、表 6-5。

### 表 6-3 热轧钢筋机械性能表

（引自国家标准《钢筋混凝土用钢筋》GB1499-84）

| 品种 |  | 牌号 | 公称直径（mm） | 屈服点 $\sigma_s$（MPa） | 抗拉强度 $\sigma_b$（MPa） | 伸长率 $\delta_s$（%） | 冷弯 $d$=弯心直径 $a$=钢筋直径 |
|---|---|---|---|---|---|---|---|
| 外形 | 强度等级 |  |  | 不少于 |  |  |  |
| 光圈钢筋 | Ⅰ | $A_3$，$AY_3$ | 8～25 | 24 | 38 | 25 | 180°$d=a$ |
|  |  |  | 28～25 |  |  |  | 180°$d=2a$ |
| 变形钢筋 | Ⅱ | 20MnSi | 8～25 | 34 | 52 | 16 | 180°$d=3a$ |
|  |  | 20MnNb（b） | 28～50 |  |  |  | 180°$d=4a$ |
|  | Ⅲ | 25MnSi |  | 38 | 58 | 14 | 90°$d=3a$ |
|  | Ⅳ | $40Si_2MnV$ | 10～25 | 55 | 85 | 10 | 90°$d=5a$ |
|  |  | 46SiMnV<br>$45Si_2MnTi$ | 28～32 |  |  |  | 90°$d=6a$ |

### 表 6-4 热轧钢筋化学成分表

（引自国家标准《钢筋混凝土用钢筋》GB1499-84）

| 品种 |  | 牌号 | 化学成分（%） |  |  |  |  |  |  |  |
|---|---|---|---|---|---|---|---|---|---|---|
| 外形 | 强度等级 |  | C（碳） | Si（硅） | Mn（锰） | V（钒） | Ti（钛） | Nb（铌） | P（磷） | S（硫） |
|  |  |  |  |  |  |  |  | 不大于 |  |  |
| 光圆钢筋 | Ⅰ | $A_3$，$AY_3$ | 0.14～0.22 | 0.12～0.30 | 0.35～0.65 |  |  |  | 0.045 | 0.050 |
| 变形钢筋 | Ⅱ | 20MnSi | 0.17～0.25 | 0.40～0.80 | 1.20～1.60 |  |  |  | 0.050 | 0.050 |
|  |  | 20MnNb(b) | 0.17～0.25 | ≤0.17 | 1.00～1.50 |  |  | 0.50 | 0.050 | 0.050 |
|  | Ⅲ | 2MnSi | 0.20～0.30 | 0.60～1.00 | 1.20～1.60 |  |  |  | 0.050 | 0.050 |
|  | Ⅳ | $40Si_2MnV$ | 0.36～0.46 | 1.40～1.80 | 0.70～1.00 | 0.08～0.15 |  |  | 0.045 | 0.045 |
|  |  | 45SiMnV | 0.40～0.52 | 1.10～1.50 | 1.00～1.40 | 0.05～0.12 |  |  | 0.045 | 0.045 |
|  |  | $45Si_2MnTi$ | 0.40～0.48 | 1.40～1.80 | 0.80～1.20 |  | 0.02～0.08 |  | 0.045 | 0.045 |

注：①20MnSi 含锰量可以提高到 1.7%。

②钢中铬、镍、铜的残余含量应各不大于 0.30%，其总量不大于 0.60%，用含铜矿石所炼生铁再冶炼的钢，铜的残余含量应不大于 0.40%。

### 表 6-5 冷拉钢筋机械性能表

（引自《钢筋混凝土工程施工及验收规范》GBJ204-83）

| 项次 | 钢筋级别 | 直径（mm） | 屈服点（MPa） | 抗拉强度（MPa） | 伸长率 $\delta_{10}$，（%） | 冷弯 |  |
|---|---|---|---|---|---|---|---|
|  |  |  | 不小于 |  |  | 弯曲角度 | 弯曲直径 |
| 1 | 冷拉Ⅰ级 | 6～12 | 28 | 38 | 11 | 180° | $3d$ |
| 2 | 冷拉Ⅱ级 | 8～25<br>28～40 | 42<br>42 | 52<br>50 | 10<br>10 | 90°<br>90° | $3d$<br>$4d$ |
| 3 | 冷拉Ⅲ级 | 8～40 | 50 | 58 | 8 | 90° | $5d$ |
| 4 | 冷拉Ⅳ级 | 10～28 | 70 | 85 | 6 | 90° | $5d$ |

注：①表中冷拉钢筋的屈服点值是其冷拉控制应力采取“单控”时的数值，如有条件采取“双控”时，其数值可根据其设计规范提高。

②钢盘直径大于 25mm 的冷拉Ⅱ、Ⅳ级钢筋，冷弯弯曲直径应增加 $1d$（$d$ 为钢筋直径，mm）。冷弯后不得有裂纹、裂断或起层现象。

2. 砂、碎石

砂、碎石进料关键是货源稳定程度、数量是否缺少和质量是否合乎要求。

粗骨料宜用坚硬碎石，粒径一般配在5～40mm，上海地区多数选用粒径为5～25mm碎石为宜。碎石粒径最好不要大于钢筋净距的1/3。粗骨料级配应采用连续级配。粗骨料应有产品合格证，机械集中生产每批600t，人工分散生产每批300t。进货时验收员应按下列各项内容验收：①生产厂名及产地；②产品的批号和数量；③运输条件；④产品的级配（详见表6-6)，针片状颗粒含量：≥300号混凝土时，含量<15%；<300号混凝土时，含量≤25%；⑤粗骨料纯净情况；含泥量（按重量计算）≥300号混凝土，含量≤1.0%，<300号混凝土时，含量≤2.0%；⑥产品强度招标、送货单位、地点、电话及产品合格证的编号与签发日期。

细骨料应选购级配合理、质地坚硬及颗粒洁净的天然中粗砂。进货时验收员应按下列各项内容验收；①应符合级配标准（详见表6-7)；②含泥量≥300号混凝土，泥含量≤3%；<300号混凝土，泥含量≤5%；③其余项目同粗骨料相关规定。

**表6-6 碎石、卵石颗粒级配范围表**

| 级配情况 | 公称粒级（mm） | 累计筛余按重量计（%） | | | | | | | | |
|---|---|---|---|---|---|---|---|---|---|---|
| | | 筛孔尺寸（圆孔筛，mm） | | | | | | | | |
| | | 2.5 | 5 | 10 | 15 | 20 | 25 | 30 | 40 | 50 |
| 连续粒级 | 5～10 | 95～100 | 80～100 | 0～15 | 0 | | | | | |
| | 5～15 | 95～100 | 90～100 | 30～60 | 0～10 | 0 | | | | |
| | 5～20 | 95～100 | 90～100 | 40～70 | | 0～10 | 0 | | | |
| | 5～30 | 95～100 | 90～100 | 70～90 | | 15～45 | | 0～15 | 0 | |
| | 5～40 | | 95～100 | 75～90 | | 30～45 | | | 0～5 | |
| 单粒级 | 10～20 | | 95～100 | 85～100 | | 0～15 | 0 | | | |
| | 15～30 | | 95～100 | | 85～100 | | | 0～10 | 0 | |
| | 20～40 | | | 95～100 | | 80～100 | | | | |

注：公称粒级的上限为该粒级的最大粒径。单粒级一般用于组成具有要求级配的连续粒级。它也可与连续粒级的碎石或卵石混合使用，以改善它们的级配或较大粒度的连续粒级。

**表6-7 砂颗粒级配区表**

| 筛孔尺寸（mm） | 级配区 | | |
|---|---|---|---|
| | 1区 | 2区 | 3区 |
| | 累计筛余（%） | | |
| 10.00 | 0 | 0 | 0 |
| 5.00 | 10～0 | 10～0 | 10～0 |
| 2.50 | 35～5 | 25～0 | 15～0 |
| 1.25 | 60～35 | 50～10 | 25～0 |
| 0.63 | 85～71 | 70～41 | 40～16 |
| 0.315 | 95～80 | 92～70 | 85～55 |
| 0.160 | 100～90 | 100～90 | 100～90 |

3. 水泥

水泥选用在钻孔灌注桩施工中特别重要。一般采用普通硅酸盐水泥425号或525号为好，不得已才用矿渣水泥或火山灰质硅酸盐水泥，不得用快干水泥。选用水泥标号应为混凝土标号的1.5～2.0倍。现场质检员应按如下技术要求控制水泥的使用：①水泥的技术指标按表6-8、表6-9规定；②及时化验，安定性合格及3天强度合格方可使用；③其余各项验收时按

**表 6-8　常用水泥的技术指标**

| 项目 | 技术指标 |
|---|---|
| 氧化镁含量 | 在熟料中不得超过 5%；若水泥经压蒸安定性试验合格，可放宽至 6.5% |
| 三氧化硫含量 | 矿渣水泥不得超过 4%；其余品种的水泥不得超过 3.5% |
| 烧失量 | 旋窑厂水泥不得大于 5.0%；立窑厂水泥不得大于 7.0% |
| 细度 | 0.080mm 方孔筛的筛余量不超过 12% |
| 凝结时间 | 初凝时间不得早于 45min。终凝不得迟于 12h |
| 安定性 | 用煮沸法检查必须合格 |

**表 6-9　常用水泥不同龄期的强度**

（引自国家标准《硅酸盐水泥、普通硅酸盐水泥》GB175-85 和

《矿渣硅酸盐水泥、火山灰质硅酸盐水泥、粉煤灰硅酸盐水泥》GB1344-85）

| 品种 | 标号 | 抗压强度（MPa） | | | 抗折强度（MPa） | | |
|---|---|---|---|---|---|---|---|
| | | 3d | 7d | 28d | 3d | 7d | 28d |
| 硅酸盐水泥 | 425 | 17.7（180） | 26.5（270） | 41.7（425） | 3.3（34） | 4.5（46） | 6.3（64） |
| | 425R | 22.0（224） | | 41.7（425） | 4.1（42） | | 7.1（72） |
| | 525 | 22.0（230） | 33.3（340） | 51.5（525） | 4.1（42） | 5.3（54） | 7.1（72） |
| | 525R | 27.0（275） | | 51.5（575） | 4.9（50） | 6.1（62） | 7.8（80） |
| | 625 | 28.4（290） | 42.2（430） | 61.3（625） | 4.9（50） | 6.1（62） | 7.8（80） |
| | 625R | 32.0（326） | | 61.3（625） | 5.5（56） | | 7.8（80） |
| | 725R | 37.0（377） | | 71.1（725） | 6.2（63） | | 8.6（88） |
| 普通硅酸盐水泥 | 275 | | 15.7（160） | 27.0（275） | | 3.2（33） | 4.9（50） |
| | 325 | 11.8（120） | 18.6（190） | 31.9（325） | 2.5（25） | 3.6（37） | 5.4（55） |
| | 425 | 15.7（160） | 24.5（250） | 41.7（425） | 3.3（34） | 4.5（46） | 6.3（64） |
| | 425R | 21.0（214） | | 41.7（425） | 4.1（42） | | 6.3（64） |
| | 525 | 20.6（210） | 31.4（320） | 51.5（525） | 4.1（42） | 5.3（54） | 7.1（72） |
| | 525R | 26（265） | | 51.5（525） | 4.9（50） | | 7.1（72） |
| | 625 | 26.5（270） | 40.2（410） | 61.3（625） | 4.9（50） | 6.1（62） | 7.8（80） |
| | 625R | 31.0（316） | | 61.3（625） | 5.5（56） | | 7.8（80） |
| | 725R | 36.0（367） | | 71.1（725） | 6.2（63） | | 8.6（88） |
| 矿渣硅酸盐水泥、火山灰硅酸盐水泥、粉煤灰硅酸盐水泥 | 275 | | 12.8（130） | 27.0（275） | | 2.7（28） | 4.9（50） |
| | 325 | | 14.7（150） | 31.9（325） | | 3.2（33） | 5.4（55） |
| | 425 | | 20.6（210） | 41.7（425） | | 4.1（42） | 6.3（64） |
| | 425R | 19.0（193） | | 41.7（425） | 4.0（41） | | 6.3（64） |
| | 525 | | 28.4（290） | 51.5（525） | | 4.9（50） | 7.1（72） |
| | 525R | 23.0（234） | | 51.5（525） | 4.6（47） | | 7.1（72） |
| | 625R | 28.0（285） | | 61.3（625） | 5.2（53） | | 7.8（80） |

注：表内括号中的数值单位为 $kgf/cm^2$。

粗骨料有关规定进行；④现场水泥应妥善保管，防雨、防潮及防止不同厂家标号的水泥混在一起，在同一个钻孔灌注桩中，不允许使用两种或两种以上不同标号品种的水泥。

4. 外掺剂

外掺剂的类型多，要求计量精确，选购使用时，都必须十分注意，应有专门人员负责，使用时作好记录，进料时严格验收。

6.1.1.4　施工现场准备

（1）施工前的现场准备工作应抓紧时间，考虑周到，分工明确及件件事落实到位。首先要做好场地平整，探明和清除桩位处的地下障碍物，按平面布置图的要求做好施工现场的施

工道路、供水供电、泥浆循环系统、施工设施放置、材料堆场及生活设施就位等有关布设和具体安排。

(2) 施工前应逐级进行施工技术交底，并且要有书面材料发至各有关人员手中。

(3) 护筒准备。施工前应定出施工所用护筒的规格数量并运到现场。护筒一般采用钢板卷制，应有足够刚度。在水域施工时，也可采用钢筋混凝土护筒。护筒内径宜比桩身外径大100mm。护筒埋设位置必须准确，其中心线与桩位中心线允许偏差不得大于20mm，并应保证护筒垂直。护筒埋设深度应超过杂填土埋藏深度0.2m，护筒周围应用粘性土分层回填夯实，在开钻之前再复核一次护筒的位置。如果地下水位较高，则可采用填筑法埋设护筒（即先填筑工作土台，再挖坑埋设护筒），如图6.2。根据场地实际情况护筒埋设尽量超前钻进一定数

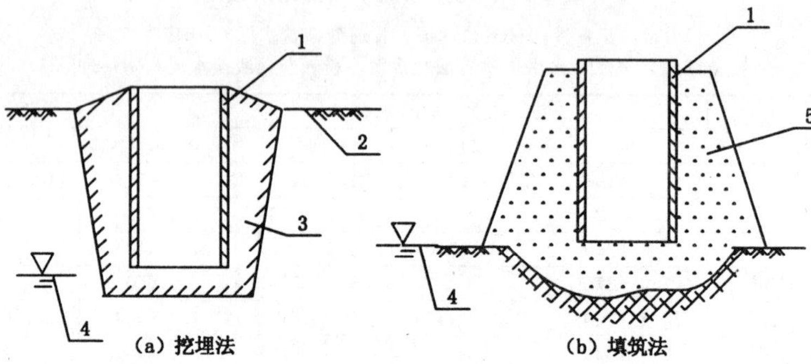


图 6.2 护筒埋设

1. 护筒；2. 地面；3. 夯填粘土；4. 地下水位；5. 土岛

量。遇到杂填土较厚的桩位，可将两个或几个护筒衔接起来使用。

(4) 调试准备。在正式开工前，应进行一次整体设备试运转，有条件的可先进行“试成孔”，甚至“试成桩”，用以核对地质资料，检验所选择的设备、机具、施工工艺及技术要求是否适宜，以便指导整个工程进展，如孔径、垂直度、泥浆、孔壁稳定性、成孔成桩速度及沉淤等是否满足设计要求，如有问题，尚需选择补救措施或重新调整施工工艺。

### 6.1.2 泥浆护壁成孔施工

正循环回转钻进、泵吸反循环回转钻进、无循环钻斗钻进成孔、潜水钻机成孔和冲抓成孔工艺和冲击钻进的成孔工艺及有关技术参见本丛书《基础工程施工钻进原理》分册的有关章节。成孔施工的允许偏差应满足《建筑桩基技术规范》(JGJ94-94) 中表6.2.5的要求。

### 6.1.3 清孔

清孔是通过循环冲洗液，更换孔内夹含钻渣的泥浆或其他冲洗液，以减少孔内泥浆相对密度，清除孔壁泥皮和孔底沉渣，尽量减少孔底沉淀物厚度，使之符合规范要求或特殊规定要求，必要时还可通过对桩底部注浆（灌注混凝土前下预留管法）使孔底沉淀物接近零。清孔为导管法灌注水下混凝土创造良好条件，保证桩身质量。

清孔一般应分两次进行。第一次清孔在成孔完毕后立即进行，以防止沉淀过多或泥浆在孔壁形成泥皮。第二次在下放钢筋笼和灌注混凝土导管安装完毕后进行。二次清孔后应在30min内灌注第一斗混凝土。

清孔时应测定泥浆指标，使之符合表6-10的要求，清孔时用带圆锥形测锤的校准水文测绳测定沉淤厚度，测锤重量不应小于1kg。

**表6-10 排出孔口泥浆性能技术指标**

| 项 次 | 项 目 | 第一次清孔 | 第二次清孔 |
|---|---|---|---|
| 1 | 泥浆密度 | ≤1.25 | ≤1.15 |
| 2 | 漏斗粘度 | ≤22″ | ≤18″ |

清孔后孔底允许沉淤厚度为：端承桩≤10cm；摩擦桩≤30cm。

常用的清孔方法有正循环清孔、泵吸反循环清孔和气举反循环清孔。清孔方法可根据桩的规格、设计要求、地质条件以及成孔工艺等因素合理选择。

6.1.3.1 正循环清孔

(1) 正循环清孔适合直径小于600mm的桩孔。第一次清孔利用成孔钻具直接进行。清孔时一般先将钻头提离孔底10～20cm，输入稀泥浆循环清孔。冲洗一定时间后，可转动钻具（慢转）同时上下活动钻具清孔。

(2) 第二次清孔可利用灌注混凝土的导管输入稀泥浆循环清孔。清孔时输入孔内的泥浆密度应控制在1.15以下。

6.1.3.2 泵吸反循环清孔

(1) 泵吸反循环二次清孔一般可利用在成孔时所用的泵吸反循环系统直接进行清孔。清孔时应将钻头提离孔底50～70cm，输入泥浆密度控制在1.10以下。

(2) 泵吸反循环清孔关键是保证循环过程中的泥浆补充，送入孔内的泥浆量不得少于砂石泵的排量，并控制好泵的吸量，防止孔壁被吸垮。同时还必须注意对泥浆的即时处理。

6.1.3.3 气举反循环清孔

(1) 气举反循环清孔适用于第二次清孔，特别是正循环成孔而且孔径、孔深较大的桩孔。

(2) 主要设备包括：空压机、出水管、送风管、气水混合器等。出水管可利用灌注混凝土的导管。

(3) 操作要点：①出水管下端距沉淤面30～40cm为宜；混合器至液面距离与孔深之比为0.60左右，孔深比大些。②开始送风时应先向孔内供水，停止清孔时应先关气后断水。送风量应由小到大，风压应略大于孔底水头压力。若孔内沉淤较厚，块度较大，可适当加大风量，摇动出水管，增快排渣速度。③清孔过程中要十分注意保持孔内泥浆面的稳定，并且随着孔底沉淤厚度的减少，出水管应同步跟进，保持出水管下端与沉淤的合理距离。

### 6.1.4 钢筋笼施工

6.1.4.1 钢筋笼的制作

图6.3为钢筋笼的结构示意图。钢筋笼制作前必须对所用的各有关规格的钢筋化验合格，并清除钢筋表面锈蚀或污垢，主筋必须校直，焊钢筋笼的工作架亦必须搭得平、防雨，有良好的光线。对钢筋笼的制作要求主要技术要点如下：

(1) 钢筋笼的外形尺寸应严格符合设计要求，允许偏差应符合下述规定：①主筋间距：±10mm；②箍筋间距：±20mm；③钢筋笼直径：±10mm；④钢筋笼长度：±100mm。

(2) 钢筋笼的焊缝宽度不应小于0.7$d$（$d$为钢筋直径），厚度不应小于0.3$d$。搭接长度应符合表6-11的规定。

表 6-11 钢筋笼搭接长度

| 项次 | 钢筋级别 | 焊缝形式 | 搭接长度 |
|---|---|---|---|
| 1 | Ⅰ级 | 单面焊<br>双面焊 | $8d$<br>$4d$ |
| 2 | Ⅱ级 | 单面焊<br>双面焊 | $10d$<br>$5d$ |

注：$d$ 为钢筋直径。

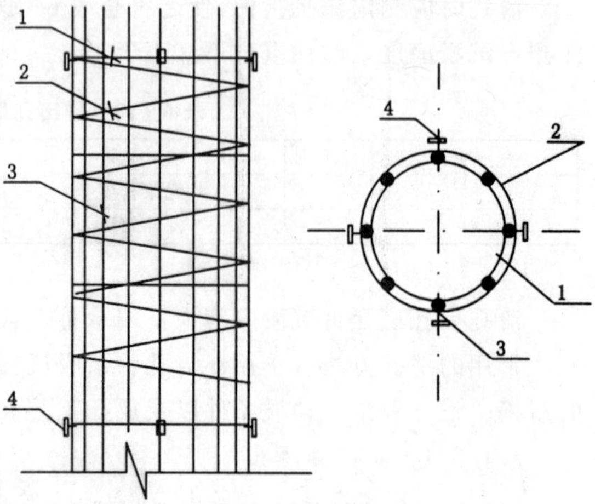


图 6.3 钢筋笼结构图

1. 加劲筋；2. 螺旋箍筋；3. 主筋；4. 保护块

(3)环形箍筋与主筋的连接点采用点焊连接；螺旋筋与主筋的连接可采用直接点焊固定或采用铁丝绑扎并间隔点焊固定。

(4)钢筋笼主筋混凝土保护层允许偏差为±20mm。为了保证保护层的厚度均匀，每节钢筋笼设置保护层垫块不应小于2组，每组3块，匀称的分布在主筋的同一截面上。若一节钢筋笼长度大于12m，中间应增设1组。保护层垫块可采用混凝土块，也可采用扁钢定位环。

(5) 成品钢筋笼应平卧笔直地堆放在干净的地面上，堆放层数最好不超过2～3层。

6.1.4.2 钢筋笼的安放

钢筋笼经验收合格后方可吊放安装，在其运输、吊起和安装过程中防止变形和碰坏焊点，起吊点宜设在加强箍筋部位。钢筋笼安装时的主要操作要点：

(1) 为保证钢筋笼不变形，宜用两点起吊法。第一吊点设在笼的下部，第二吊点设在笼的中上部。起吊时，先提第一吊点，提起笼梢，再与第二吊点同时起吊。待笼离开地面后，停起第一吊点，继续提升第二吊点使笼与地面垂直。

(2) 安放入孔时，应保持垂直状态，对准孔位徐徐轻放，避免碰撞孔壁。下笼过程中若遇阻碍不得强行下入，应查明原因酌情处理后再继续下笼。

(3)接笼时孔口焊接应符合如下规定：①下节笼主筋上端应露出操作平台1m左右。②上、下节笼主筋焊接部位表面污垢应予清除，上、下节笼保持垂直状态并对正，方可进行焊接，焊接时宜两边对称施焊。③每节笼子焊接完毕后，应补足焊接部位的箍筋或脱焊的螺旋筋。

(4) 钢筋笼安装深度应符合设计要求，其允许偏差±100mm。

(5) 钢筋笼全部安装入孔后应检查安放位置是否正确。确定符合要求后，立即用吊筋将其固定，避免灌混凝土时钢筋笼上拱或下沉。

### 6.1.5 水下混凝土施工

6.1.5.1 混凝土配合比的确定

混凝土配合比的选择必须能满足设计强度和施工工艺的要求，并应符合合理使用材料、适当节约水泥的原则。在特殊情况下还应符合抗冻性、防渗性等特殊要求。配合比设计方法可按《普通混凝土配合比设计技术规程》(JG55-81) 执行，也可以通过当地建材科研部门或专门测试单位取现场原材料进行配合试验，然后设计出混凝土配合比。对混凝土配合比的设计和选定一般规定如下：

(1) 配合比应通过计算和试配确定出配比。试配材料应是实际施工时采用的材料。

（2）试配成的混凝土强度应比设计桩身强度提高15%～25%。

（3）水灰比宜为0.5～0.6。

（4）坍落度：16～22cm。

（5）含砂率：40%～45%。

（6）最小水泥（胶凝材料）用量不得少于380kg/m³，最大用量不宜超过500kg/m³。

（7）混凝土初凝时间应为正常灌注时间2倍。

（8）试配时，至少应采用3个不同的配合比。每个配合比的水灰比差值为0.02～0.03。每种配合比至少应制作一组（3块）试块，并进行标准养护，测定28d龄期强度。根据试配结果，选定其中合适的配合比。施工时接到混凝土配合比试验设计单（或试配报告单）后，将配合比换算为实际施工第二次搅拌量的配比下达执行。施工现场应按照确定的配合比进行施工，不得随意变更。搅拌机旁应挂有醒目的配比牌。

6.1.5.2　混凝土拌制

混凝土拌制一定要做到两个必须：一是必须对所用的原材料严格进行计量，坚持过磅（称量）制度；二是必须保证混凝土的搅拌时间。具体规定如下：

（1）所用计量原材料的衡器或容器必须准确可靠。各种用料量允许偏差见表6-12。

（2）搅拌时投料顺序应是：粗骨料、细骨料、水泥、掺合料和外加剂。

（3）混凝土应采用机械搅拌，并搅拌至各种组成材料混合均匀，看上去颜色一致。搅拌时间的计算，从全部材料装入搅拌机开始搅拌起，至机内混凝土出料止。搅拌时间应根据搅拌机的类型和容积而定。搅拌时间选定后，不可随意缩短。最短搅拌时间按表6-13规定。

**表6-12　混凝土原材料投量允许偏差**

| 项　次 | 项　目 | 允许偏差（%） |
|---|---|---|
| 1 | 水泥、外掺混合材料 | ±2 |
| 2 | 粗、细骨料 | ±3 |
| 3 | 水、外加剂溶液 | ±2 |

注：粗、细骨料在雨天增加测定，加水量要根据骨料的实测含水量加以调整，以保证所拌制的混凝土的实际水灰比符合要求。

**表6-13　混凝土最短搅拌时间**

| 搅拌机类型 | 最短搅拌时间（s） | |
|---|---|---|
| | 搅拌机容积<1 000L | 搅拌机容积>1 000L |
| 自落式 | 90 | 120 |
| 强制式 | 60 | 90 |

注：掺用粉煤灰的混凝土搅拌时间应适当增加时间。

（4）混凝土拌制要做好坍落度测试和试块制作。

（5）拌制好的混凝土要以最快的速度运至灌注点尽快灌注。混凝土因运输原因或孔内原因，不能及时灌注时，产生离析现象，重新搅拌至符合要求后才能使用。

（6）对大直径深桩宜采用商品混凝土或现场建立简易搅拌站供混凝土。

6.1.5.3　混凝土灌注

混凝土灌注是确保钻孔灌桩质量的最关键工序。开始灌注前必须做好一切准备工作，保证原材料、搅拌设备、灌注设备及有关人员、工具齐全，使灌注能连续紧凑地进行。要特别注意开灌前关键性准备工作和初灌工作。

1. 开灌前的准备工作和初灌工作

(1) 导管在吊放前可在钻孔旁预先分段拼装好，并仔细检查，对变形和磨损严重的、有漏水段的不得使用，内壁和接头丝扣应擦干净，接头处密封圈必须完好有效。

(2) 导管全部安装到孔内，安装位置应居中，轴线顺直，沉放稳妥，防止卡挂钢筋笼。导管底口距孔底高度以能放出隔水塞和首批混凝土为宜，一般控制在50cm左右。对吊放在孔内的全部导管要准确记录总长度和每节长度及在孔内的排列顺序。

(3) 对导管和隔水塞的准备应符合下列要求：①导管内径应按桩径和单位时间灌注量确定。一般为200～250mm，直径允许偏差为±2mm，导管壁厚不得小于3mm。②第一节底部导管的长度最好大于4m。其他导管标准节长度以3m为宜。根据施工要求也可配不同长度的导管。③混凝土灌注时使用的隔水塞可采用混凝土浇制，混凝土强度不低于C20级。外形要规则光滑并配有橡胶片（图6.4）。有的施工队伍使用球胆隔水效果也较好。在使用隔水塞时，应用铁丝把隔水塞悬挂在导管内。待初灌混凝土足量时，方可截断隔水塞的连接铁丝将混凝土冲灌至孔底。

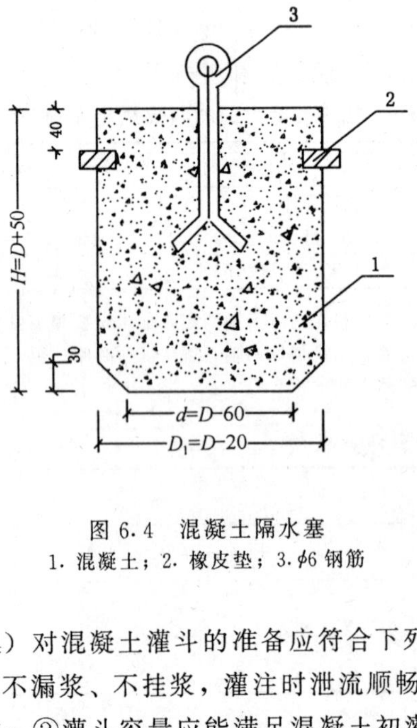


图6.4 混凝土隔水塞

1. 混凝土；2. 橡皮垫；3. $\phi 6$ 钢筋

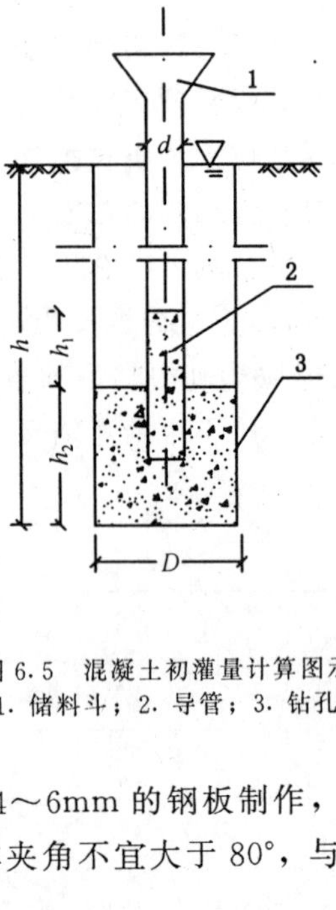


图6.5 混凝土初灌量计算图示

1. 储料斗；2. 导管；3. 钻孔

(4) 对混凝土灌斗的准备应符合下列要求：①可用厚4～6mm的钢板制作，应有足够的刚度，不漏浆、不挂浆，灌注时泄流顺畅；②灌斗下部锥体夹角不宜大于80°，与导管的连接要可靠；③灌斗容量应能满足混凝土初灌量要求。

(5) 混凝土初灌量应能保证混凝土灌入后，达到埋导管深度不少于0.8～1.3m。混凝土初灌量可参照图6.5和式（6-1）计算。

$$V \geqslant \frac{1}{4}\pi h_1 \cdot d^2 + \frac{1}{4}\pi k h_2 \cdot D^2 \tag{6-1}$$

式中：$V$ 为混凝土初灌量，$m^3$；

$D$ 为桩孔直径，m；

$k$ 为混凝土充盈系数，取1.3；

$d$ 为导管内径，m；

$h$ 为桩孔深度，m；

$h_1$ 为导管内混凝土柱与管外泥浆柱压力平衡所需要的高度：$h_1=(h-h_2)\dfrac{\gamma_w}{\gamma_c}$，m；

$h_2$ 为初灌混凝土下灌后，导管外混凝土面高度，取 1.3～1.8m；

$\gamma_w$ 为泥浆重度，取 11～12kN/m$^3$；

$\gamma_c$ 为混凝土重度，取 23～24kN/m$^3$。

2. 正式灌注混凝土

完成上述临灌前的准备工作后，迅速开始正式灌注混凝土，一般单桩混凝土灌注时间不宜超过 8h。其操作要点为：

(1) 混凝土灌注分干孔灌注和水下灌注。干孔灌注一般可直接将混凝土由孔口灌入孔中，通过混凝土自重捣实，也可利用捣振工具捣实。水下灌注，则通过导管连续灌注混凝土，使之成桩。

(2) 混凝土灌注过程中导管应始终埋在混凝土中，严禁将导管提出混凝土面。导管埋入混凝土面的深度 3～8m 为宜，最小不少于 2m，最大不超过 10m。导管应勤提勤拆。一次提管拆管最好不超过 6m。

(3) 可配制 0.2～0.3m$^3$ 水泥砂浆，灌入隔水塞以上的导管内，以便隔水塞脱离后在导管内下行顺畅，不被卡住。

(4) 混凝土面接近钢筋笼底端时，导管埋入混凝土面的深度宜保持 3m 左右，灌注速度应适当放慢。当混凝土面进入钢筋笼底端 1～2m 后，可适当提升导管。导管提升一定要平稳，防止出料冲劲过大或钩带钢筋笼。

(5) 灌注混凝土充盈系数宜为 1.1～1.3。混凝土灌注中应经常测定和控制混凝土面上升情况，灌注高度一般比设计桩顶标高高出桩长的 5%，且不小于 2m。保证设计标高以下的混凝土符合设计要求。

(6) 混凝土灌注完毕后及时处理好吊筋，拔出护筒，清除孔口泥浆和混凝土残浆。桩顶混凝土面低于自然地面高度的桩孔，应立即回填或加盖。

(7) 在灌注混凝土时，每根灌注桩要制作不少于 1 组（3 块）的混凝土试块，试块妥善养护，强度试验后，填入试验报告。

(8) 冬季施工混凝土灌注。当室外日平均气温连续 5d 稳定在 5℃ 以下时，混凝土施工还应注意如下有关规定：①混凝土桩顶强度在达到强度的 50%前不得受冻；②搅拌时间延长 50%，必要时所用水、骨料都要加热，测量混凝土出搅拌机时的温度和灌入孔内的温度；③降低混凝土的水灰比；④桩头用保温材料保护。

### 6.1.5.4 灌注过程中的事故处理

混凝土灌注过程中，应经常检查孔内情况，观察灌注时的每个环节，出现故障时，应及时分析和正确判断发生故障的原因，果断制定处理事故措施。一般常见灌注及处理措施参见表 6-14。

### 6.1.5.5 混凝土质量检查

为了确保混凝土施工质量，施工前须做好检查工作：

(1) 对混凝土材料的质量和用量进行检查，每一工作班至少两次。

(2) 按时测定混凝土坍落度。

(3) 混凝土试块的制作、养护和试验可按下列要求进行：

①每根钻孔灌注桩取试块不少于一组（3 块）。

②试块取样应取实际灌入的混凝土，同组试块应取自同拌或同车混凝土。

③试块脱模后应置于20℃±3℃的水池中养护。

④试块试验及试验结果判定可执行国家标准《钢筋混凝土工程施工及验收规范》GBJ204-83的有关规定。

(4)当混凝土试块强度达不到规定要求时，可从桩体中钻取混凝土样心进行强度试验，或采取其他非破损检验方法进行检验。

**表6-14 灌注混凝土常见故障及处理措施**

| 序号 | 常见故障 | 产生故障的原因 | 处理措施 |
|---|---|---|---|
| 1 | 隔水塞卡在导管内 | 1. 胶垫过大或过厚；<br>2. 隔水塞翻转或遇物卡住；<br>3. 导管连接不直；<br>4. 导管变形 | 1. 用长杆冲捣或振捣；<br>2. 取出隔水塞重放；<br>3. 检查导管垂直度；<br>4. 换掉变形的导管 |
| 2 | 导管内进水 | 1. 导管连接处密封不好，圈垫放置不平整，法兰盘螺栓松动；<br>2. 初灌量不足，未埋住导管 | 1. 提出导管检查垫圈，重新安放并检查密封情况；<br>2. 提出导管清除灌入混凝土，重新灌注，增加初灌量 |
| 3 | 导管堵塞 | 1. 导管壁有残留混凝土；<br>2. 混凝土中含有较大石块或杂物；<br>3. 混凝土搅拌不均匀或坍落度小；<br>4. 导管下端与孔底太近 | 1. 每次灌注后冲洗导管并检查；<br>2. 严格控制石子级配；<br>3. 混凝土搅拌时间充足及检查坍落度；<br>4. 导管下端与孔底距离为0.3～0.5m |
| 4 | 断桩 | 1. 导管提升过快超高，导管底端脱离混凝土面；<br>2. 灌注作业因故中断 | 1. 提出导管用水泥浆置换稀泥浆后，重新下导管回灌混凝土；<br>2. 用潜水泵等设备将管内泥浆、浮浆、杂物吸清，同时下上搅动或振动导管，使之下端进混凝土面下继续灌注 |
| 5 | 夹层 | 1. 导管埋深不够，混入浮浆；<br>2. 孔壁跨落物夹入混凝土内；<br>3. 导管进入离析混凝土 | 1. 严格控制导管埋深；<br>2. 调浆、清渣、灌注等工具衔接好，施工要快；<br>3. 换掉坏导管或重新密封 |
| 6 | 钢筋上浮或下沉 | 1. 钢筋笼制作质量差、弯曲；<br>2. 操作不当，吊筋固定不牢或过长过短；<br>3. 导管提升不慎挂钩钢筋笼 | 1. 吊起钢筋笼，重新焊好再下入；<br>2. 严格检查吊筋固定情况及长短尺寸；<br>3. 拆导管应安排导管口与钢筋笼底端在深度差2m左右 |

### 6.1.6 钻孔灌注桩工程验收

钻孔灌注桩工程验收包括隐蔽工程验收和工程竣工验收。隐蔽工程验收在被检工程施工完毕后下道工序施工前进行。工程竣工验收视下列两种情况组织验收：

(1) 桩顶设计标高低于自然地面标高时，应在基坑开挖至设计标高后组织一次有质监部门、建设方、总包方、设计方、施工方及监理方一起参加的现场验收。同样，一般隐蔽工程一起验收为好。资料再另行分头检阅。

(2) 桩顶设计标高与自然地面标高相同时，在桩体混凝土达到龄期后，即可组织验收，进行的方式同上。

(3) 钻孔灌注桩工程验收时和资料归档时应提供的资料：

①验收时应提供的资料（A册）。

A-1 钻孔灌注桩工程竣工报告；

A-2 桩位竣工平面图；

A－3 桩位测量轴线平面图；

A－4 原材料合格证及试验报告；

A－5 混凝土试块测试试验报告；

A－6 桩孔静、动测及孔径孔斜测试报告；

A－7 施工记录；

A－8 隐蔽工程验收记录；

A－9 工程质量检验评定表；

A－10 设计变更通知书、技术交底会议记录、事故处理报告及工程进行过程发生的有关文件。

②归档资料（B 册）。

B－1 开工、竣工通知单；

B－2 工程开工令、开工申请；

B－3 混凝土坍落度测定报告；

B－4 电焊条合格证；

B－5 工程地质勘察报告；

B－6 施工组织设计。

验收资料（A 册）应全部归档，归档资料（B 册）除归档外，验收时可不必提交。

## 6.2 干作业成孔灌注桩

### 6.2.1 螺旋钻进成孔灌注桩

螺旋钻进又分为长螺旋钻进和短螺旋钻进。国内的长螺旋钻机有：BQZ－型、LZ－10 型、LZ－400、LZ－600 和 LZ－800 等。国外的短螺旋钻机类型较多，除美国的 TEXOMA 型钻机外，意大利 SOLLMER 公司生产的 CM－35、RTA－H 和 RT3－S 型钻机，为许多国家使用，我国也有引进。该方法宜用于均质粘性土层和砂层。螺旋钻进成孔的工艺过程参见本丛书《岩土工程钻进原理》分册的有关章节。

螺旋钻进成孔灌注桩的施工流程如下：测量放线、定桩位→钻机就位、调整垂直度→成孔、土外运→检查孔垂直度→成孔至设计深度→原位空转清除孔底松土→成孔质量检查与验收→钢筋笼制作、调放钢筋笼→调挂串筒→混凝土制备、灌注混凝土。

钢筋笼宜一次整体吊入，如过长也可分段吊放，两段焊接后再徐徐沉放孔内。吊放钢筋笼时严防碰撞孔壁。经检验合格后，应及时灌注混凝土，深度大于 6m 时靠混凝土下冲力自身捣实，小于 6m 者以长竹竿插捣，上部 2m 用振动器捣实。

### 6.2.2 人工挖（扩）孔灌注桩

人工挖（扩）孔灌注桩施工的条件主要是：

（1）地质条件较好，没有淤泥、流砂等严重不良情况；

（2）地下水位甚低或地层渗水量甚少；

（3）缺乏钻孔设备，或不用钻机以节省造价。

6.2.2.1　人工挖（扩）孔灌注桩的特点

在上述条件人工挖（扩）孔灌注桩比钻孔桩有更多的优点：

(1) 施工工艺和设备比较简单：无需重大设备如钻机等，只用护筒、套筒或简单模板，简单起吊设备如绞车，必要时设潜水泵等备用，自上而下，人工或机械开挖，容易实行多孔平行施工，整体施工速度快；

(2) 施工质量更好：不卡钻，不断桩，不塌孔，绝大多数情况下无须灌注水下混凝土，桩底无沉淀浮泥，易于扩大桩尖，提高桩身支承力；

(3) 施工对环境的影响小；

(4) 成本更低：比钻孔灌注桩可降低30%～40%。

6.2.2.2　人工挖（扩）孔灌注桩施工的一般设备

(1) 电动葫芦（或手动辘轳）和提土桶，用于提吊运土和施工人员的上下；

(2) 护壁钢模板或木模板或波纹模板；

(3) 潜水泵，用于排除孔内积水；

(4) 鼓风机和送风管，用于向孔内输送新鲜空气；

(5) 镐、锹、风钻、土筐等挖土工具；

(6) 插捣工具，用于插捣护壁混凝土；

(7) 应急爬梯。

6.2.2.3　旱地人工挖（扩）孔灌注桩施工

1. 孔口护筒法

土质较好、可以直立、深度较浅情况下可以采用，如在西北干旱和黄土地区，护筒宜略高出地面100～150mm，除保护孔口不致坍塌外，还用以防止表面水或地面泥土、杂物等滑落孔中。

2. 钢套管护筒法

如在松散的沙层或软弱的粘性土层，可用打桩机打入钢护筒在筒内开挖。护筒脚最好能进入不透水的粘土层或风化岩层中。如在透水层中且在地下水位以下时，宜配备适当的排水设备，如潜水泵等。

3. 钢筋混凝土护筒法

该法也称“梯套”法，这是旱地施工挖孔桩最早也最常使用的方法，适用于各种地层和从小到大的各种孔径。施工工艺的关键是：每挖深1m左右（视土质而定）即放入一个小于挖孔孔径的截锥形模板，在模板与孔壁之间灌筑混凝土护壁。如此挖一段护一段，形成一个“梯套”或护壁，直至设计要求深度，如图6.6所示，然后按常规设置钢筋骨架，灌注桩身混凝土。施工要点（其中一些事项适用于所有挖孔桩的施工）如下：

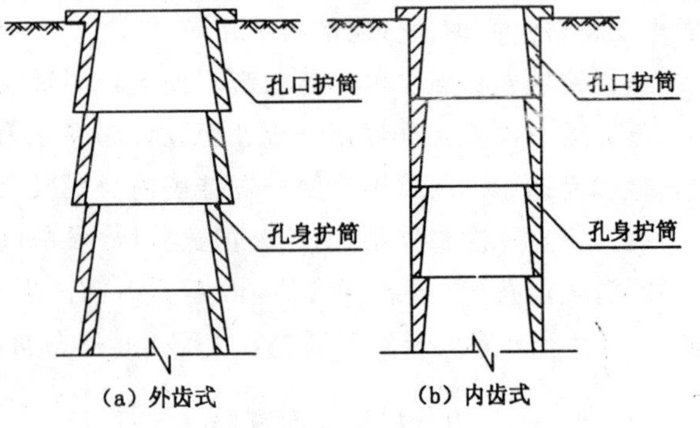


图6.6　钢筋混凝土护筒

(1) 截锥形模板可用木制或钢制。

如一直径1.5m挖孔桩的护壁钢模，钢模上口直径为1.2m，下口直径为1.5m，每节高

1.0m，由相同四扇拼装，螺栓连接组成。护壁钢模的制作要求如下：①钢板厚度为3mm，要平整，其弧度要精确，拼装后，椭圆度要小于3mm，直径公差不大于±3mm；②拼装缝角钢要平直，螺栓孔要准确，拼装后不能漏浆，要有互换性，角钢一律采取50mm×50mm×5mm；③结构焊接采取花焊，其焊接尺寸按规范标准，要严格控制变形；④每块按安装位置要求可适当焊接一个吊环；⑤支模中可适当加木支撑。

(2) 准备。

工作一般程序为：平整场地→施放中线→布置排水沟→桩位顶上搭雨棚→安放提升设备→布置出渣道路。当孔深大于5m时，孔内还应有照明和通风设备。照明可用2～3盏200W防爆灯泡。通风可设鼓风机和风管。灌注混凝土应通过串筒或导管，以免自高处自由落下造成离析。

(3) 挖孔。

设定孔口架，对桩中心精确定位，在地面上画出护壁外径，即可进行挖孔。挖孔一般可用锹、镐，当深入风化岩层时应配备风钻。一般条件下每挖1m即设置内模浇注护壁混凝土。当地层坚硬、不致坍陷时可加大到1.5m；而当地层松软，如细砂土或含水量大的粘土时可减小到0.8～0.5m。开挖过程一般用卷扬机提升料斗出碴。注意不得超挖，不得随意扩大开挖面，尽量不扰动基桩周围的岩层或土层。只有当挖到桩尖时，可根据设计需要适当扩大桩底面积，以提高支承能力。在挖孔时如遇地下水浸入，影响挖桩时，应在桩孔底局部挖深0.6m、直径0.5m的集水坑，并设置潜水泵抽水。若出现大量涌水情况，应先采用堵缝措施，然后继续下挖。如涌水量过大时，应采取特殊措施或改变施工工艺。在开挖过程中，应设置相应的通风设施，须有充足的清新空气输送到井底（送风量视孔径和深度而定）。在停工后复工前应先将井底的空气彻底抽换，以保障施工安全。当一个基础布置有多根基桩时，同时开挖的两桩之间应保持一定的安全距离，距离大小视孔径、土质等情况而定，一般最好在8～10m以上。

(4) 护壁。

挖完一段后应立即放置模板，浇注护壁混凝土。每次浇筑时，必须将内模定位一次，以保证基桩的垂直度和有效直径。护壁厚度一般下口70～80mm，上口140～150mm，每段内宜配置钢筋，事前预制成骨架备用。混凝土标号C20～C25，经振捣密实，一般经140～160个温度小时即可拆模。如此逐段挖孔、护壁，直至桩底。

(5) 浇注桩身混凝土。

对开挖后的孔底进行检查合格后，即可下放钢筋笼，浇注桩身混凝土。当孔内积水较多，进水量大于0.6L/s时，可在桩底部分采用水下灌注混凝土方法。混凝土浇注方法与一般相同，用串筒或导管进行，分层振捣密实。

挖孔桩的护壁也有采用红砖砌筑的，如武汉地区就广泛使用该种施工方法。按护壁厚度有1/4红砖护壁、1/2红砖护壁和1/1红砖护壁。

#### 6.2.2.4 水中人工挖（扩）孔灌注桩施工方法

根据当前实践经验，在水中也同样可以采用挖孔桩，具体方法有如下3种：

1. 钢套管护筒法

湖南省路桥公司施工的长沙市湘江南大桥，全长1 000余米，通航孔为3×88m的V形支撑连续梁桥，水深约3～15m，水边主墩基础在钢管桩平台上打入2$\phi$5 500mm钢护筒，用振动吸泥法穿过河床厚约15m的砂砾石层，进入风化岩，然后由潜水员在水下进行封底处理，抽水后采用人工挖孔，再浇筑$\phi$3 500mm水下混凝土灌注桩。在滩孔的多孔50m顶推连续梁桥墩施工中也全部采用4$\phi$300mm钢护筒打人风化岩，再进行人工挖孔施工，完成4$\phi$230mm的嵌岩桩。在西岸多孔20m箱形简支梁施工中，也将原设计钻孔桩改为直径1 300mm的挖孔桩，全桥挖孔桩共计71根，总长近1 296m，取得不用大型设备、施工快速、节省费用30%的显著效果。

2. 钢筋混凝土护筒法

1994年由湖南省公路设计公司设计和张家界通达路桥公司施工的张家界市鹭鹭湾澧水大桥，在6×48m石砌板肋拱的桥墩中，采用了无承台大直径挖孔桩基础。4个普通墩共8根$\phi$3 000mm挖孔桩，1个制动墩为2$\phi$5 000mm孔桩。在施工中，经过反复探索终于找到了在砂砾夹淤泥的地质情况下进行大直径挖孔桩的施工办法。具体做法是在河床上先筑岛，在墩位上就地浇筑外径为$\phi$3 200mm和$\phi$5 200mm，厚100mm的钢筋混凝土套筒，用大功率抽水机在邻孔抽水来降低水位，再进行人工挖孔。通过扩大筒底部挖孔直径帮助套筒下沉，然后在上面接高套筒，至60～100mm后到风化岩面。在风化岩中由于透水量少，因此进度很快，全桥施工10根$\phi$3 000mm～$\phi$5 000mm深10～18m大直径挖孔桩基。

3. 沉井内挖孔桩

湖南省公路设计公司和张家界通达路桥公司在张家界市观音澧水大桥（4×520mm石砌板肋拱桥）的桥墩施工中，在总结鹭鹭湾大桥挖孔桩的经验基础上，又进一步设计沉井来做空心墩；在$\phi$5 000mm筑岛沉井下沉6～8m落在风化岩面后，用水下混凝土和旋喷工艺封住刃脚，止水后在风化岩中完成$\phi$3 500mm大直径挖孔桩（深4m）。挖孔桩用钢筋混凝土与沉井刃脚固结，而沉井内不填混凝土，作为空心墩的组成部分，这样形成沉挖空心墩新结构。

6.2.2.5 人工挖（扩）孔灌注桩排水和止水方法

原则上预估渗水量甚小时才采用挖孔桩，但有时候特别是水中挖孔桩总难免遇到渗水，尤其是井底渗水。当渗水量较小时，一般用潜水泵抽水即可。一台潜水泵抽水量可达120m$^3$/h。如果渗水量大，则须先采取措施止水，然后才能继续下挖。实践中采用的在护筒脚或沉井刃脚止水措施有：

（1）内套筒压浆止水。如果刃脚附近及以下皆为粗砂砾石层，则可放入一个钢内套筒，直径比沉井或外套筒内径小1m左右，使之与井壁之间有500mm的空隙，用空压机吹砂等方法使之沉入岩面，在内套筒与刃脚之间插入$\phi$50mm压浆管，每根1～2m，并将空隙用砾石填满，顶面用纤维袋装混凝土封闭，然后从井上压注水泥浆，将刃脚下砂砾石固结封水。沉放内套筒等工序可在抽水情况下进行，而压浆则宜在静水状态下进行，以免水泥浆流失。如必须在抽水状态下进行时，水泥浆中应加速凝剂（如盐类、水玻璃等）。

（2）内套筒填灌混凝土止水。当沉井或外套筒在下沉过程因抽水而有大量粉细流砂涌入刃脚、或刃脚尚难下到风化岩层，其间的地层尚夹杂粉细颗粒，既不宜抽水，又不宜压浆时，则应采用静水沉放内套筒，向井内灌水使水位高于井外，由潜水员下到刃脚，将刃脚与内套筒之间的流砂等清除干净，从井上用套管将不分散混凝土（或砂浆）封闭止水。潜水员三班连续进行，进度较慢，但止水效果很好，一次即可成功。

（3）井壁预留钻孔，旋喷止水。湖南省浏阳市天马大桥即采用该种方法，一般用于沉井直径较大的情况。预留孔$\phi$300mm，当沉井抽水不干时，用地质钻机在井面向下钻孔，并旋喷水泥浆，将刃脚以下砂砾、粘性土等与水泥浆通过水力搅拌形成混凝土，强度可达5MPa左右。旋喷有效范围视土质而异，一般600～1 000mm，因而预留孔间距不宜过大。如果一次旋喷完后，抽水时还有较大漏水情况，可在沉井之处进行补钻旋喷。这个方法适宜于处理各种带淤泥的砂土、软粘土等，但造价略高。

6.2.2.6 大直径人工挖（扩）孔空心桩

用“梯套”法作较小直径的挖孔实心桩比较普遍。而大直径挖孔空心桩技术在我国基础工程中也得到应用。下面介绍一个大直径挖孔空心桩的工程实例。

1995 年施工的广州市鹤洞大桥是横跨珠江、主跨 360m 的斜张桥，两个索塔各设在南、北两岸上。地表土层为一般粘、砂土，14m 以下见风化岩层。每塔墩设计采用 11 根 $\phi$3 000mm 大直径空心挖孔桩，桩端扩孔。当桩尖进入微风化岩层时，要求嵌岩深度 1m，扩孔孔径 4m。当桩尖进入中风化岩层时，要求嵌岩深度 5m，扩孔孔径 5m。每根桩设计支承力 $P_{max}=$ 45 000kN。桩长一般为 14m，最长 18m。开挖采用“梯套”法，护壁厚 300mm，每段长 1m，当穿过砂层或不良土层时减为 0.3～0.5m，护壁内布设环筋 $\phi$12@150mm，竖筋中 10 @300mm。相邻两桩中心间距小于 10m 时跳格开挖。挖孔和扩底完成经过检验后，立即抽干积水，清除浮土，在设计位置固定锚筋圈，浇捣封底混凝土厚 3m，然后放置钢筋笼，浇灌混凝土厚 1.3m。以后即在孔内放置 $\phi$1 500mm 内径的预制混凝土管（利用市政工程的排水管，壁厚 125mm）作心模，在其外侧与孔壁之间放置内、外两层钢筋笼，浇注混凝土，形成空心桩。空心桩新浇混凝土壁厚 625mm，如连同内模和护壁混凝土总厚达 1 050mm。浇注桩身混凝土用导管和串筒，出料口离混凝土面不大于 1 500mm，连续浇筑，分层振捣，每层厚 800～1 000 mm，坍落度一般取 80～100mm。浇至桩顶应略为高出，凿除浮浆和松散部分后应保证嵌入承台深度不小于 150mm，混凝土标号：护壁 C25，桩身 C30，桩底 C25。允许偏差：群桩桩孔中心间距偏差不大于 100mm，桩中心位移不大于 50mm，垂直度偏差不大于 1/200。由于主墩挖孔桩施工简易，进行顺利，两岸其余 8 个辅助墩和边墩等原设计的 16 根 $\phi$1 200mm 钻孔桩也由施工单位全部改为挖孔桩，挖深最深达 24m。

6.2.2.6 人工挖（扩）孔灌注桩的安全措施

人工挖（扩）孔灌注桩因其承载能力大，施工质量容易得到保证，施工速度快，施工组织较简单，成本低等优点，在现代高层建筑、桥梁工程和工业厂房施工中被广泛采用。但由于人工挖孔桩属深基础作业，施工中又常使用卷扬机、抽水机等用电设备，使其存在高处坠落、触电、物体打击、机械伤害等危险；同时，井下作业环境差，作业人员活动空间有限，且常处于半封闭作业状态，故又存在缺氧窒息及中毒危险；另外，因复杂的地质条件影响，还可能出现流砂、塌方、气体爆炸、地下涌水等多种危险。因此，必须做好安全防护措施。

1. 一般规定

(1) 开挖前，施工单位应邀请设计、建设单位讨论会审挖桩次序平面布置，完善施工安全防护措施，制定孔渣和废水的处理方案，编制详细的施工组织设计，提出有针对性和可操作性的安全技术措施。

(2) 施工负责人必须逐孔全面检查各项施工准备，做好安全技术交底，使安全管理在思想、组织、措施上都得到落实才通知开挖。

(3) 开挖过程中，必须有专人巡视各开挖桩孔的施工情况，严格做好安全监护工作。施工现场至少需配备 1 名专职安全员，负责施工现场的日常安全管理和巡回监督检查工作，各班组尚应另设若干名兼职安全员。以上人员须懂得现场简易急救知识。

(4) 在组织生产作业人员时，必须注意：挖孔人员必须选用 18～35 岁的男性青年，并经健康检查身体合格。凡患有精神病、高血压、心脏病、癫痫病及聋哑等病的人不能从事挖孔作业。挖孔属特殊作业人员，须持证上岗。

(5) 施工管理人员在施工前必须了解工程地质和水文资料，查明施工区域内是否有地下电缆线或煤气管道等地下障碍物。

(6) 孔桩开挖应交错进行。桩孔成型后即应验收浇注桩心混凝土。正在浇注混凝土的孔10m半径内的其他桩孔下严禁有人作业。

(7) 机电设备应有专人负责管理，凡上岗操作者，均应持有操作合格证。

(8) 下孔作业人员，必须头戴安全帽、手戴工作手套、脚穿长统套鞋；挖掘坚硬岩石时，还应戴上护耳塞、风镜或防毒面具等；孔内禁止吸烟。

(9) 施工作业区应备有发电机，供现场停电时应急使用。

(10) 孔顶的电动葫芦或起重台必须专人管理和操作；孔口附近应备有取用方便的安全爬梯。

(11) 挖孔、起吊、护壁、余渣运输等所使用的一切设备、设施、安全装置（含防毒面具）、工具、配件、材料和个人劳动防护用品等，必须经常检查，做好管、用、养、修、换，确保完好和使用安全。

2. 预防措施

(1) 防止坠落。

①井孔周边第一节护壁应高出地面0.2～0.3m。挖出的土方应及时运走，井孔周边1m宽范围内，禁止堆放土方余渣。

②孔口顶周边必须设置安全防护围栏。围栏须采用钢筋牢固焊制，高度不低于0.8m，围栏面不少于孔井口的三分之二。夜间施工应悬挂示警红灯，暂停施工时，孔口应用安全可靠的盖板封盖。

③井孔周边的作业人员和监护人员，必须系好安全带并挂设好，井内的作业人员必须戴好安全帽。

④孔深挖至超过挖孔人身高时，必须在孔内设置半圆形防护平板，并随着孔深增加而往作业面下引。取土吊桶上下运行时，孔内作业人员必须在护板下面工作。

⑤从井口到井底，必须常备一条打了结的安全棕绳或软爬梯，供吊具失灵时孔内作业人员应急出孔使用。

⑥井内作业人员不得乘坐吊桶或脚踩护壁凸缘上下井孔。

⑦起重吊架应注明最大负荷量，供人员上下的吊笼要标明额定人数，不得超载，并经常检查、维修和保养。

⑧孔顶的电动葫芦必须有制动掣，以防突然停电时吊桶滑落伤人，并且必须专人管理和操作。尤其当孔内有人作业时，绝对不得擅自离岗，应保持与孔内作业人员的不断联系，随时作好孔内作业人员的撤离准备。

⑨井孔内外必须有可靠的通讯联络，如设置对讲机或低压电铃。

⑩出土吊桶上下作业时，要关紧锁扣，严防倾倒伤人。

⑪井孔内上下递物或工具时，必须严格用吊索系牢传递，严禁抛掷。

⑫供孔下作业用的风镐送风胶管，必须在连接处用铅丝捆紧扎牢，并在孔口处将其扎住，以防风管脱落伤人。

(2) 防止触电。

①施工现场使用的各种电器设备必须严格接地接零和使用漏电保护器。电器安装后须验收合格才准接通电源使用，各孔用电必须分闸，严禁一闸多孔和一闸多用。

②孔内作业面照明应采用安全矿灯或36V以下的安全电压，并用防爆灯罩。

③潜水泵长期留在孔下使用，其绝缘性能要经常检查；应以500V电表检查其绝缘电阻，其值不应小于0.5MΩ，否则，应进行拆检、烘干。

④潜水泵放置孔底时，绝不能使电缆线受力，应放在吊桶内送至孔底，然后将电缆线分段固定在排水软管上，并将其吊在孔口的横木上；电缆线不得受磨、受砸，以防破损漏电。

⑤挖孔抽水时，作业人员必须离开孔井，抽水完成后，先确定已断电源后，再恢复井内作业。

⑥孔上电线、电缆必须架空，严禁拖地和埋压土中；孔内电缆、电线必须有防磨损、防潮、防断等保护措施。

(3) 防止坍塌、流砂。

①桩孔开挖应交错进行；正在开挖或已成孔而尚未浇灌桩心混凝土的桩孔其10m半径范围内不得同时挖其他桩孔，以减少水的渗透和防止土体滑移。

②在挖掘时，应挖一段浇一段混凝土护壁，以防塌方，并应按设计设置竖向及环形钢筋，其直径与根数应以能吊住护壁自重为主。严禁只挖深不及时护壁。

③在地下水位高而中间夹有一定厚度粉砂层的土层中挖孔时，要严防流砂。可以打入与桩径相同的钢套管作为护壁，钢套管应快速通过粉砂层，进入渗透系数较小的下卧层，然后方可人工挖掘；在没有条件打入钢套管作为护壁时，可以采用孔外打降水井的办法，使地下水位降低到粉砂层以下，方可进行人工挖掘。

④对于粉砂层厚度小于0.5m情况，也可采用快速浇筑混凝土护壁的办法进行隔挡，此时，混凝土护壁高度可在0.5m左右。

(4) 防止窒息、中毒。

①为预防有害气体或缺氧等中毒，必须对孔内气体抽样检测（可用快速检测管）。凡一次检测有毒含量超过容许值时（$CO<15mg/m^3$，$SO_2<10mg/m^3$，$H_2S<10mg/m^3$等），应立即停止作业，进行除毒。

②挖孔至5m以下或停工时间较长的桩孔，除必须按上条执行外，还应不断对桩孔进行通风和换气，通风量不少于25L/s，出风口距离操作人员应不大于2m；通风过程中，应经常检查，看通风管是否被勾破漏风，有洞即补。

③每次下孔作业必须先通风，作业过程中必须保持继续通风。鉴于供电不正常的实际，为确保通风和连续性生产，挖桩施工应备有柴油发电机应急。

④在成孔过程中，用风镐凿岩时，应加大供风量，以吹排凿岩产生的粉。孔内人工凿岩，应有防尘措施。

⑤井孔内作业人员应勤轮换，连续作业时间不宜超过4h。

3. 特殊防护措施

(1) 凡发现井孔内爆炸气体含量超过允许值时，应立即停止作业，并控制和杜绝附近火源，避免一切金属物件碰撞摩擦产生火花。将井内人员迅速转移到地面后，进行排气和换气充氧，重新检测合格后，方可恢复井内作业。

(2) 入岩部分须爆破时，须制定方案报当地公安部门审批同意后，方可进行爆破施工。并按松动爆破计算装药量，采用电力引爆法施工。

(3) 孔内实施爆破时，井下全部人员必须从井孔内撤离，爆破时请当地专业队伍进行定向爆破；为了防止飞石砸垮其他孔壁，在爆破时应用钢筋或木板将孔口全封闭，上部再用石头或铁块压住。

(4) 设计降水方案时，要通过认真计算和分析，充分考虑施工降水对邻近建（构）筑物造成不利影响的程度，采取相应的防护措施，确保邻近建（构）筑物的安全。

## 6.3 灌注桩后压浆技术

### 6.3.1 工作原理

常规灌注桩桩底不可避免地存在一定厚度的沉渣。另外，对于泥浆护壁钻孔灌注桩，桩侧也必有泥皮，对桩周土体也缺乏挤密作用。因此，桩端阻力及桩侧摩阻力的发挥受到较大的影响。

灌注桩后压浆就是将固定于钢筋笼上的通长压浆管（带单向阀）与钢筋笼一同下放到孔内设计位置，成桩一定时间后（2～10d）实施压浆，高压浆液对桩端或桩侧土体产生劈裂、渗扩及压密加固作用。实践表明，后压浆技术的应用可使常规灌注桩的承载力提高30%以上，同时，可以改善桩基变形特性，有效地发挥桩身材料强度。

灌注桩后压浆按注浆位置不同可分为桩底后压浆和桩侧后压浆。如图6.7。桩底后压浆可使桩端沉渣和桩端土体得到加固。同时，高压浆液沿桩土界面上扩，使桩端以上一定范围的桩侧土体得到加固，从而使一定范围的桩侧摩阻力也得到提高。桩侧压浆可使桩侧一定范围内的土体得到加固，改善桩侧表面与桩周土体的粘结条件，从而提高桩侧摩阻力。

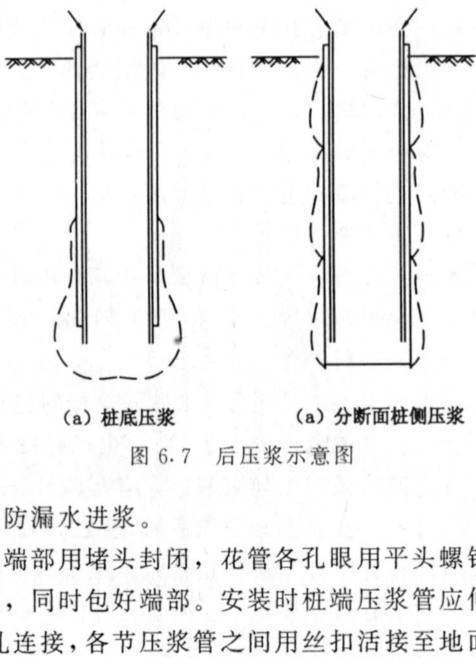

(a) 桩底压浆　　(a) 分断面桩侧压浆

图6.7 后压浆示意图

### 6.3.2 后压浆工艺

6.3.2.1 压浆管的制作与安装

压浆管道一般采用1英寸自来水钢管，采用丝扣连接，所有接头部分均须缠绕生胶带，以防漏水进浆。

桩端单向阀是将压浆管底部钻成注浆花管，端部用堵头封闭，花管各孔眼用平头螺钉或大图钉在外面封住。然后将花管用内胎皮等包裹，同时包好端部。安装时桩端压浆管应伸出钢筋笼底面30cm左右，压浆管与钢筋笼采用绑扎连接，各节压浆管之间用丝扣活接至地面以上20cm左右。

桩侧压浆管端部与一个三通丝扣接口连接，三通丝扣另两端与环状PVC软管（管径一般为$1\frac{1}{4}$英寸）连接，同时确保密封。环状PVC管的内径稍大于钢筋笼外径，PVC管与孔壁接触处设置单向阀（在PVC软管外部穿刺平头螺钉或大图钉，沿环向用防水绝缘胶布包好，以免漏水），它与钢筋笼之间绑扎牢固。另外，为保证钢筋保护层及PVC软管单向阀与孔壁有充分接触，在PVC软管上下侧各50cm处布置一块保护层限位块。

6.3.2.2 压浆施工

压浆施工应在桩身混凝土终凝后进行，压浆前应先压清水，待管道通畅后再正式压浆。

(1) 注浆泵。一般采用带压力表的往复式泥浆泵，最大泵压不小于6MPa，如衡阳探矿机械厂生产的 BW－150 型泥浆泵。

（2）水泥浆。水泥浆用搅拌机搅拌，水泥标号应不低于桩身混凝土所用的水泥，水灰比为 0.5～0.8。

（3）压浆。压浆机用高压软管与压浆管口连接，桩顶压浆管应有泄压设备，水泥浆搅拌后通过压浆机将其压入管道。压力控制要先小后大，最大压力以不压破外露压浆管道为宜，达到压浆终止条件后即可停止压浆。稳定片刻后，打开泄压阀，压浆工作即告完成。

（4）压浆终止条件。以压入水泥量为主，压力控制为辅。一般压浆量随桩径、地层不同而有差异。

### 6.3.3 灌注桩后压浆事故防治

6.3.3.1 后压浆事故的类型

（1）压浆管被堵。即压浆管被水泥浆液、泥砂或其他杂物堵塞，用高压注浆泵压不通。这种情况在实际工作中遇到得比较多，如有一工地 500 余根灌注桩，压浆管不通的就占总数的 20.4%。

（2）压浆管被包裹。因某种原因，压浆管特别是其下部的花管远离桩底及桩的边缘，被桩身混凝土包裹起来，尽管采用高压注浆，水泥浆液具有很大动能，也仍难以把花管单向阀冲开。应当指出，压浆管被堵与花管被包裹，均属于压不通，必须认真分析才能区分。

（3）地面冒浆。在采用高压注浆泵向桩底注入水泥浆液时，还未注完要求的水泥浆液量，水泥浆液就沿着桩与孔壁的接触部位上返，直到流出地表。水泥浆液上返至地表，多数在桩顶的侧部，但有时也会距桩的中心较远，如某后压浆工程，有一根桩进行后压浆时，水泥浆液竟从距压浆桩的中心 56m 处流出。

（4）地下串浆。由于灌注桩所穿过的地层有软弱层位存在，如地层之间的接触面，透水性很强、凝聚力很小的中粗砂层等，很易被高压水泥浆液串入、冲毁，流向更远。如某工程对一根桩进行高压注浆时，水泥浆液通过桩下部的软弱层位串通到相距 16 余米正在施工的另两个桩孔内，使成孔施工受到影响。

6.3.3.2 后压浆事故的原因

（1）压浆管被堵的原因。①压浆管连接处密封不良，渗入泥砂，堆积在花管及下部压浆管内，增加压浆管压通的阻力；②灌注混凝土时，由于灌浆导管上下的频繁活动，把压浆管划破或折断，或连接处的密封性被破坏，使泥浆进入，加上混凝土的固结，高压注浆时很难压通；③下入压浆管时，未进行检查，管内有铁屑等杂物，堵塞管内通道；④接近地面的压浆管被汽车或挖掘机挖断、挖破，进入泥砂；⑤水泥浆密度太大、太稠，在压浆中途被堵塞；⑥水泥质量不高，结块变质，在进行高压注浆时堵塞管路；⑦水泥浆未搅拌好就放出，和易性很差，易产生沉淀，使管路被堵；⑧因某种原因停泵时间较长，又未及时采取措施，使管内水泥浆产生沉淀或初凝，使管路被堵塞。

（2）喷射器被包裹的原因。①下入压浆管前，桩孔未清洗干净，孔底沉渣多，压浆管下不到底；②灌注混凝土时，特别是在灌注初期，压浆管未采取固定措施，致使其上浮，造成喷射器及其上部的压浆管被包裹；③计算错误，压浆管未下到底。

（3）地面冒浆的原因。①压浆管路折断，其下部被泥砂充填；其上部管路未被堵，又未被包裹。所以在高压注浆时，水泥浆液从上部管路底部流出，因桩周与孔壁间有泥皮存在（特别是正循环钻进泥皮更厚），比较软弱，易被高压水泥浆液冲破，使水泥浆液上串而流出地表；②压浆管连接处密封不严、焊接不牢，在高压水泥浆液作用下，孔洞不断扩大，致使水泥浆液从此流出，再沿桩周与孔壁的环状间隙上返，直至流出地表；③压浆过早。成孔钻进时，孔壁被扰动，尚未恢复到原来状态，比较软弱，给高压液流上返造成机会。

（4）地下串浆的原因。①多是地层方面的原因，如层间接触部位，透水性很强的中、粗砂层等，很易被高压液流破坏、击穿；②从主观上分析，是在压注水泥浆液时，给桩下软弱层位被击穿创造了条件，加大了破坏力。

6.3.3.3 *后压浆事故的防治*

1. 压浆管压不通的防治

（1）预防。①下压浆管前，必须认真检查，尤其是压浆管连接处是否焊牢，是否密封。清除管内杂物；②下压浆管前，必须对桩孔进行详细了解，如孔深、沉渣厚度和钢筋笼下入情况等，以便更准确地计算出压浆管长度，保证压浆管下到底；③下压浆管时，要认真遵守操作规程，严防跑管，保证压浆管的下入质量；④压浆管下入孔内后，须立即把压浆管注满清水，以减少管内外的压力差，减少或杜绝管外冲洗液或水泥浆液的渗透；⑤压注水泥浆液前，须对高压注浆泵、高压管路、搅拌设备进行认真检查和修理，保证所用设备均处于完好状态，尽量避免中途停待，使压浆工作顺利进行；⑥要保证所用水泥的质量，按配比加入，并要搅拌好，使其有良好的和易性，不离析，不沉淀，才能放出并过筛使用；⑦灌注混凝土时注意不要把压浆管挤破、压断、压扁。一旦发现破裂、折断，应及时修复；⑧压浆管下完之后，其上端要进行固定，以防在灌注混凝土时产生上浮；⑨每根桩后压浆工作结束后，须立即用清水清洗高压注浆泵、高压管路，必要时应拆卸清洗。

（2）治理。①先用高压注浆泵压注清水，因为清水粘度小，有利于压注。如用清水已压通，可接着压注水泥浆液；如用清水压不通，管路和泵体也不会堵塞；②在注浆泵额定压力范围内，尽量采用高压压注。如实在压不通，应停止压注，以防损坏泵体和管路；③每个桩孔最好下入两根压浆管，如一根压不通可使用另一根，一次性压完所需浆液总量；④如果两根压浆管均压不通，须采取在桩的边缘打孔再压浆的补救办法，具体作法是：在桩的边缘钻110mm孔，孔的边缘与桩的边缘相距150～200mm，孔深略大于桩孔深度；钻到设计孔深后，经验收、清孔，下入1英寸和3/4英寸压浆管各一根；先在1英寸管内压注水灰比为0.8的水泥浆液，直到注满全孔为止；待水泥浆液达到一定强度之后（一般要72h以后）再从3/4英寸压浆管压入水泥浆液，其压入浆液总量和泵压均要略大于常规桩后压浆。

2. 地面冒浆、地下串浆的防治

（1）预防。①加强对压浆管的检查，保证焊好、焊牢，密封可靠，以防压注水泥浆时产生泄漏；②压浆管下完后，要注意保护，防止破裂或折断；③切忌过早压浆，待孔壁土恢复到原来状态、比较密实稳定后，再进行高压注浆；④在进行高压注浆时，切忌急躁，高压注浆泵把花管单向阀压开后，应减低压力进行灌注，以降低水泥浆液的穿透能力；⑤高压注浆前，应对该桩所穿遇的地层和附近桩孔施工情况进行认真了解，以便采取相应措施，防止水泥浆液在地下串通。尽量距正在施工的桩孔远些，如实在躲不开，可暂缓压浆工作。

（2）治理。①发现地面冒浆时，应停止压浆工作，如桩内还预埋一根压浆管，可用这根压浆管进行高压注浆，并一次压完浆液总量；②压浆过程中，如压浆量已达80%才发现地面冒浆或地下串浆，可视该桩压浆工作完成；如两根压浆管均已折断或破裂，高压注浆无法进行时，可采取前述打补救压浆孔的办法予以治理。

### 6.3.4 灌注桩后压浆工程实例

**实例1：钻孔灌注桩后压浆**

1. 工程概况

金宫大厦位于武汉市武昌中南路，主楼地上48层，高178.85m，地下3层，属一级超高层建筑物。工程桩基础采用钻孔灌注桩后压浆技术，设计要求单桩极限承载力18 000kN，桩径1 000mm，桩长56.3m，桩端进入卵石层6m，混凝土标号C40。

场区地层自上而下为：

杂填土，层面平均深度0.81m，桩周摩阻力标准值$q_s=18$kPa；

素填土，层面平均深度1.4m，$q_s=15$kPa；

淤泥，层面平均深度1.7m，$q_s=10$kPa；

粉质粘土，层面平均深度2.0m，$q_s=25$kPa；

粘土，层面平均深度17.9m，$q_s=45$kPa；

粉质粘土含碎石，层面平均深度20m，$q_s=30$kPa；

粘土，层面平均深度22.6m，$q_s=25$kPa；

粉质粘土夹砂，层面平均深度24.46m，$q_s=30$kPa；

中砂，层面平均深度37m，$q_s=35$kPa；

卵石，层面平均深度48.6m，持力层，$q_s=60$kPa，桩端承载力标准值$q_p=1\ 100$kPa。

2. 施工工艺

施工采用R618型钻机，BW150型注浆泵，JZC350型搅拌机，Z1T50型套丝机。

(1) 工艺流程

测量定位埋设护筒→钻进成孔→测量孔深、一次清孔→制作钢筋笼、加工压浆管→下钢筋笼及压浆管→下导管、二次清孔→桩身混凝土灌注→桩身混凝土养护4～8d→桩端、桩侧压注水泥浆→养护→静载试验。

(2) 压浆方案

压浆形式选择：4组试桩全部采用桩端、桩侧双管双压浆。

确定压浆层位：桩端压浆层位为卵石层；桩侧压浆部位定在浆液渗透、扩散效果好的中砂层中，分两处桩段进行，桩侧双管错开一段距离。

压浆管：用直径25mm黑铁管，丝扣连接，用14号铁丝绑扎于钢筋笼主筋外侧，4根压浆管沿钢筋笼箍筋均匀布置。

浆材的选用与配比：选用425号普通硅酸盐水泥做为注浆材料，水灰比为0.5～0.75，为提高浆液的可泵性及结实强度，在浆液中加入0.2%的减水剂（FDN）。

压浆量控制：泵压≤3MPa时，桩端双管压注水泥量为2t，桩侧双管压注水泥量为1.5t；当泵压＞3MPa时，桩端、桩侧压注水泥量按上述标准的50%控制。

施工质量保证措施：①成孔时要保证钻孔垂直度，尽量避免缩径；减少孔底沉渣，以保证钢筋笼和压浆管的顺利下入；②压浆花管应用橡皮和防水胶带缠牢，下入前应检查其密封情况，防止泥浆进入管内；压浆管采用丝扣连接时，应在丝扣处缠绕生胶带；每下一根注浆管都应注清水检查是否有渗漏现象，发现漏水必须提起来重新安装；压浆管头部应略低于地面，避免车辆碾压、碰撞造成压浆管折断；管口用堵头盖严，防止杂物进入堵塞管路；③压浆宜在混凝土凝固4～8d后进行。压浆前应先用清水预压（开环），确保管路通畅后再压注水泥浆液；④严格控制水泥颗粒的细度，严禁使用受潮结块水泥；水泥浆应搅拌均匀，使其具有良好的流动性；搅好的水泥浆要过滤，清除渣子，以利水泥浆液的渗透、扩散；⑤注浆时，应先注稀浆再注浓浆，先用低压灌浆，再用高压灌浆，以增大浆液的扩散距离。压浆顺序：先压上桩侧管，再压下桩侧管，最后压桩端管；⑥注浆完毕应立即关闭安装在压浆管口的球阀，并稳压一段时间，防止管内浆液压力过高造成返浆现象。

3. 静载试验结果

为了检验压浆后的单桩承载力是否满足要求，为以后的工程桩设计和施工提供可靠的依据，业主委托了某检测单位对这 4 组试桩进行了静载试验。试验按国家现行《建筑桩基技术规范》（JGJ94－94）的有关规定进行，加载方式采用慢速维持荷载法，逐级加载，按要求试验的最大荷载为 20 000kN，初分 10 级加载，每级荷载按 2 000kN 施加。试验过程中，当荷载加到 24 272kN 时，因千斤顶上的主梁弯曲变形过大，无法继续加载，致使 4 组试桩最终极限承载力不能准确判定。试验表明：单桩承载力大于 24 000kN、最大沉降量小于 24.13mm，单桩承载力提高了 70%（理论竖向极限承载力标准值为 14 000～14 200kN）。金宫大厦后期工程桩仍然采用此后压浆施工方案，基础工程造价降低了 15%～20%。

**实例 2：螺旋钻孔灌注桩后压浆**

1. 工程概况

昆仑商城二期续建工程，为地下 1 层，地上 23 层的框架剪力墙结构。该工程基础设计为螺旋钻孔大直径扩底灌注桩，持力层为 12m 厚中密中砂层，该建筑现浇楼梯及电梯井剪力墙下桩的设计单桩承载力为 8 000kN，试桩极限荷载为 12 800kN。由于受到剪力墙平面尺寸和相邻桩端扩大头边缘净距不小于 1m 的限制，桩端扩大头的承载能力只能达到 8 000kN。因此，考虑在桩底二次压力注浆加固桩端基础，以提高单桩承载力，满足要求。

2. 施工工艺

（1）压力注浆的机具设备。

压力注浆设备采用 350 型强制式搅拌机和最大压力为 30MPa 的注浆泵，注浆管采用直径 50mm 的无缝钢管。钢管底端加工成锥形，底部中心孔焊死，并在钢管底端 1m 范围内垂直导管侧壁钻直径为 10mm 射浆孔，孔隙率约为花管段表面积的 20%左右，在距孔 200mm 处焊接两根直径为 25mm 的短钢筋作为吊锤击落点。在导管与注浆设备胶管连接处放一个止回阀，以便稳压和防止浆液倒流。钢筋笼下放完毕后，下入注浆导管，将吊锤套入钢管中击打管侧壁，将花管段全部砸入砂层中，然后提出吊锤进行混凝土浇注。

（2）注浆。

当桩身混凝土强度达到设计强度值的 75%以下时，开始注浆，其工艺流程如下：调试设备（注浆泵运行检查、调试压力表、连接注浆管道）→注浆前期工作（试注清水、配制浆料）→注浆施工及记录（灌注水泥浆量、注浆初终压力、注浆控制指标达标情况、异常情况停止注浆）。

（3）注浆基本参数。

注浆量：由地质报告给出的中砂层为中密状态。根据地基基础设计规范换算出砂地基孔隙比为 0.41，但考虑该灌注点距地面深为 23m 左右，地层被上部土的自重应力压得较地面部分密实，所以注灌时暂定孔隙比 $N=0.3$，再根据实际情况进行调整。注浆量多少的指导思想是使注灌后形成的新的浆球水平截面面积是桩端扩大头截面面积的 1.4 倍以上。具体作法如下：先假定桩底注浆后形成的是一个理想的浆球体，球最大截面面积是桩扩大头截面面积的

1.4倍，然后用孔隙率 $N$ 乘以该球体体积，即得理想状态下的注浆量。但实际上桩底注浆后所形成的固结体并非理想球体，可以认为浆球与桩端扩大头相交部分的浆体，在注浆压力的作用下充填到整个扩大头的混凝土底与土接触部位。计算出用浆量后，将浆量提高10%。

水灰比：注浆浆液水灰比遵循先稀后稠的原则。根据注浆压力为2～4MPa，水灰比为0.5～0.8，由大到小控制，在注浆口设过滤网严格过滤，避免堵塞喷射孔，为改善水泥浆液的泵送性与畅通性，在浆液中加入水泥用量2%的HG-1型早强减水剂，以增强水泥颗粒的悬浮，减少沉淀、离析。

终止控制压力：终止压力大小是个重要控制指标，主要根据注浆量设计用量，且压力一般小于等于4MPa。

稳压时间：注浆过程中会出现注入缓慢或瞬间压力达到终止压力的情况，这不能代表最大压力，只有经过3～5min的稳压后，桩尖处的压力会接近于孔口压力，稳压过程中关闭逆止闸阀，保证注浆管中浆液不从孔口外溢而降低压力。

桩头上抬量：注浆前要暴露桩头，安装百分表以监测注浆时桩整体上抬量，端承桩的上抬量一般控制在3～5mm为宜，但桩底扩孔桩的扩大头部分挤压上部土体，将整个土体可能同时上抬，故桩顶上抬值均很小，仅作为参考值。

3. 效果

该工程共68根桩注浆用水泥量为102t，平均每根桩约用水泥1.5t。由于工期紧张，当浆体强度达到设计强度的70%以上时，进行试桩。经静载试验核定单桩承载力达到设计要求承载力12 800kN，桩身沉降量为42.8～48.56mm，是未经注浆处理桩的单桩承载力的1.6倍以上。

## 6.4 沉管灌注桩

### 6.4.1 概述

6.4.1.1 基本原理

沉管灌注桩又称套管成孔灌注桩，是国内目前采用得较为广泛的一种灌注桩。按其成孔方法不同可分为振动沉管灌注桩、锤击沉管灌注桩和振动冲击沉管灌注桩。

沉管灌注桩是利用锤击打桩法或振动打桩法，将带有预制钢筋混凝土桩靴（又称桩尖）或带有活瓣式桩靴或锥形封口桩靴（图6.8）的钢管沉入土中，达到设计标高后，从桩管顶部灌

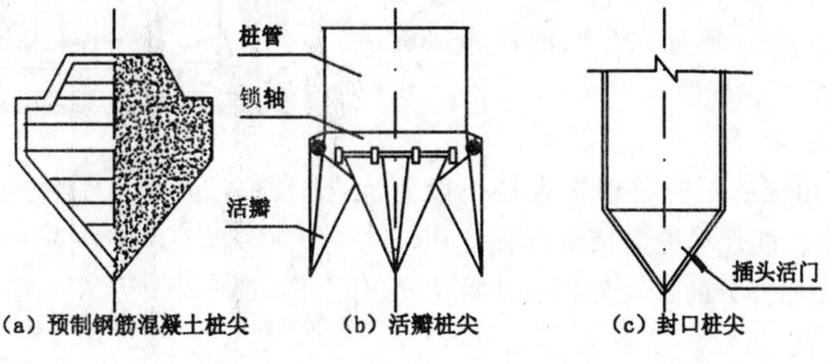


图6.8 桩尖示意图

注混凝土，边振动边拔管而形成的灌注桩。若配有钢筋时，则在规定标高处吊放钢筋骨架。利用锤击沉桩设备沉管和拔管时，称为锤击灌注桩；利用激振器振动沉管和拔管时，称为振动灌注桩。目前施工中常用的主要是振动灌注桩。

6.4.1.2 优缺点

1. 优点

(1) 设备简单、操作简单、施工方便；

(2) 可穿越坚硬层；

(3) 造价低、施工工期短。

2. 缺点

(1) 施工不当会造成断桩、缩颈；

(2) 淤泥、泥土、泥水处理较难；

(3) 振动大，噪音高；

(4) 由于桩管直径的限制，影响单桩承载力；

(5) 因施工方法和施工人员的因素，成桩质量偏差较大；

(6) 在 $N>30$ 的砂层中沉桩困难。

下面主要介绍振动灌注桩的施工技术。

### 6.4.2 振动沉管灌注桩的施工机具

振动沉管打桩机主要由振动桩锤、桩架和套管组成，如图 6.9。

1. 振动桩锤

振动桩锤又称振动器或激振器，起沉桩和拔管双重作用。按动力类型可分为电动振动桩锤、液压振动桩锤；按振动频率可分为低频(300～700Hz)、中频(700～1 500Hz)、高频(1 500～2 500Hz)和超高频(约 6 000Hz)振动桩锤；按振动偏心块结构可分为固定式偏心块和可调式偏心块振动桩锤。

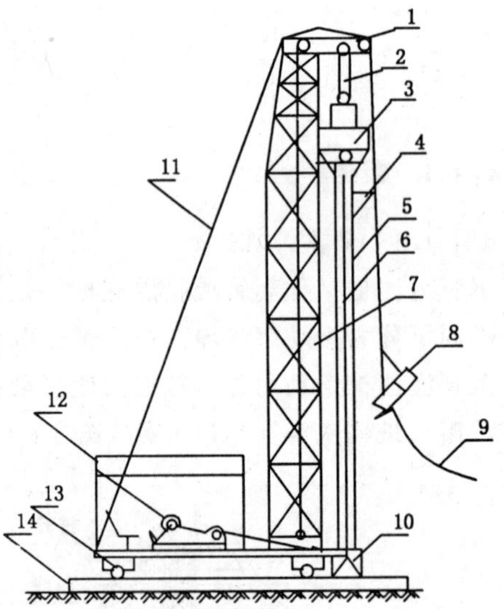

图 6.9 振动沉管灌注桩机示意图

1. 导向滑轮；2. 滑轮组；3. 激振器；4. 混凝土漏斗；5. 桩管；6. 加压钢丝绳；7. 桩架；8. 混凝土吊斗；9. 回绳；10. 活瓣桩尖；11. 缆风绳；12. 卷扬机；13. 滚管；14. 枕木

2. 桩架

桩架按行走方式可分为滚管式、轨道式和履带式桩架。大部分桩架为多用桩架，既可用来打设沉管灌注桩，还可配合柴油锤和螺旋钻。图 6.9 为滚管式桩架。

3. 桩管与桩尖

桩管宜采用无缝钢管，钢管直径一般为 $\phi273$～$\phi600$mm。桩管与桩尖接触部分宜用环形钢板加厚，加厚部分的最大外径应比桩尖小 10～20mm 左右。

如图 6.8。桩尖一般不采用活瓣式，如采用，则需有足够的强度和刚度，且活瓣之间应紧密贴合。单振法施工时预制桩尖直径、外径和成桩直径的配套选用参见表 6－15。

表 6－15 单振法施工时预制桩尖直径、外径和成桩直径关系

| 预制桩尖直径 $d_1$（mm） | 桩管外径 $d_e$（mm） | 成桩直径 $d$（mm） |
|---|---|---|
| 340 | 273 | 300 |
| 370 | 325 | 350 |
| 420 | 377 | 400 |
| 480 | 426 | 450 |
| 520 | 480 | 500 |

注：$d=(d_1+d_e)/2$。

4. 打桩机的综合匹配性能

打桩机的综合匹配性能参见表 6－16。

表 6－16 常用振动沉管打桩机的性能

| 振动锤激振力（kN） | 桩管沉入深度（mm） | 桩管外径（mm） | 桩管壁厚（mm） |
|---|---|---|---|
| 70～80 | 8～10 | 220～273 | 6～8 |
| 100～150 | 10～15 | 273～325 | 7～10 |
| 150～200 | 15～20 | 325 | 10～12.5 |
| 400 | 20～24 | 377 | 12.5～15 |

### 6.4.3 振动沉管灌注桩的施工

振动沉管灌注桩的施工流程如图 6.10。

振动沉管灌注桩施工要点：

（1）施工时先安装好桩机，将桩管下端活瓣（当采用活瓣桩尖时）合起来，对准桩位，徐徐放下桩管，压入土中，防止偏斜，即可开动激振器沉管。加压常利用桩架自重，通过收紧加压滑轮组的钢丝绳把压力传到桩管上，桩管一直沉到要求深度为止。沉管时必须严格控制最后两分钟的贯入速度，其值按设计要求，或根据试桩和施工经验确定。

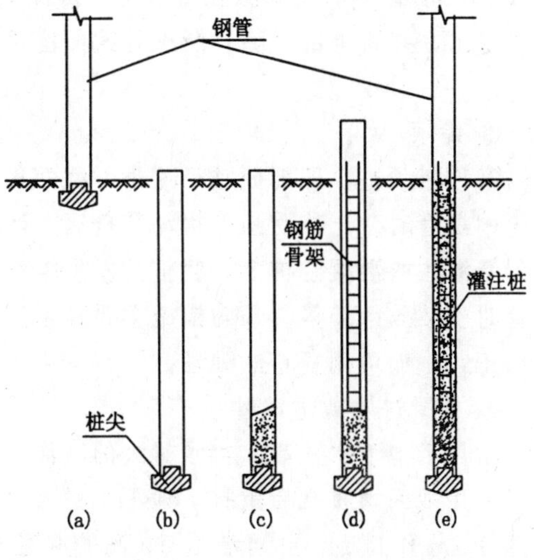


图 6.10 振动沉管灌注桩施工工艺

（a）桩机就位；（b）沉管；（c）开始灌注混凝土；（d）下钢筋骨架，灌混凝土；（e）拔管成桩

（2）振动灌注桩可采用单振法、反插法或复振法施工。

①单振法施工。在沉入土中的桩管内灌满混凝土后，开动激振器，振动 5～10s，开始拔管，边振边拔。每拔 0.5～1m，停拔振动 5～10s，如此反复，直到桩管全部拔出。在一般土

层内拔管速度为 1.2～1.5m/min，在较软弱土层中，不得大于 0.8～1.0m/min。单振法施工速度快，混凝土用量也较小，但桩的承载力较低。单振法的桩截面约比沉入的钢管扩大 30%。

②反插法施工是在桩管内灌满混凝土后，先振动再开始拔管。每次拔管高度 0.5～1.0m，向下反插深度 0.3～0.5m。如此反复进行并始终保持振动，直到桩管全部拔出地面。反插法能使桩截面比沉入的钢管大 50%左右，从而提高桩的承载力。此法宜在较差的软土地基上应用。

③复振法施工是在单振法施工完成后，再把活瓣桩靴闭合起来，在原桩孔混凝土上第二次沉下桩管，将未凝固的混凝土向四周挤压，然后进行第二次灌注混凝土和振动拔管。此法能使桩截面比沉入的钢管大 80%，大大提高了桩的承载力，可在单振法不能满足承载力要求的情况下采用。此外，如果灌注桩需放入钢筋骨架，也需采用此法，则在用单振法施工完成而将桩管拔离地面一定高度后，从活瓣桩靴处将钢筋骨架放进桩管内，然后闭合桩靴的活瓣，再进行第二次沉管和混凝土灌注。

以上三种成桩方法，应根据地质条件、设计和施工要求选用。

### 6.4.4 振动沉管灌注桩施工中常见问题及质量控制

#### 6.4.4.1 常见问题及处理办法

1. 断桩

断桩一般出现在地面以下 1～3m 的不同软硬土层交接处。断桩的主要原因：

(1) 桩距过小，施打邻桩时土体受挤压产生的水平推力和隆起上拔力的影响；

(2) 软硬土层间传递水平力大小不同，对桩产生剪应力；

(3) 桩身混凝土终凝不久，承受不了外力的影响。

避免断桩的措施：桩的中心距宜大于 3.5 倍桩径；考虑打桩顺序及桩架行走路线时，应注意减少对新打桩的影响；采用跳打法或控制时间法以减少对邻桩的影响。断桩若发生在距桩顶 2～3m 以内，用脚踏在桩头上，再锤击桩头侧面，会感到浮振。断桩一经发现，应将断桩段挖出，并将上部凿除、断桩处截面凿毛并清理干净，立模板，再重新灌注混凝土补做桩身。

2. 缩颈

又称瓶颈桩，即部分桩径缩小，截面积不符合要求。产生缩颈的原因是：在含水量大的粘土中沉管时，土体受强烈扰动和挤压，产生很高的孔隙水压，桩管拔出后，这种水压便作用到新灌注的混凝土桩上，使桩身发生缩颈；拔管过快，混凝土量少或和易性差，使混凝土出管时扩散效果差等。预防措施主要是，在施工中应经常测定混凝土下落情况，发现问题及时纠正，一般可用复打法处理。

3. 桩靴进水或进泥砂

常见于地下水位高、含水量大的淤泥和粉砂土层。这时可将桩管拔出，修复改正桩靴缝隙后，用砂回填桩孔后重打。地下水量大时，可在桩管沉到地下水位时，用水泥砂浆灌入管内约 0.5m 作封底，并再灌 1.0m 高的混凝土，然后继续沉管。

4. 吊脚桩

吊脚桩是指桩底部的混凝土有空洞，或混凝土中混进了泥砂而形成松软层的桩。其成因是由于预制桩靴被打坏致使泥砂挤入桩管内，拔桩时桩靴未被混凝土压出或桩靴活瓣未及时张开。预防措施是，随时检查混凝土下落情况，发现问题及时将桩管拔出，填砂重打。

6.4.4.2 质量控制

1. 沉管灌注桩允许偏差

(1) 桩位允许偏差：对单桩 70mm，对群桩的边桩 0.5 倍桩径，对群桩的中间桩 1 倍桩径；

(2) 桩长允许偏差：设计标高以下 1.5m；

(3) 桩垂直度允许偏差：桩长的 1%。

2. 混凝土质量控制

水泥、砂、石料等必须经复检合格后方可使用；混凝土施工必须严格按配合比进行计量；要经常检查混凝土坍落度，控制在 80～100mm 范围；混凝土试块每 10 根桩或每工班至少保留一组。

## 6.5 夯扩灌注桩

### 6.5.1 概述

80 年代初，浙江、江苏首先采用夯扩桩。由于其技术经济指标优于一般沉管灌注桩，十多年来得到迅速推广。在湖北、安徽、山东也已广泛采用，近年来广东深圳、番禺及辽宁也较多采用，使用范围也从多层建筑扩展到 20 层以上的高层建筑。

6.5.1.1 施工原理及特点

夯扩灌注桩是利用沉管灌注桩的施工设备，经改装增加拔管能力，再增加一根内夯管，双管套合，沉管到设计深度后，抽出内管，在外管内灌混凝土。然后插入内管，锤击内管将管底下的混凝土夯出管外形成扩大头。这样既增加桩端截面积（增大面积120%～360%）又改善桩端持力层的密实度，消除桩端虚土现象，从而能使桩承载力有较大幅度提高。据有关资料介绍，比沉管灌注桩提高承载力 60%～100%，比等截面桩身的钢筋混凝土预制桩提高 30%。扩大头形成后，拔出内管，浇灌桩身混凝土，并在桩身拔外管时，借助内夯管和柴油桩锤的自重加压成型，这样可有效地避免一般沉管灌注桩因无外加压设备而易产生的桩身缩颈、断桩等现象。

夯扩桩一般采用无桩靴沉管方式，当封底或沉管困难时，也可采用钢筋混凝土预制桩靴沉管。

6.5.1.2 适用条件

1. 地质条件

(1) 区域。夯扩桩要求在持力层形成扩大头，以提高其承载力。对于冲积平原区域，因土层水平方向分布较均匀，持力层选择容易掌握，最为适宜；而在土层系冲洪积区域的一些丘陵填平区域，由于其持力层起伏大，采用夯扩桩，钻孔须加密。

(2) 土层。孔隙水压力易消散的砂土、砾质粘性土及粉土较适用，孔隙水压力不易消散的粘性土中，须加强封底止淤措施。

2. 桩长

《浙江省软弱地基基础设计规范》(DBJ10A1－90)根据当时杭州的情况定为持力层深 14m 以内；而武汉市《夯扩桩设计施工技术规定》(WBJ1－10－93)及《建筑桩基技术规范》(JGJ94－94) 定为 20m 以内。从实践看，15～18m 为宜。桩长过长，且穿越土层太软弱时，须考虑桩身压曲，桩身强度折减很多，而土的支承力不能充分发挥。

### 6.5.2 夯扩桩设计计算

6.5.2.1 夯扩桩单桩承载力的确定

1. 由试桩确定单桩竖向承载力标准值

$$R_k=\frac{R_u}{K} \tag{6-2}$$

式中：$R_k$ 为单桩竖向承载力标准值，kN；

$R_u$ 为试桩确定单桩竖向极限承载力，kN；

$K$ 为安全系数，一般取 2。

2. 由经验公式确定单桩竖向承载力标准值

$$R_k=\frac{\pi}{4}D^2q_p+\pi d\sum_{i=1}^{n}q_{si}L_i \tag{6-3}$$

式中：$D$ 为桩底扩大头计算直径，m；

$q_p$ 为桩端土的承载力标准值，kPa，可按表 6-17 选用；

**表 6-17 夯扩桩桩端土承载力标准值**

（引自《武汉市夯扩桩设计施工技术规定》WBJ1-10-93）

| 土层名称 | 桩端处比贯入阻力平均值，$P_{s0}$（MPa） | 桩端土承载力标准值，$q_p$（kPa） | 土层名称 | 桩端处比贯入阻力平均值，$P_{s0}$（MPa） | 桩端土承载力标准值，$q_p$（kPa） |
|---|---|---|---|---|---|
| 粘性土 | 1.5 | 560 | 砂　土 | 3.0 | 1 040 |
| | 2.0 | 710 | | 4.0 | 1 190 |
| | 2.5 | 850 | | 5.0 | 1 340 |
| | 3.0 | 1 000 | | 6.0 | 1 490 |
| | 4.0 | 1 280 | | 7.0 | 1 640 |
| | 5.0 | 1 570 | | 8.0 | 1 780 |
| 粉　土 | 2.0 | 950 | | 9.0 | 1 930 |
| | 3.0 | 1 120 | | 10.0 | 2 080 |
| | 4.0 | 1 280 | | 11.0 | 2 220 |
| | 5.0 | 1 440 | | | |
| | 6.0 | 1 610 | | | |

注：当 $P_{s1}\leqslant P_{s2}$ 时，$P_{s0}=(P_{s1}+P_{s2})/2$；当 $P_{s1}>P_{s2}$ 时，$P_{s0}=P_{s2}$。$P_{s1}$ 桩端标高以上 $4d$ 范围内比贯入阻力平均值；$P_{s2}$ 桩端标高以下 $4d$ 范围内比贯入阻力平均值。

$q_{si}$ 为桩周第 $i$ 层土的摩阻力标准值，kPa，可按表 6-18 选用，计算中应扣除从桩端算起的两倍扩大头直径高度的摩阻力；

$L_i$ 为桩周第 $i$ 层土的厚度，m；

$d$ 为桩身设计直径，取外管外径，m。

6.5.2.2 夯扩桩桩端扩大头直径计算

由式（6-3）可以看出，在地层一定的情况下，扩大头直径的大小决定了单桩承载力的大小。扩大头直径的计算简图如图 6.11。

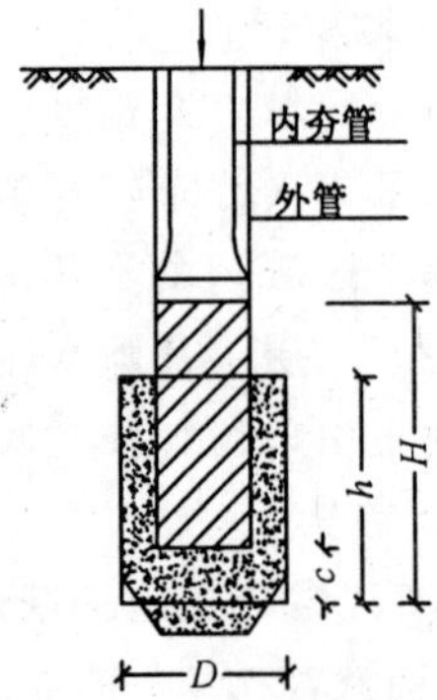


图 6.11 夯扩头直径计算简图

一次夯扩时，设混凝土在外管内的投料高为 $H_1$，外管内径为 $d_0$，则一次投料的体积为：

$$V_1=H_1\frac{\pi}{4}d_0^2 \tag{6-4}$$

经夯扩后，体积为 $V_1$ 的混凝土转换为以拔管高度 $h_1$ 为长度，以扩大头直径 $D_1$ 为直径的圆柱体体积，即：

$$V_1=h_1\frac{\pi}{4}D_1^2-(h_1-c_1)\frac{\pi}{4}d_0^2 \tag{6-5}$$

由式（6-4）、（6-5）得：

$$D_1=d_0\sqrt{\frac{H_1+h_1-c_1}{h_1}} \tag{6-6}$$

**表 6-18　桩周土的摩阻力标准值 $q_s$**

（引自《武汉市夯扩桩设计施工技术规定》WBJ1-10-93）　　单位：kPa

| 土层类型 | 桩周土比贯入阻力平均值，$P_s$（MPa） | 土层平均厚度（m） | | | | |
|---|---|---|---|---|---|---|
| | | 3 | 5 | 10 | 15 | ≥20 |
| 淤泥及淤泥质土 | 0.3 | 3 | 3 | 4 | 4 | 4 |
| | 0.4 | 4 | 4 | 4 | 5 | 6 |
| | 0.5 | 4 | 5 | 6 | 6 | 7 |
| | 0.6 | 5 | 6 | 7 | 8 | 8 |
| | 0.7 | 6 | 7 | 8 | 8 | 9 |
| | 0.8 | 7 | 7 | 8 | 9 | 11 |
| 粘性土 | 1.0 | 8 | 9 | 10 | 11 | 13 |
| | 1.5 | 12 | 13 | 14 | 15 | 16 |
| | 2.0 | 15 | 16 | 17 | 18 | 19 |
| | 3.0 | 18 | 19 | 20 | 21 | 22 |
| | 4.0 | 20 | 21 | 22 | 23 | 25 |
| | 5.0 | 23 | 24 | 25 | 26 | 27 |
| 粉土 | 1.0 | 9 | 9 | 10 | 11 | 11 |
| | 2.0 | 13 | 13 | 13 | 14 | 15 |
| | 3.0 | 15 | 15 | 16 | 17 | 18 |
| | 4.0 | 17 | 17 | 18 | 18 | 19 |
| | 5.0 | 18 | 19 | 20 | 20 | 21 |
| | 6.0 | 20 | 20 | 21 | 22 | 22 |
| 砂土 | 3.0 | 12 | 13 | 14 | 15 | 16 |
| | 4.0 | 14 | 15 | 16 | 17 | 18 |
| | 5.0 | 16 | 17 | 18 | 19 | 20 |
| | 6.0 | 18 | 18 | 20 | 21 | 22 |
| | 7.0 | 20 | 21 | 22 | 23 | 24 |
| | 8.0 | 22 | 23 | 24 | 25 | 26 |
| | 9.0 | 24 | 25 | 26 | 27 | 28 |
| | 10.0 | 26 | 26 | 27 | 28 | 29 |
| | 11.0 | 27 | 28 | 29 | 31 | 32 |

由于在夯扩过程中混凝土受压密作用，同时有少部分混凝土夯入地基土中并不能参加形成扩大头，所以混凝土体积在转换过程中有一定的折减，引入折减系数后式（6-6）的形式如下：

$$D_1=\alpha d_0\sqrt{\frac{H_1+h_1-c_1}{h_1}} \tag{6-7}$$

用上述方法可推出二次夯扩的扩大头直径的计算公式：

$$D_2=\alpha d_0\sqrt{\frac{H_1+H_2+h_2-c_2}{h_2}} \tag{6-8}$$

式中：$D_1$、$D_2$ 为一次、二次夯扩时的扩大头直径，m；

$H_1$、$H_2$ 为一次、二次夯扩时外管中灌注混凝土高度，m；

$h_1$、$h_2$ 为一次、二次夯扩时外管上拔高度，m；

$c_1$、$c_2$ 为一次、二次夯扩时外管下沉底端至设计桩底标高之间的距离，一般取 $c_1$、$c_2$=0.2m；

$d_0$ 为外管内径，m；

$\alpha$ 为扩大头直径计算修正系数，可按表 6-19 选用。

**表 6-19　一次夯扩扩大头直径计算修正系数**

（引自《武汉市夯扩桩设计施工技术规定》WBJ1-10-93）

| 持力层土类 | 桩端处比贯入阻力平均值，$P_{s0}$（MPa） | 每次夯扩投料高度（m） | 修正系数 |
|---|---|---|---|
| 粘性土 | <2.0 | 3.0～4.0 | 1.00 |
| | 2.0～3.0 | 2.5～3.0 | 0.98 |
| | 3.0～4.0 | 2.0～2.5 | 0.94 |
| | >4.0 | 1.5～2.0 | 0.90 |
| 粉土 | 2.0～3.0 | 3.5～4.0 | 1.00 |
| | 3.0～4.0 | 3.0～3.5 | 0.98 |
| | 4.0～5.0 | 2.5～3.0 | 0.96 |
| | >5.0 | 2.0～2.5 | 0.91 |
| 砂土 | <5.0 | 3.0～3.5 | 0.98 |
| | 5.0～7.0 | 2.5～3.0 | 0.96 |
| | 7.0～10.0 | 2.0～2.5 | 0.92 |
| | >10.0 | 1.5～2.0 | 0.89 |

注：二次夯扩扩大头直径计算修正系数可按一次夯扩扩大头直径计算修正系数乘以 0.9。

6.5.2.3　夯扩桩其他参数的设计计算

1. 桩径

夯扩桩的桩径等于夯扩外管外径，桩径一般为 $\phi$325mm、$\phi$377mm、$\phi$426mm，必要时也可使用更大桩径，目前最大桩径为 $\phi$530mm。与 $\phi$325mm、$\phi$377mm、$\phi$426mm 外管配套的内管分别为：$\phi$219mm、$\phi$247mm、$\phi$273mm。内管底部须加焊一块直径比外管内径小 10～20mm、厚 20mm 左右的圆形钢板，内夯管长度要比外管短 100～200mm。

2. 桩的长径比及中心距

桩的长径比一般不宜超过 50，当穿越深厚淤泥质土时不宜超过 40。桩的中心距一般不小于 3.5 倍的桩身设计直径（$d$），当穿越饱和软土时不小于 $4d$。同时，桩的中心距还应大于或等于扩大头直径的 2 倍。

3. 桩端进入持力层的深度

作为夯扩桩持力层一般是厚度大于 4m 的稍密—中密砂层、可塑—硬塑砾（粉）质粘性土层，有的区域甚至仅 2m 厚的持力层也成功地采用，在其顶面扩头也取得良好的效果。

进入持力层深度：对于砂层，一般是以 3 倍左右桩径较合理，过深则作用不大，因扩大头上段（相当于扩大头高度）桩周存在应力松胀区，而且过深，会造成施工中拔管困难；以砾质粘性土为持力层时，当桩端落在硬塑砾质粘土、老粘土或强风化层时，则不宜太深，进入 0.5m 即可，过深，则施工中易造成设备及安全事故，而且因夯不出大头反而降低了桩端支承力。

4. 夯扩次数

夯扩扩大头的次数多采用二次夯扩，少数采用一次或三次夯扩。从理论上讲，夯扩次数越多，则扩大头直径越大，但实践中桩端的扩大是有限的，夯扩次数也不可能很多。

5. 桩位布置

排列基桩时宜使群桩形心与长期荷载中心重合；墙下桩基可沿墙的轴线采用单排或双排布桩，在墙的转角及纵横墙交接处一般应设置桩；对柱下桩基，当承受中心荷载时，可采用等桩距的行列式或梅花式布置，当承受偏心荷载时，可采用不等桩距布置。

6. 桩身构造设计

桩身混凝土的强度等级要求不低于 C20。桩身配筋应符合下列要求：

(1) 钢筋笼的长度一般不小于桩长的 1/3，且不应小于 3.5m；在特殊情况下可根据需要采用通长配筋。

(2) 主筋一般采用 6 根 $\phi$12～14mm 圆钢；箍筋采用 $\phi$6mm 钢筋，采用间距 200～300mm 的螺旋绕扎；当钢筋笼长度超过 4m 时，可每隔 2m 左右设一道 $\phi$8～12mm 的焊接加劲箍筋。

(3) 主筋混凝土保护层厚度一般不应小于 35mm，主筋伸入承台内的锚固长度不小于其直径的 30 倍。

### 6.5.3 无桩靴夯扩灌注桩施工

6.5.3.1 施工设备

夯扩桩施工设备是由沉管灌注桩施工设备改装而成的，主要由机架、桩锤、内外夯管、行走机构等部分组成。目前常用的机型有 DDJ－18、DDJ－25、HDJ－40。桩锤应根据工程地质条件、桩径、桩长、单桩承载力、桩的密集程度及现场施工条件等因素，通过试桩合理选用。

另外，还应配有混凝土搅拌机、运输起吊设备及钢筋加工工具。

6.5.3.2 施工工艺

无桩靴夯扩灌注桩施工工艺流程如图 6.12 所示。

1. 施工中的质量控制和保证措施

(1) 夯扩桩成桩施工允许偏差应满足《建筑桩基技术规范》(JGJ94－94) 中表 6.2.5 的要求。表 6－20 为《武汉市夯扩桩设计施工技术规定》(WBJ1－10－93) 所规定的允许偏差。

**表 6－20 夯扩桩施工允许偏差**

(引自《武汉市夯扩桩设计施工技术规定》WBJ1－10－93)

| 项 目 | 桩位允许偏差 | 桩径允许偏差 (mm) | 垂直度 |
|---|---|---|---|
| 桩数为 1～2 根或单排桩基中的桩 | 70mm | ＋50～－20 | 1% |
| 桩数为 3～20 根的桩基中的桩 | 1/2 桩径 | | |
| 桩数大于 20 根的桩基中的桩 | | | |
| 最外边的桩 | 1/2 桩径 | | |
| 中间的桩 | 1 个桩径 | | |

(2) 对具体工程，应根据设计的桩位布置图，按照合理的施工顺序进行施工：①可采用

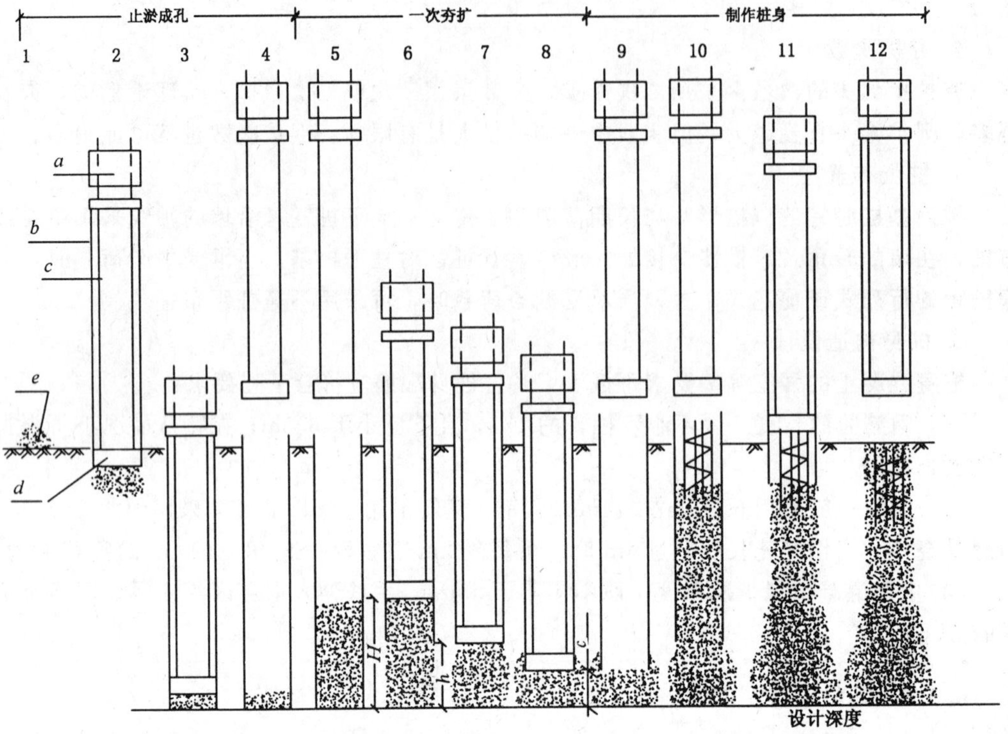


图 6.12　夯扩桩施工工艺示意图

*a*. 桩锤；*b*. 外管；*c*. 内管；*d*. 内管底板；*e*. 干混凝土；

图中各施工工序的说明：1—在地表桩位放一定量的干硬混凝土；2—将内外管套叠对准桩位；3—通过桩锤将双管打入地基中的设计深度；4—拔出内夯管；5—在外管内灌入形成夯扩头所需的混凝土量（在外管内高度为 $H$）；6—内管放入外管内压在混凝土上，并将外管拔起一定的高度 $h$；7—桩锤通过内夯管击打外管内混凝土，将外管内混凝土夯出管外；8—继续夯击，并使双管同步下沉设计规定的深度（$h-c$）。此过程为一次夯扩，如需二次夯扩，重复 4～8 步骤；9—拔出内夯管（若桩身配通长钢筋笼，此时放入至扩大头底部）；10—在外管内灌入桩身所需的混凝土；11—将内管及锤压在外管内混凝土面上，边徐徐下压边缓缓起拔外管，直到同步终止于施工要求的桩顶标高上；12—双管同步拔出地表，并将钢筋插入未凝固的桩身混凝土内，成桩过程完毕

横移退打的方式自中间向两端对称进行或自一侧向单一方向进行；②根据基础设计标高，按先深后浅的顺序进行；③根据桩的规格，按先大后小，先长后短的顺序进行；④当持力层起伏较大时，宜按深度分区进行施工。

（3）夯扩桩的桩端入土深度应以设计桩长的桩底标高和锤击贯入度进行双重控制，一般以贯入度控制为主，以设计桩长的桩底标高控制为辅。贯入度的控制指标则是以沉管进入桩端持力层时最后 10 击贯入度为准，具体数据应通过现场试桩施工确定。

（4）拔管时应按下列规定进行：①拔管时应将内夯管连同桩锤压在超灌的混凝土面上，随外管缓慢均匀地上拔，内夯管徐徐下压，直至同步终止于施工要求的桩顶标高处，然后将内外管提出地面；②拔管速度应控制在 2～3m/min，在淤泥或淤泥质土地层中应控制在 1～2m/min。

（5）在钢筋笼的制作和埋设过程中，要满足下述要求：

钢筋笼的制作偏差应符合：①主筋间距：±10mm；②箍筋间距：±20mm；③钢筋笼直

径：±10mm；④钢筋笼长度：±50mm。

钢筋笼的埋设一般应使其顶端稍低于超灌混凝土面。

（6）混凝土的制作和浇灌要求：①混凝土的配合比应按设计要求的强度等级，通过试验确定；混凝土的坍落度对扩大头部分以40～60mm为宜，桩身部分以100～140mm为宜。②混凝土的粗骨料可选用碎石或卵石，其最大直径不宜大于10mm，且不得大于钢筋笼间最小净距离的1/3；细骨料应选用干净的中粗砂；水泥宜用矿渣硅酸盐水泥或普通硅酸盐水泥，并可根据需要掺入适量的外加剂。③扩大头部分的灌注应严格按照夯扩次数和夯扩参数进行。④桩身混凝土灌注应保证充盈系数不小于1，一般土质为1.1～1.2，软土为1.2～1.3。⑤灌注混凝土时须按要求制作试块，同一配合比混凝土试块每班组不得少于1组。

（7）施工中应认真作好施工记录，并及时处理好施工中出现的问题。

（8）工程桩施工结束后，应随机抽样进行桩的动测检验，以检查桩身质量，检测数量为工程桩总数的10%左右。

2. 施工中常见问题与处理

施工中常见问题与处理见表6-21。

**表6-21　施工中常见问题与处理**

| 常见问题 | 发生原因 | 处理办法 |
|---|---|---|
| 管内进水，止淤失败 | 1. 止淤干混凝土量不足；<br>2. 内夯管底板直径偏小，与外管内径间的间隙过大 | 1. 添足止淤干混凝土量；<br>2. 加大内夯管底板直径 |
| 地面隆起 | 1. 桩间距过小；<br>2. 桩长过短；<br>3. 地基中孔隙水压力不易消散 | 1. 调整桩间距，减少桩数；<br>2. 调整设计桩长；<br>3. 采取塑料板或砂井等排水方法降低孔隙水压力 |
| 钢筋笼下沉和笼顶低于设计标高 | 1. 钢筋笼预留长度不够；<br>2. 混凝土灌注量不够；<br>3. 桩身混凝土坍落度过大 | 1. 积累施工经验，认真做好试桩工作，以准确掌握混凝土超灌量和钢筋笼高度；<br>2. 掌握好混凝土坍落度 |
| 钢筋笼上浮 | 1. 混凝土中粗骨料粒径过大；<br>2. 钢筋笼箍筋间距过密；<br>3. 钢筋笼制作质量不好 | 1. 控制好粗骨料粒径不大于40mm；<br>2. 调整钢筋笼箍筋间距，控制好制作质量 |
| 桩身缩颈 | 1. 拔管过快或内夯管未压在混凝土面上；<br>2. 桩间距过小；<br>3. 混凝土坍落度不好 | 1. 控制好拔管速度，内夯管匀速下压；<br>2. 调整桩间距或跳打；<br>3. 控制好混凝土坍落度 |
| 断桩 | 1. 桩间距过小；<br>2. 混凝土初凝后，在桩附近堆放重物或车辆行走；<br>3. 混凝土坍落度过小，形成脱空 | 1. 跳打：在跳打时须等相邻桩达到设计强度的70%以上再进行；<br>2. 注意现场保护；<br>3. 增大混凝土坍落度 |
| 夯扩困难 | 1. 进入持力层过深；<br>2. 投料高度 $H$ 过大，拔管高度 $h$ 过小 | 1. 调整进入持力层的深度；<br>2. 减少投料高度或增大拔管高度或增加夯扩次数 |

# 7　桩基工程检测

## 7.1　概　述

为了确保桩基工程的质量，对桩基应进行必要的检测。桩基检测有两个主要目的：一是为了确定单桩的承载力；二是对桩体的质量（桩体尺寸及桩的完整性等）进行检测，以便对有缺陷的桩及时采取补救措施。单桩承载力的确定方法已在第3章做了介绍，归纳起来可分为直接法和间接法两类。静荷载试验、桩的动测方法等直接从桩体上获取有关参数，称为直接法。而经验公式法、承载力理论公式、原位测试（静力触探、标准贯入、旁压仪）等则归为间接法。间接法都必须在桩身质量完好的前提下才能用来确定桩的承载力，但无法检验桩的质量缺陷及其所在部位。静荷载试验是确定单桩承载力的最直接、最可靠的检测方法，但费用高，历时长，只能进行少量试验，也不能判断桩的缺陷所在。由于各种机械成孔的灌注桩被迅速地大量推广，不仅对其承载力的确定带来新的问题（如对于直径达3.5～5m的大直径灌注桩，承载力达数万千牛，很难用传统的静荷载试验来确定）；而且对出现的缩径、断裂、夹泥、沉渣等质量问题，需要对试桩之外的工程桩的施工质量进行为数较多的检查，防止工程事故发生。于是，各种检测方法得到了迅速发展。

桩基工程检测技术除成桩后的检测外还应包含成孔检测。成孔检测主要有孔径、孔底沉渣厚度以及桩身垂直度的检测等。我国的特点是成桩检测技术优于成孔检测技术，从工程质量监督观点来看，要保证灌注桩的成桩质量，最好从成孔开始，进行严格的工序控制，推行全面质量管理。

### 7.1.1　桩基的质量问题

灌注桩的质量问题与其成孔、成桩工艺有关。如沉管灌注桩因挤土引起的土体隆起和侧移；混凝土桩身的多种质量缺陷，如缩颈、断桩、空洞、漏筋等，钻孔灌注桩可能发生孔底虚土或沉渣过厚；混凝土强度等级偏低；桩身桩壁附着泥皮太厚等。

钢筋混凝土预制桩因桩的接头构造不合理或焊接不良，混凝土强度等级低，锤击次数过多造成桩身折断、开裂。或因对地层结构了解不够，锤击能量偏小与贯入阻力不匹配，把桩打坏了也无法贯穿硬夹层或贯入持力层足够深度，致使相当数量桩的入土深度达不到设计标高。

沉桩挤土引起大范围土体隆起和侧移，造成对周围建筑物、管线、道路等损坏。在软土地区尤为突出。

在桩基施工中，由于对相邻工序处理不当，造成基桩大量侧移。如边打桩，边在邻近进行基坑开挖，或在桩基的一侧降水、挖土，使土体向一侧产生过大的侧向位移，造成大量基桩移位，桩身倾斜。

### 7.1.2 桩基工程检测的内容

桩基工程检测的最终目的是为了搞清施工完成后的桩基能否满足设计要求，因此可从桩基的强度、变形及几何受力条件三方面来进行检测。

7.1.2.1 桩基强度

桩基强度取决于按桩身材料确定的强度及按地基强度确定的承载力两者之间的控制值。前者一般由施工后桩身的结构完整性检验来确证，其中包括测定桩的截面、桩长、桩身混凝土强度以及有无断裂、夹泥、孔洞等。后者亦称为单桩承载力。在施工过程中，对打入桩习惯用最终贯入度或桩尖标高进行控制，而对灌注桩等则还缺少在施工过程中监测承载力的直接手段，只能通过泥浆质量指标、扩孔坍孔情况、孔底沉渣厚度、混凝土浇灌数量、导管上拔情况等间接控制。成桩以后的检测，较多的还是采用静载试验以及近年来快速发展起来的桩的动测法。通过对桩身结构的完整性检验及承载力检测，可以对桩基强度作出评价。

7.1.2.2 桩基变形问题

桩基变形问题则难以从快速的现场检测工作中得出确证依据。因为即使是单桩静载试验(慢试法)，所得的桩顶沉降也并不代表桩基作为群桩的长期静载作用下的沉降。因此，只要桩身结构完整性有所保证，桩尖已达到设计标高，且土层未发生过大的隆起，则可以认为桩基变形已符合设计所要求的条件。

7.1.2.3 几何受力条件

几何受力条件是指有关桩位的平面布置、桩身设置斜度、桩段接头连接情况以及桩顶桩尖标高的控制。出现这些问题的原因亦很复杂，如在软土地基上的非排土型成桩，可以在地基中出现很高的应力场，造成桩的移位或上浮；在基坑开挖时，由于应力场的变化使基桩发生大量位移。这些问题，通常以严格工艺操作来保证。施工后桩接头的质量及因位移而造成的斜桩的承载力同样可按前述检测方法作出确证。

由此可见，施工完后桩的检测重点应是桩身结构完整性检验和承载力检验，目前常用的检测方法有动测法、钻孔抽心试验法。

## 7.2 动测技术

### 7.2.1 动测技术简介

动测法是用冲击、振动或水中放电等方法给桩顶施加一能量，在桩头量测桩土系统响应信号，然后根据信号计算分析的结果进行桩的检验。

动测法具有快速、轻便、经济等特点。动测法不如静载试验直观，而需要通过电子测量、记录及分析仪器来进行，因而仪器设备的精度、频响范围、仪器率定及匹配程度都是值得注意的。

地基土对桩的承载能力与桩土之间的相对位移量大小有关。因此，各种桩基动测法中可依据扰力激发的桩身位移而分为高应变及低应变两类。当然这种分类只是一种定性的划分。

高应变法对充分发挥桩土间的承载力有利，所得到的响应信息亦往往比较明确。但所需的试验能量及相应的设备必然较大较重。

低应变法较轻便是其最大优点，可以对工程桩大面积地进行检测。但对桩土间承载力的发挥则很难有所作为，需要首先确定经验对比关系才能估计桩的承载力，且与土层结构及假定的计算模型密切相关，因而必然带有一定的地区性。

各种动测法，基本上都是在一定的假设计算模型基础上进行参数测定和检验。由于桩基的复杂性及动测方法研究发展的成熟程度不够，因而其检测结果的可靠程度也往往不够，不少问题处在探索之中。某些方法的误判或检测精度不能满足工程要求的情况也是常见的。工程中宜以多种方法对比或配合使用。

### 7.2.2 动测法的分析方法

动测法收集到的信息是极其丰富的，准确可靠地判断测试结果是动测法应用的关键。目前常见的分析方法有：

（1）响应波形的时域分析；

（2）响应波形的频谱分析；

（3）传递函数分析；

（4）动刚度计算。

用以上分析方法对桩身结构完整性检验时，质量好的桩和质量有缺陷的桩所反映的曲线有明显的差别。对全断裂的桩，反映曲线的规律性较好，不但能从中得出缺陷存在的信息，而且能确定缺陷的位置。

对于非全断裂的缺陷桩，如裂缝、缩颈等，其反应曲线的规律性差，判断误差也大。

用动测法预测桩的静承载力，是目前动测法中的难点。由于桩土系的情况十分复杂，而且目前还缺乏由动测信息来推断静承载力的理论证明。通常是引入动刚度的概念，同时通过一定数量的动、静试验对比，求得其相互间的统计关系，实现以动测来推断静承载力的目的。

低应变下进行的结构完整性检测，原则上不能直接得到承载力的推断，而需要通过间接的相关关系。这种相关关系所取的模式与土层条件、土质、施工条件等许多因素有关，因而常有地区局限性。

用动测法预测桩的承载力时，要考虑桩设置后承载力随时间提高的时效现象。另外桩周土又是弹塑性材料，因而动测时不应忽视土阻尼作用，且与桩土间变形量大小有关。

### 7.2.3 低应变动测法

低应变动测法是通过桩顶振动、小锤敲击或水中放电方法，给桩作用较小能量。作用的荷载远小于桩的使用荷载，不足以使桩产生贯入度，即桩土之间不产生相对位移。它是通过应力波沿桩身传播和反射原理进行桩的检验。由于用它确定极限承载力的理论依据不足，误差大，甚至不准确，因此，国外用它进行桩的检验时，主要是判断桩身结构的完整性，例如是否有断桩、缩颈或鼓肚等缺陷。到目前为止，国外还没有用它来确定桩承载力的例子。而国内用低应变方法检验桩时，不单纯检验其缺陷，更主要是提供承载力的信息。

下面主要介绍反射波法、机械阻抗法、动力参数法和声波透射法的检测原理和方法。

7.2.3.1 检测数量

对于一柱一桩的建（构）筑物，全部基桩应进行检测。

非一柱一桩时，应按施工班组抽测，抽测数量应根据工程的重要性、抗震设防等级、地质条件、成桩工艺、检测目的等情况，由有关部门协商确定。检测混凝土灌注桩桩身完整性时，抽测数不得少于该批桩总数的20%，且不得少于10根；检测混凝土灌注桩承载力时，抽测数不得少于该批桩总数的10%，且不得少于5根；对混凝土预制桩，抽测数不得少于该批桩总数的10%，且不得少于5根。

当抽测不合格的桩数超过抽测数的30%时，应加倍重新抽测。加倍抽测后，若不合格桩数仍然超过抽测数的30%，应全数检测。

7.2.3.2 动力参数法

如图7.1。该方法是通过竖向敲击桩头，激起桩土体系的竖向自由振动，则可测得振动频率及桩头振动初速度，根据质量弹簧振动理论推算出单桩动刚度，再进行适当的动静修正，换算成单桩竖向承载力的推算值。进行桩的完整性检测时，则采用横向敲桩法，从振动波形是否单一或有杂波叠加及主频的高低来判断。

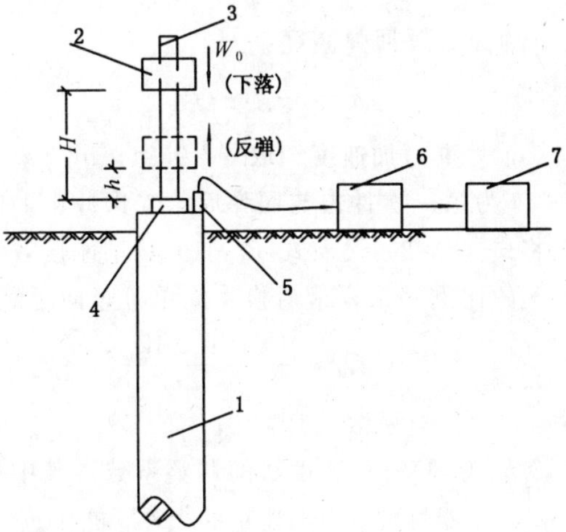


图7.1 动力参数检测

1—桩；2—穿心锤；3—导杆；4—垫板；5—传感器；6—滤波放大器；7—采集、记录及处理器

1. 单桩竖向承载力的推算值确定

动力参数法确定单桩竖向承载力推算值可分为频率-初速度法和频率法。频率-初速度法是直接通过实测的振动频率及桩头振动初速度，推算参振的桩土质量，进而确定单桩竖向承载力推算值。频率法则要首先确定参振的桩土质量，再根据实测频率确定单桩竖向承载力推算值。

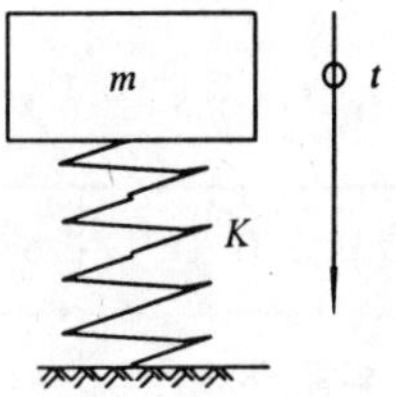


图7.2 质量弹簧体系模型

如图7.2所示质量弹簧体系，则弹簧的刚度 $K$ 公式如下：

$$K = (2\pi f)^2 m \tag{7-1}$$

将上式作动力修正，则可用于桩基计算。

式中：$f$ 为桩基竖向自振频率，Hz；

$m$ 为参振桩土折算质量，kN。

（1）频率-初速度法。

参振桩土的折算质量 $m$ 按下式计算：

$$m = 0.452\frac{(1+\varepsilon)W_0\sqrt{H}}{v_0} \tag{7-2}$$

式中：$H$ 为穿心锤落距，m；

$W_0$ 为穿心锤质量，kg；

$v_0$ 为桩头振动初速度，m/s：

$$v_0 = \alpha A_d \tag{7-3}$$

$A_d$ 为第一次冲击振动波初相位的峰值，mm，如图7.3；

$\alpha$ 为与 $f$ 相应的测试系统灵敏度系数，m/s/mm；

$\varepsilon$ 为碰撞系数：

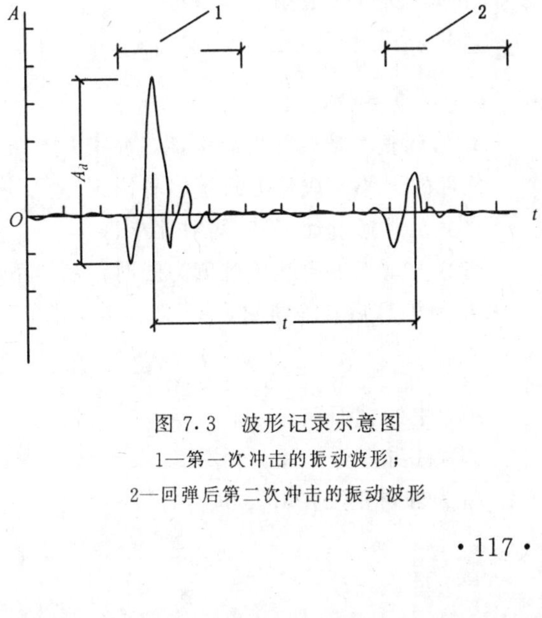


图7.3 波形记录示意图

1—第一次冲击的振动波形；

2—回弹后第二次冲击的振动波形

$$\varepsilon = \sqrt{\frac{h}{H}} \qquad (7-4)$$

$h$ 为穿心锤回弹高度：

$$h = \frac{1}{2}g(\frac{t}{2})^2 \qquad (7-5)$$

$g$ 为重力加速度，取 $g=9.81$，$m/s^2$；

$t$ 为第一次冲击与回弹后第二次冲击的时间，如图 7.3。

将式（7－2）代入式（7－1）得动刚度，结合动-静实测对比求得动刚度与单桩静极限承载力间的比例关系，最后换算成单桩竖向承载力推算值的计算公式：

$$Q = \frac{f^2(1+\varepsilon)W_0\sqrt{H}}{kv_0}\beta_v \qquad (7-6)$$

式中：$k$ 为安全系数，宜取 2；

$\beta_v$ 为频率-初速度法的调整系数，其中包含了换算时出现的数字系统。

$\beta$ 与仪器性能、冲击能量的大小、桩在土中长度、桩底支撑条件及成桩方式等多种因素有关，并通过动-静实测对比求得。当仪器不变，冲击能量按表 7－1 选取时，则 $\beta_v$ 主要与桩在土中的长度（$L_e$）及桩底支撑条件有关，表 7－2 是某单位测得的钻（挖）孔灌注桩的 $\beta_v$ 随 $L_e$ 的变化范围。传感器的型号、成桩方式及桩底支撑条件不同时，$\beta_v$ 值均有变化，不能套用表 7－2 中的数据，初用本法者可根据所在地区同条件的动-静对比数据按式（7－6）反算出相应的 $\beta_v$ 值。

**表 7－1　承载力与冲击能量的对应关系**

| 承载力（kN） | 20 000～7 000 | 7 000～2 500 | 2 800～900 | 1 400～700 | 700～350 | 350～180 |
|---|---|---|---|---|---|---|
| 锤重（kg） | 100 | 50 | 20 | 10 | 5 | 2.5 |
| 落距（mm） | 500～180 | 350～180 | 350～180 | 350～180 | 350～180 | 350～180 |

（2）频率法。

此法是依据摩擦桩桩周土体的振动模式推导出的，所以仅适用于摩擦桩。

$$Q = \frac{0.00681f^2(G_p+G_e)}{k}\beta_f \qquad (7-7)$$

式中：$k$ 为安全系数，宜取 2；

$\beta_f$ 为调整系数，与仪器性能、冲击能量的大小及成桩方式等多种因素有关，并通过动-静实测对比求得，当桩尖以下土质远较桩侧为强时，$\beta_f$ 可酌情增加；

$G_p$ 为折算后参振桩重，kN；

$$G_p = \frac{1}{3}A \cdot L \cdot \gamma_P \qquad (7-8)$$

$A$ 为桩的截面积，$m^2$；

$L$ 为桩身全长，m；

$\gamma_P$ 为桩材重度，$kN/m^3$；

**表 7－2　钻（挖）孔灌注桩的 $\beta_v$ 随 $L_e$ 的变化范围实例**

| 桩在土中长度 $L_e$（m） | 10～15 | 15～30 |
|---|---|---|
| 调整系数 $\beta_v$ | 0.038～0.07 | 0.07～0.197 |

注：①$\beta_v$ 与 $L_e$ 不呈比例关系，不得用插入法推求中间数值；

②对 $L_e$ 小于 10m 的端承桩，$\beta_v$ 随 $L_e$ 减少而递增；

③打入桩及桩身强度有保证的锤击（或振动）沉管灌注桩的 $\beta_v$ 高于钻（挖）孔灌注桩的 $\beta_v$ 值。

$G_e$ 为折算后参振土重，kN；

$$G_e = \frac{1}{3}[\frac{\pi}{9}r_e^2(L_e + 16r_e) - \frac{L_e}{3}A]\gamma_e \quad (7-9)$$

$r_e$ 为参振土体的扩散半径，m，如图 7.4；

$$r_e = \frac{1}{2}(\frac{2L_e}{3}\tan\frac{\varphi}{2} + d) \quad (7-10)$$

$\gamma_e$ 为桩身下段 $L_e/3$ 范围内土的重度，kN/m$^3$；

$\varphi$ 为桩身下段 $L_e/3$ 范围内土的内摩擦角，°；

$d$ 为桩身直径，m。

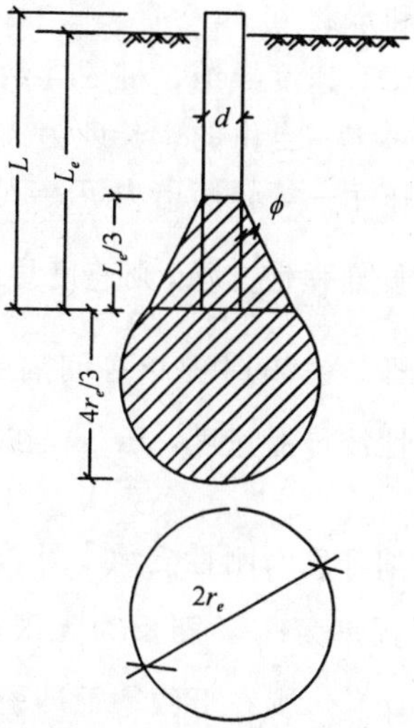

图 7.4 频率法计算示意图

2. 桩身缺陷（断桩）的检测

断桩在水平敲击作用下，由于断面不规则，自振波形很不规则，同时，断面的存在导致自振频率降低而衰减时间延长，断桩敲击动测检验就是以这些基本事实为依据的。从波形、频率、振幅及衰减时间的长短，可按下述实测波形特性，将桩的质量分为三类，如图 7.5。

甲类——波形较规则，频率高，振幅小，而衰减时间短，如图 7.5 (a)，表明桩身无断裂缺陷。

乙类——波形特性介于甲类和丙类之间，如图 7.5 (b)，表明桩身无严重的裂缝或稍有轻微缺陷，桩的承载力略低于甲类桩。

丙类——波形不规则，频率低，振幅大，而振动衰减慢，如图 7.5 (c)，表明桩身在浅处（1～3m）有断裂缺陷。

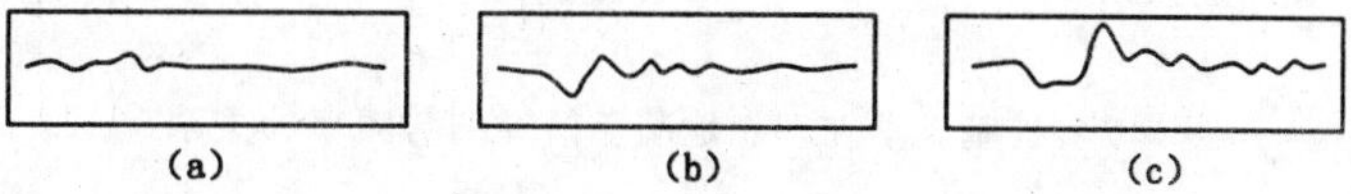

图 7.5 动力参数法桩身质量检测波形实例

7.2.3.3 机械阻抗法

机械阻抗法是一种结构动态分析方法，它通过测定施加给桩的激励（输入）函数和桩的动态响应函数来识别桩的动态特性。而桩的动态特性与桩身混凝土的完整性和桩-土相互作用的特性密切相关。通过对桩的动态特性的分析计算，可判断桩身混凝土的浇注质量、缺陷的类型及其位置，同时还可估计桩的承载力。

1. 基本原理

(1) 机械阻抗的概念。

作用力 $F$ 与由此产生的结构响应 $v$ 之比称为结构系统的机械阻抗 $E$：

$$E = \frac{F}{v} \quad (7-11)$$

式中：$F$ 为对结构施加的作用力，kN；

$v$ 为结构的运动速度（也可是其他性质的响应，比如位移或加速度），m/s。

机械阻抗的倒数即为机械导纳。系统在动态力作用下的阻抗（或导纳）是以动态力圆频率为自变量的复函数。对于不同的圆频率，阻抗（或导纳）的幅值和幅角也不同。这就提供了用阻抗（或导纳）随激振频率变化的图像来研究桩基础动态特性的可能性，从而判别桩的缺陷和承载力。

(2) 速度导纳、桩的导纳及动刚度。

对于一自由的、长度为 $L$ 的等截面圆杆，杆顶作用一等幅简谐力 $F_0=F\sin\omega t$，如图 7.6 (a)，杆底弹性支承，则速度导纳 $\frac{v}{F}$ 与频率的关系［图 7.7 (b)］是以等间隔 $\Delta f$ ($\Delta f=\frac{C}{2L}$，$C$ 为弹性波传播速度，m/s) 在不同频率发生共振。

如杆底为刚性支承［图 7.7 (a)］，则最低共振频率为 $\frac{C}{4L}$，相反为无限压缩性支承［图 7.7 (c)］，则在低频率下即引起共振。

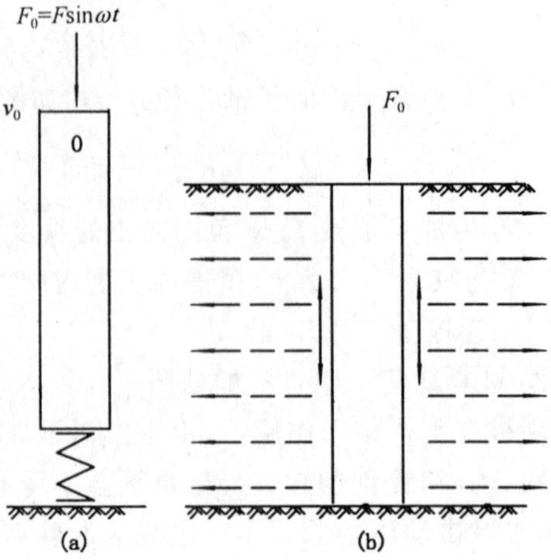


图 7.6 机械阻抗法的桩基计算模型

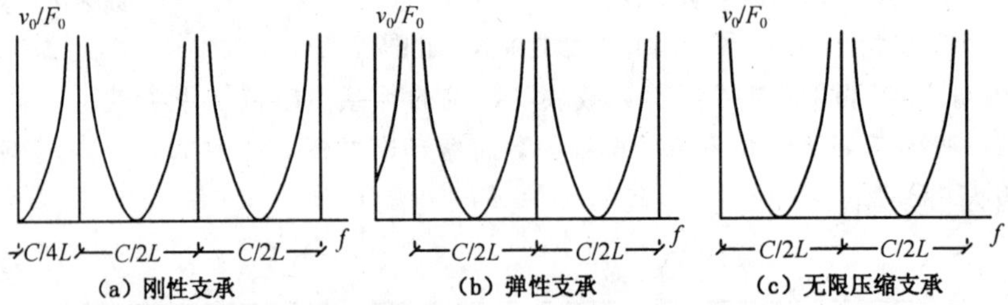


图 7.7 桩基支承在理想地基上的导纳与频率的关系

地基中的桩理想化后与上述系统相近，只是能量通过桩周土体消散，如图 7.6 (b)，导纳曲线如图 7.8 所示，桩周土体越坚实，桩越长，反映桩底效应的峰值 $P$ 与谷值 $Q$ 由于能量消耗而相差减小。桩的导纳 $N$ 为：

$$N=\sqrt{PQ}=\frac{1}{\rho CA} \tag{7-12}$$

式中：$\rho$ 为桩身密度，$kg/m^3$；

$A$ 为桩身横截面积，$m^2$。

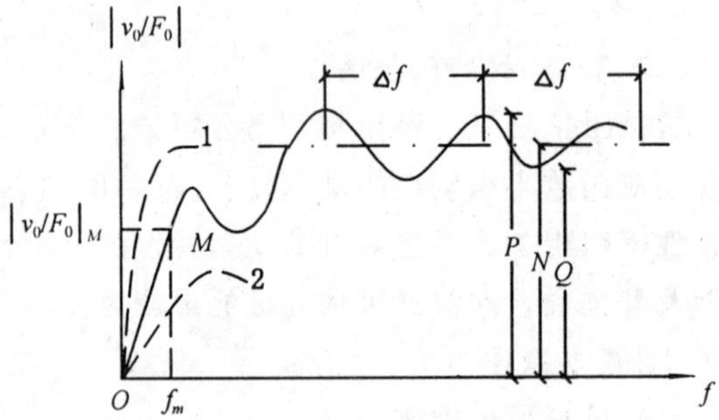


图 7.8 桩的导纳与频率关系曲线图

1—高压缩性支承；2—刚性支承

当激振力频率较低时，系统的惯性影响不大，桩与土对导纳曲线影响就像一个弹簧呈线性关系，其斜率的倒数则为动刚度：

$$K_d=\frac{2\pi f_M}{\left|\frac{v}{F}\right|_M} \tag{7-13}$$

式中：$K_d$ 为动刚度，kg/m，取决于桩身材料以及桩周土层刚度；

$f_M$、$\left|\dfrac{v}{F}\right|_M$ 为表示曲线初始段近似为直线部分任一点的频率和导纳值，如图 7.8 所示。

2. 机械阻抗法的测试系统和测试结果的分析

机械阻抗法按对桩施加的扰力（即动态激振）的不同，可分为稳态激振和瞬态激振。不同的激振方法，其测试和分析仪器配置是不同的，如图 7.9（a）、（b），但所测得的桩的动态特性是一致的。其测试项目是速度导纳的频幅特性曲线。因此，不仅要测量桩在动态力作用下的响应，还必须测量激振力的特性。

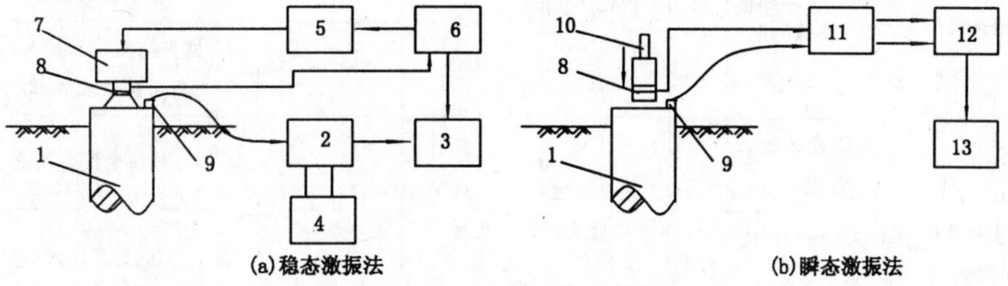


图 7.9 机械阻抗测试仪器示意图

1—桩；2—测振放大器；3—$X$-$Y$ 记录仪；4—跟踪滤波器；5—功率放大器；6—桩基振动检测仪；7—激振器；8—力传感器；9—波速传感器；10—力棒、力锤；11—信号采集前端；12—微型计算机；13—打印设备

对于现场检测，当桩径小于 600mm 时，可布置 1 个测点；桩径为 0.6～1.5m 时，应布置 2～3 个测点；桩径大于 1.5m 时，应在互相垂直的两个径向布置 4 个测点。在桥梁桩基测试中，当布置 2 个测点时，其侧点应位于顺流向的两侧；当布置 4 个测点时，应在顺流向两侧和顺桥纵轴方向两侧各布置 2 个测点。

测试结果的计算和分析方法如下：

（1）导纳曲线的计算。

根据实测的导纳曲线，桩的测量（推算）长度：

$$L_m = \frac{\overline{C}_0}{2\Delta f} \qquad (7-14)$$

式中：$\overline{C}_0$ 为整个工地上完好桩（桩长为已知）波速的平均值，m/s。

导纳的几何平均值（测量值）：

$$N_m = \sqrt{PQ} \qquad (7-15)$$

式中：$P$ 为导纳曲线的极大值（峰值），m/kg；

$Q$ 为导纳曲线的极小值（谷值），m/kg。

导纳曲线的理论值：

$$N_t = \frac{1}{\rho \overline{C}_0 A} \qquad (7-16)$$

对于完好桩，其波速可按下式计算：

$$C_0 = 2L\Delta f \qquad (7-17)$$

（2）桩身质量的评估。

桩身质量评估见表 7-3、表 7-4。

（3）桩的承载力的确定。

如上所述，振动的桩可简化成单一的弹簧，其刚度取决于桩身混凝土的刚度和桩侧、桩

**表 7-3　按机械导纳曲线推定桩身结构完整性**

| 机械导纳曲线形态 | 实测导纳值 $N_m$ | | 实测动刚度 $K_d$ | | 测量桩长 $L_m$ | 实测桩身波速平均值 $\overline{C}_0$ | 结　论 |
|---|---|---|---|---|---|---|---|
| 与典型导纳曲线接近 | 与理论值 $N_t$ 接近 | | 高于 | 工地动刚度平均值 $\overline{K}_d$ | 与施工长度接近 | 3 500～4 500 | 嵌固良好的完整桩 |
| | | | 接近 | | | | 表面规则的完整桩 |
| | | | 低于 | | | | 桩底可能有软层 |
| 呈调制状波形 | 高于 | 工地平均值 $\overline{N}_m$ | 低于 | 工地动刚度平均值 $\overline{K}_d$ | | <3 500 | 桩身局部离析，其位置可按主波的 $\Delta f$ 判定 |
| | 低于 | | 高于 | | | 3 500～4 500 | 桩身端面局部扩大，其位置可按主波的 $\Delta f$ 判定 |
| 与典型导纳曲线类似，但共振峰频率增量 $\Delta f$ 偏大 | 高于理论值 $N_t$ 很多 | | 低于 | 工地动刚度平均值 $\overline{K}_d$ | 小于施工长度 | — | 桩身断裂，有夹层 |
| | 低于工地平均值 $\overline{N}_m$ 很多 | | 高于 | | | | 桩身有较大鼓肚 |
| 不规则 | 变化或较高 | | 低于工地动刚度平均值 $\overline{K}_d$ | | 无法由计算确定桩长 | — | 桩身不规则，有局部断裂或贫混凝土 |

**表 7-4　按机械导纳曲线异常程度进一步推定桩身结构完整性**

| 初步判别有异常 | 可能的异常位置 | 异常性质的判断 | 异常程度的判断 | |
|---|---|---|---|---|
| $C_0=2L\Delta f=$ 正常波速，只有桩底反射效应，桩身无异常 | — | $N_m \approx N$ 优质桩 | 波峰间隔均匀，整齐 | 全桩完整，混凝土质量优而均匀 |
| | | | 波峰间隔均匀，但不整齐 | 全桩基本完整，外表面不规则 |
| | | $N_m \approx N$，$K_d = K'_d$ 混凝土质量稍有不均匀 | 波峰间隔均匀，整齐 | 全桩完整，混凝土质量基本完好 |
| | | | 波峰间隔不太均匀，欠整齐 | 全桩基本完整，混凝土质量基本完好 |
| $\Delta f_1 < \Delta f_2$，$C_{01}=2L\Delta f_1=$ 正常波速，有桩底反射效应，同时 $C_{02}=2L\Delta f_2>$ 正常波速，$\frac{C_0}{2\Delta f_2}<L$，表明有异常处反射效应 | $L'=\frac{C_0}{2\Delta f_2}$ | $N_m<N$，$K_d>K'_d$ | 波峰圆滑，$N_m$ 值小 | 有中度扩径 |
| | | | 波峰圆滑，$N_m$ 值大 | 有轻度扩径 |
| | | $N_m>N$，$K_d<K'_d$ 缩径或混凝土局部质量不均匀 | 波峰尖峭，$N_m$ 值大 | 有中度裂缝或缩径 |
| $C_0=2L\Delta f>$ 正常波速，$\frac{C_0}{2\Delta f}<L$，表明无异常桩底反射效应，只有其他部位的异常反射效应 | $L'=\frac{C_0}{2\Delta f}$ | $N_m>N$，$K_d<K'_d$ 缩径或断裂 | 波峰尖峭，$N_m$ 值小 | 有严重缩径 |
| | | | 波峰间隔均匀，尖峭，$N_m$ 值大 | 严重断裂，混凝土不连续 |
| | | $N_m<N$，$K_d>K'_d$ 扩径 | 波峰圆滑，$N_m$ 值小 | 有严重扩径 |
| | | | 波峰间隔均匀，圆滑 $N_m$ 值小 | 有严重扩径 |

注：$\Delta f_1$、$\Delta f_2$ 为有缺陷桩导纳曲线上小、上大峰之间的频率差；$K'_d$ 为完整桩动刚度。

底土所提供的刚度。从理论上讲，当作用在桩上动荷载的频率 $f$ 趋近 0 时，动刚度 $K_d$ 是由桩的静荷载试验得出的荷载-位移曲线初始部分的斜率。通过国内外大量的静载试验和动载试验的对比，可以得出桩的动刚度 $K_d$ 和静刚度 $K_s$ 之间存在某种确定的关系，如图 7.10，动静刚度之比约在 0.9～1.8 之间。

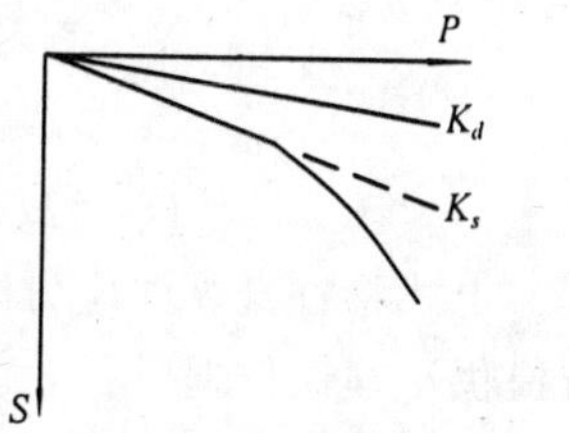

图 7.10 动刚度与静刚度的关系

由上述经验关系得出动刚度相应的静刚度后，按容许变形值 [S]，即可求得单桩容许承载力：

$$[P] = [S] \times K_s \tag{7-18}$$

7.2.3.4 *反射波法*

1. 基本原理

反射波法是在桩顶部进行竖向激振，则产生的应力波（弹性波）沿着桩身向下传播，当桩身存在明显波阻抗差异的界面（如桩底、断桩和严重离析等部位）或桩身截面积变化（如缩径或扩径）部位，将产生反射波。经接收放大、滤波和数据处理，可识别来自桩身不同部位的反射信息，据此计算桩身波速，以判断桩身完整性及估计混凝土强度等级。还可根据波速度和桩底反射波到达时间对桩的实际长度加以核对。

桩顶受激振后产生的应力波，可简化为应力波在弹性直杆中传播的一维波动方程：

$$\frac{\partial^2 u}{\partial t^2} - C^2 \frac{\partial^2 u}{\partial x^2} = 0 \tag{7-19}$$

式中：$u$ 为桩身质点位移；

$x$ 为波的传播方向；

$C$ 为纵波传播速度（$C=E/\rho$）；

$E$ 为材料的弹性模量；

$\rho$ 为材料的质量密度。

桩在瞬态冲击激振的情况下，桩的各阶段谐振频率可以用下述频率方程来表示：

(1) 两端自由或两端固定的桩。

$$\omega_i = \frac{i\pi}{L}\sqrt{E/\rho} \qquad (i = 0,1,2,3,\cdots,n) \tag{7-20}$$

$$f_i = \frac{i}{2L}\sqrt{E/\rho} \qquad (i = 0,1,2,3,\cdots,n) \tag{7-21}$$

(2) 一端固定，另一端自由的桩。

$$\omega_i = \frac{(2i+1)\pi}{2L}\sqrt{E/\rho} \qquad (i = 0,1,2,3,\cdots,n) \tag{7-22}$$

$$f_i = \frac{2i+1}{4L}\sqrt{E/\rho} \qquad (i = 0,1,2,3,\cdots,n) \tag{7-23}$$

式中：$\omega_i$ 为振动谐振圆频率，rad/s；

$f_i$ 为振动谐振频率，$s^{-1}$；

$i$ 为振型的阶数；

$L$ 为弹性材料（桩）的长度，m。

图 7.11 为完整桩在不同固定条件下的幅值谱。由图可以看出，桩两端不同固定条件下的谐振频率 $f_0$ 不同，但 $f_0$ 以后两相邻谐振频率差 $\Delta f$ 是一样的。由式（7-20）、（7-21）、（7-22）和式

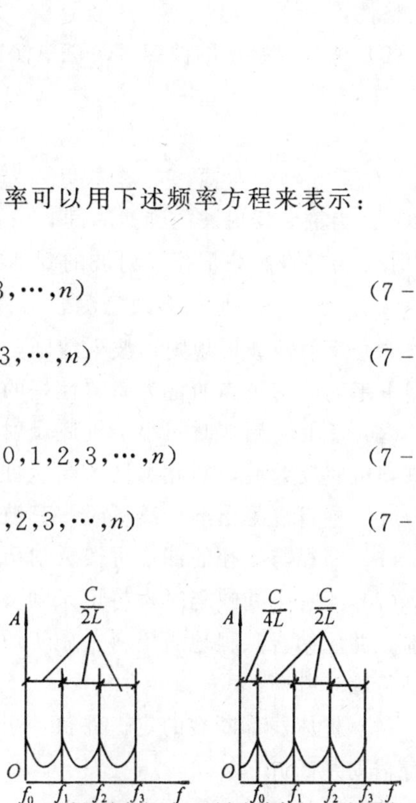

图 7.11 完整桩不同固定条件下的幅值谱

(7-23) 可得：

$$\Delta f = f_i - f_{i-1} = \frac{1}{2L}\sqrt{E/\rho} = \frac{C}{2L} \tag{7-24}$$

或

$$C = 2L\Delta f \tag{7-25}$$

上式将桩身纵向应力波传播速度和桩长及振动频率有机地联系起来，给桩的动测资料分析提供了理论依据。

2. 测试装置和测试方法

反射波法的测试装置如图 7.12。激振设备有杆锤（力棒）、手锤、落球和电火花等；材质有铜质、铝质、木质和聚四氟乙烯等；重量从不足 1kg 到 5kg 不等。

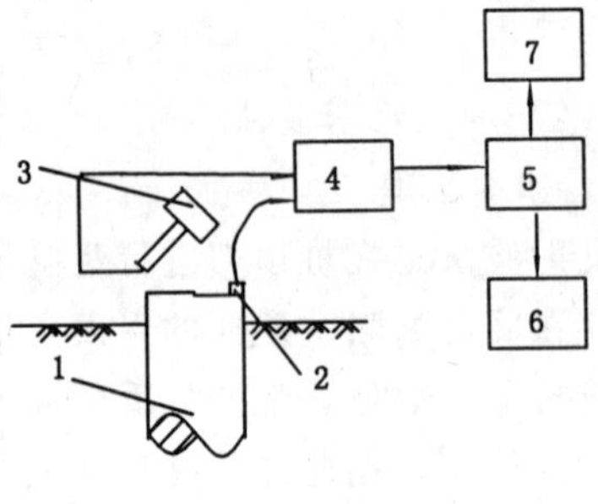


图 7.12 瞬态激振法测试装置示意图

1—桩；2—速度或加速度传感器；3—力棒；4—放大器与模/数转换器；5—计算机；6—打印机；7—显示器

当桩受到激振力时，固定在桩头上的速度或加速度传感器则接收到响应信号，它与力信号一样经放大器放大并由模/数转换后，送入计算机记录、分析、处理，可得信号时程曲线、频谱图和相关函数。

3. 检测数据的处理与判定

(1) 依据波列图中的入射波和反射波的波形、相位、振幅、频率及波的到达时间等特征，可判定单桩的完整性。

(2) 桩身混凝土的波速 $C$、桩身缺陷的深度 $L'$ 可以分别按下式计算：

$$C = \frac{2L}{t_r} \tag{7-26}$$

$$L' = \frac{1}{2}C_m t_r' \tag{7-27}$$

式中：$t_r$ 为桩底反射波的到达时间，s；

$t_r'$ 为桩身缺陷部位反射波的到达时间，s；

$C_m$ 为同一工地内多根已测合格桩桩身纵波速度的平均值，m/s。

(3) 反射波波形规则，波列清晰，桩底反射波明显，易于读取反射波到达时间，及桩身混凝土平均波速较高的桩为完整性好的单桩。

(4) 反射波到达时间小于桩底反射波到达时间，且波幅较大，往往出现多次反射，难以观测到桩底反射波，则此类桩为断裂桩。

(5) 桩身混凝土严重离析时，其波速较低，反射波波幅减小，频率降低。

(6) 缩径与扩径的部位可按反射历时进行估算，类型可按相位特征进行判别。

(7) 当有多处缺陷时，将记录到多个相互干涉的反射波组，形成复杂波列。此时应仔细鉴别，并应结合工程地质资料、施工原始记录进行综合分析。有条件时还可使用多种检测方法进行综合判断。

(8) 桩体浅部断裂的定性评价，可通过横向激振，比较同类桩横向振动特征之间的差异进行辅助判断。

(9) 在上述时域分析的基础上，还可采用频谱分析技术，利用图 7.11 所示的幅值谱进行辅助判断。

(10) 桩身混凝土强度等级可依据波速来估算。波速与混凝土强度等级的关系应通过混凝土试件的波速测定和抗压强度试验对比确定，也可参考表 7-5 确定。

**表 7-5 混凝土质量按波速分类表**

| 混凝土波速值 (m/s) | 混凝土质量 | 混凝土参考强度等级 |
|---|---|---|
| >4 100 | 最优良 | >C38 |
| 3 500～4 100 | 优良 | C23～C33 |
| 3 000～3 500 | 良好 | C18～C23 |
| 2 700～3 000 | 较差 | C13～C18 |
| <2 700 | 差 | <C13 |

7.2.3.4 *声波透射法*

1. 声波检测技术的理论基础

介质（如岩体、岩石、混凝土构筑物、木材等）内声波的传播，是质点弹性振动的传递过程，在无限介质中不考虑体积压力作用时，由弹性理论可以推导出：

$$C_L = \sqrt{\frac{E}{\rho}\frac{(1-\sigma)}{(1+\sigma)(1-2\sigma)}} \tag{7-28}$$

$$C_t = \sqrt{\frac{E}{\rho}\frac{1}{2(1+\sigma)}} = \sqrt{\frac{G}{\rho}} \tag{7-29}$$

式中：$C_L$、$C_t$ 为介质内声波传播的纵波和横波速度；

$\sigma$ 为介质的泊松比；

$E$ 为介质的弹性模量；

$G$ 为介质的剪切模量。

由式 (7-28)、(7-29) 可以看出，只要测准介质的纵波及横波传播时间，计算出纵波声速 $C_L$ 及横波声速 $C_t$，则由上述两式可测算出介质的动弹性力学参数 $\sigma$、$E$、$G$。

在有界体（如桩）内的声波传播速度，如图 7.13，不再由式 (7-28)、(7-29) 表示。桩可视为一维杆件，一维杆件中的声速为：

$$C_B = \sqrt{\frac{E}{\rho}} \tag{7-30}$$

声波在传播过程中，当介质的密度与声速的乘积发生变化时，将产生反射、折射及绕射现象，使声线加长，视声速降低。这一规律成为检测岩体（或混凝土）中破碎带、溶洞及混凝土中缺陷的理论依据。

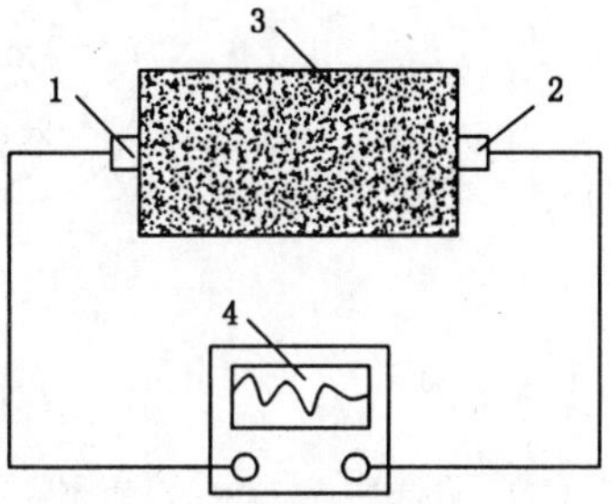

图 7.13 声波检测示意图

1—发射探头（发射换能器）；2—接收探头（接收换能器）；3—被测介质；4—声波检测仪

声波在固体介质中传播时，能量的衰减与介质物性有关，在工程使用中，大部分可以将声场按平面波计算，则声波的衰减，可用下式表示：

$$A = A_m e^{-\alpha L} \tag{7-31}$$

式中：$L$ 为声波在介质中的传播距离；

$A$ 为声波传播了 $L$ 距离后的波幅；

$A_m$ 为发射点的波幅；

$\alpha$ 为声波衰减系数。

$\alpha$ 是频率 $f$ 的函数，与被测介质的结构特征、物理性能有密切关系。另外，还可通过测取声波波幅和 FFT 变换来分析声波波组的频谱特性及主频 $f_0$ 的变化，从而对被测介质的性状作出判断。

2. 钻孔灌注桩声波透射检测方法

钻孔灌注桩声波检测方式有双管测量法（透射法）、单孔测量法和桩外孔测量法。其中，透射法是桩基检测的基本形式，它要求在灌注混凝土前预埋检测管道（声波管），其他两种方法在检测结果的分析上较为困难，可作为特殊情况下的补救措施。下面主要介绍透射法钻孔灌注桩的检测方法。

（1）声波管的预埋。

声波管可采用钢管或塑料管，但钢管的声能透过率比塑料管要低得多，因此，理论上桩基检测时塑料声波管比钢管声波管接收的信号要强。由于塑料管的热变形较大，混凝土硬化后温度降低，塑料管与混凝土之间可能存在空隙，从而引起误判。所以，工程中一般采用钢声波管，其可以替代部分钢筋，安装方便，需要时还可用作桩底后压浆通道。声波管内径一般为 50～60mm。钢管宜用螺纹连接，管的下端应封闭，上端应加盖。

声波管在桩的横截面上的布局，决定了检测的有效截面积和探头的提拉次数，并直接影响检测方式和信号的分析判断。声波管在桩的横截面上的布置一般有三种方式，如图 7.14，图中阴影部分为检测有效区。根据工程实测验证，直径 1m 以下的桩，采用方式Ⅰ，即可基本反映全断面各部分的主要缺陷；直径 1m 以上的桩采用方式Ⅱ；对于直径大于 2.5m 的桩则采用方式Ⅲ。声波管之间的不平行度应控制在一定范围内，但由于钢筋笼的刚度较小（声波管与钢筋笼采用焊接或绑扎连接），所以，对平行度的过高要求是不现实的。在检测内部缺陷时，不平行度的影响，可在数据处理中予以辨别和消除。但在检测混凝土强度时，则必须严格控制不平行度。

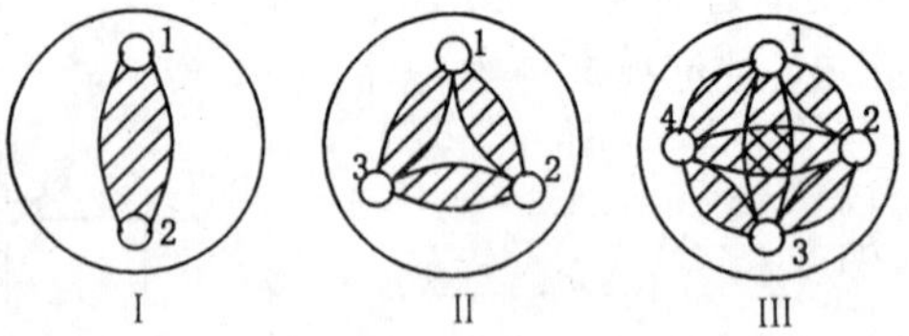


图 7.14　声波管断面布置示意图

（2）桩基声波检测装置和检测过程。

如图 7.15。在声波管内应注满清水。换能器（探头）一般采用柱状径向振动换能器。其共振频率宜为 25～50kHz，长度宜为 20cm，一般装有前置放大器（频带宽度宜为 5～50kHz），换能器的水密封性应满足在 1MPa 水压下不漏水。发射换能器的长度、频带宽及水密封性能与接收换能器的要求相同。

（3）现场检测和数据处理与分析评价。

现场检测前应测定发射至接收系统的延迟时间 $t_0$，并计算声时修正值 $t'$：

$$t' = \frac{D-d}{v_t} + \frac{d-d'}{v_w} \qquad (7-32)$$

式中：$D$ 为声波管外径，mm；

$d$ 为声波管内径，mm；

$d'$ 为换能器外径，mm；

$v_t$ 为声波管壁厚度方向声速，km/s；

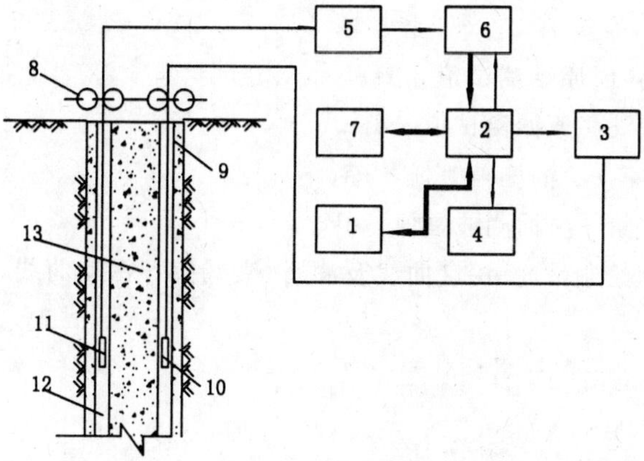


图 7.15　桩基声波检测装置和过程示意图

1—分析评价；2—微电脑；3—发射系统；4—显示器；5—接收放大器；6—数据采集；7—数据存储；8—升降系统；9—声波管；10—发射探头；11—接收探头；12—清水；13—桩体

$v_w$ 为水的声速，km/s。

$t_0$ 的测取方法是：将发、收换能器置于水中，间距 0.5m 左右，接收信号波幅调节到二或三格，改变发、收换能器间距，测量不同距离的声时值，按时距曲线求出 $t_0$ 值。

检测时应按下列要求进行：

①接收及发射换能器应在装设扶正器后置于声波管内，并能顺利提升及下降。

②测量时发射和接收换能器可置于同一标高。若标高不同，则水平测角可取 30°～50°。

③测量点间距 20～40cm。当发现读数异常时，应加密测量点。

④发射与接收换能器应同步升降。各测点发射与接收换能器累计相对高差不应大于 2cm，并应随时校正。

⑤检测宜由检测管底部开始。发射电压值应固定，并应始终保持不变，放大器增益值也应始终固定不变。调节衰减器的衰减量，使接收信号初至波幅度在荧光屏上为 2 或 3 格。由光标确定首波初至，读取声波传播时间及衰减器衰减量，依次测取各测点的声时及波幅并进行记录。

⑥一根桩有多根声波管时，应将每两根声波管编为一组，分组进行测试，如图 7.14。

⑦每组声波管测试完后，测试点应随机重复抽测 10%～20%。其声时相对标准差不应大于 5%；波幅相对标准差不应大于 10%。并对声时及波幅异常的部位重复抽测。测量的相对标准差可按下式计算：

$$\sigma_t' = \sqrt{\sum_{i=1}^{n}\left(\frac{t_i - t_{ij}}{t_m}\right)^2/(2n)} \tag{7-33}$$

$$\sigma_A' = \sqrt{\sum_{i=1}^{n}\left(\frac{A_i - A_{ij}}{A_m}\right)^2/(2n)} \tag{7-34}$$

$$t_m = \frac{t_i + t_{ij}}{2} \tag{7-35}$$

$$A_m = \frac{A_i + A_{ij}}{2} \tag{7-36}$$

式中：$\sigma_t'$ 为声时相对标准差；

$\sigma_A'$ 为波幅相对标准差；

$t_i$ 为第 $i$ 个测点声时原始测试值，μs；

$A_i$ 为第 $i$ 个测点波幅原始测试值，dB；

$t_{ij}$为第 $i$ 个测点第 $j$ 次抽测声时值，μs；

$A_{ij}$为第 $i$ 个测点第 $j$ 次抽测波幅值，dB。

由现场所测的数据绘制声时-深度曲线及波幅（衰减值）-深度曲线，其声时 $t_c$ 及声速 $C$ 应按下列公式计算：

$$t_c = t - t_0 - t' \tag{7-37}$$

$$C = I/t_c \tag{7-38}$$

式中：$t$ 为声时原始测试值，μs；

$I$ 为两个声波管外壁间的距离，mm。

桩身完整性应按下列规定判断：

①应采用声时平均值 $\mu_t$ 与声时 2 倍标准差 $\sigma_t$ 之和（$\mu_t+2\sigma_t$）作为判定桩身有无缺陷的临界值；并应按下列公式计算：

$$\mu_t = \sum_{i=1}^{n} t_{ci}/n \tag{7-39}$$

$$\sigma_t = \sqrt{\sum_{i=1}^{n}(t_{ci} - \mu_t)^2/n} \tag{7-40}$$

式中：$n$ 为测点数；

$t_{ci}$为混凝土中第 $i$ 测点声波传播时间，μs。

②也可按声时-深度曲线相邻测点的斜率 $K_{tz}$及相邻两点声时差值 $\Delta t$ 的乘积（$K_{tz}\cdot\Delta t$）作为缺陷的判据：

$$K_{tz} = \frac{t_{ci} - t_{ci-1}}{Z_i - Z_{i-1}} \tag{7-41}$$

$$\Delta t = t_{ci} - t_{ci-1} \tag{7-42}$$

式中：$t_{ci-1}$为混凝土中第 $i-1$ 测点声波传播时间，μs；

$Z_i$ 为第 $i$ 测点的深度，m；

$Z_{i-1}$为第 $i-1$ 测点的深度，m。

桩身缺陷可结合①、②进行综合判断。

③波幅（衰减量）比声速对缺陷反应更灵敏，可采用接收信号能量平均值的一半作为判断缺陷临界值。波幅值以衰减器的衰减量 $q$ 表示，波幅判断的临界值 $q_D$ 有下列关系：

$$q_D = \mu_q - 6 \tag{7-43}$$

$$\mu_q = \sum_{i=1}^{n} q_i/n \tag{7-44}$$

式中：$\mu_q$ 为衰减量平均值，dB；

$q_i$ 为第 $i$ 测点的衰减量，dB。

对超越临界值的测区应进行缺陷分析与判断。

桩的完整性宜采用上述判据，并辅以接收波形的视频率作进一步的综合判断。在作出缺陷判定后，如需判定桩身缺陷尺寸及空间分布，宜进一步采用多点发射，不同深度接收的扇形测量法，用多条交会的声线所测得的波速及波幅的异常加以判断。

### 7.2.4 高应变动测法

高应变动测方法是以重锤敲击桩顶，使桩产生一定的贯入度，一般在 2mm 以上。然后，通过测量和计算，确定桩的质量和极限承载力。常用的方法有：锤击贯入法、动力打桩公式和波动方程法。波动方程法又有 SMITH 方法、CASE 方法和 CAPWAP 方法。下面分别加以介绍。

#### 7.2.4.1 锤击贯入法

锤击贯入法是由我国四川建筑科学研究所和中国建筑科学研究院地基所共同研究成功的。该方法通过不同落高的重锤，对桩顶施加瞬时锤击力 $P_d$，使桩产生贯入度，根据实测的 $P_d$ 和相应的累计贯入度关系曲线与同一桩的静荷载试验曲线之间的相似性，通过桩的静、动对比试验结果的相关分析，求出桩的极限承载力。

经过一段使用以后，锤击贯入法又作了一定的改进，即应用可以反映锤重、落高、锤垫弹簧常数、桩的几何尺寸和物理参数以及土的参数等诸因素的静极限承载力 $Q_u$ 和贯入度 $e$ 的关系曲线。$Q_u-e$ 曲线则是用波动方程和上述诸参数通过电算得到，然后根据实测的锤击力 $P_d$、相应的落高和锤重以及桩和土的条件，选定一条 $Q_u-e$ 曲线，最后由实验得到贯入度 $e$，从该曲线上查得 $Q_u$。这种方法是锤击贯入法和波动方程法相结合的产物，比较合理。

#### 7.2.4.2 动力打桩公式

动力打桩公式是在能量守恒定律的基础上，利用牛顿撞击定律，实测出桩的贯入度、弹性变形值和桩顶冲击能，然后计算出桩的垂直极限承载力。动力打桩公式有很多种，它已有一百多年的历史，一度曾是除静荷载试验以外，唯一能用来确定桩极限承载力的现场试验方法。虽然动力打桩公式都存在着这样或那样的问题，难以准确地确定桩的极限承载力，但至今，国外仍有不少工程技术人员还在应用和研究，并且已有一定的改进。就国内来说，目前已用得比较少。

#### 7.2.4.3 波动方程法

波动方程法是把锤-桩-土组成的一个系统用一组质量块、弹簧和阻尼器组成的离散系统来模拟，并用差分方程在计算机上进行计算，求得精确的数值解，从而使波动方程分析法进入了实用阶段。在此后的十多年里，国外的许多学者在计算机程序编制、参数确定、可靠性研究以及波动方程法的实际应用等方面进行了大量的工作。由于计算程序是应用波动方程法的关键，所以，在这方面的发展尤为迅速。仅在美国就有十余种程序得到广泛的应用，各种程序均有其特点和适用条件。如 WEAP 程序适用于柴油桩锤；PSI 程序能作考虑残余应力的多种分析，对难打的桩的特性作较好的描述，还能按土的非线性变形特性进行模拟轴向荷载试验的计算；CAPWAP 程序则完全根据桩顶处实测的力和加速度计算桩的承载力和阻力分布，可随时根据计算结果与实测值的对比情况，调整输入数和阻力分布，重新计算，直至吻合为止。目前，国际上出现了很多种桩的动测设备，如瑞典生产的 PID 打桩分析仪、荷兰的 TNO 基础桩诊断系统、美国的 PDA 打桩分析仪等。

下面以 CASE 方法为例说明波动方程分析法的基本原理：

一维波动方程基本形式如式（7－19），其通解为：

$$u = f(x - Ct) + g(x + Ct) \tag{7-45}$$

由上式可以看出，桩上任一点的运动是下行波 $f(x-Ct)$ 和上行波 $g(x+Ct)$ 叠加的结果。则下行波波速和应变为：

$$v_{d(t)} = -Cf'(x-Ct) \tag{7-46}$$

$$\varepsilon_{d(t)} = Cf'(x-Ct) \tag{7-47}$$

上行波波速和应变为：

$$v_{u(t)} = Cg'(x+Ct) \tag{7-48}$$

$$\varepsilon_{u(t)} = g'(x+Ct) \tag{7-49}$$

相应产生的力为：

$$F_{d(t)} = v_{d(t)} \frac{AE}{C} \tag{7-50}$$

$$F_{u(t)} = -v_{u(t)} \frac{AE}{C} \tag{7-51}$$

实测的力和速度为：$F(t) = F_{d(t)} + F_{u(t)}$，$v(t) = v_{d(t)} + v_{u(t)}$。CASE 法测量的就是桩上某点的合成速度和应力波。

CASE 法使用的传感器为：加速度计，用来测量桩头加速度；应变传感器，测量锤击应力波。加速度信号经过积分后可以变为速度随时间的变化曲线，再乘以桩的阻抗 $AE/C$，即得到测量截面的合成应力波曲线，其中包括锤应力波，也包括土反力波。由应变传感器测量的应变，乘以桩的弹性模量 $E$ 和截面积 $A$，则得到锤击力波曲线，即 $F(t) = A \cdot E \cdot \varepsilon$。应力波和速度波曲线如图 7.16 所示，在开始一段，两条曲线是重合的。这表明质点承受的只是锤击力，超过峰值以后两条曲线逐渐地分离，说明土阻力引起的应力波开始到达该截面。由于土阻力与锤击力的方向相反，所以，使质点的运动速度减慢，造成两条曲线分开。分开的距离越大，说明该时刻的土阻力越大。根据这些信息可以推算出桩的阻力及截面的变化情况。

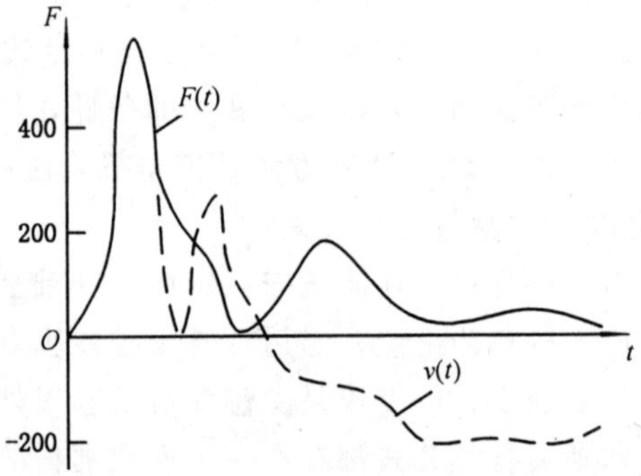


图 7.16　应力波和速度波曲线

1. 根据实测桩顶力和速度计算锤击阻力

锤击力是指打击桩头时土对桩体产生的最大阻力。假定土是理想的粘弹塑性介质，则锤击阻力包括静阻力和动阻力两部分，即：

$$R = R_s + R_d \tag{7-52}$$

$R_s$ 是伴随土的弹性变形和塑性滑移产生的，称为静阻力，如果试桩在休息后进行的，则 $R_s$ 实际上等于静力破坏荷载，即桩的极限承载力。

$R_d$ 是由于桩的运动引起的最大阻尼力，与桩的质点速度和土层性质有关。

如果根据实测数据求出 $R$ 和 $R_d$，则通过式（7-52）就可以得到桩的静阻力，从而达到判断桩的承载力的目的。

2. 确定最大阻尼力

求得锤击阻力后，还需要求出最大阻尼力，才能由式（7-52）求出静阻力 $R_s$，也即桩的极限承载力。

根据实验观测和理论分析，阻尼主要集中于桩尖附近，因而可以假定最大阻尼力与桩尖速度成正比。由于桩的速度衰减很快，计算最大阻尼力的时间只能在第一个 $2L/C$ 周期内，对于两端自由的桩，从桩顶传来的质点速度波到桩尖时由于反射作用，其值为：

当 $L/C \leqslant t \leqslant 3L/C$ 时：

$$v_B(t) = 2v_t(t - \frac{L}{C}) \tag{7-53}$$

式中：$v_B(t)$ 为桩尖速度；

$v_t$ 为桩顶速度。

由土反力 $R_i$ 引起的向下传播的波产生质点速度，传到桩尖后经反射为：

当 $L/C \leqslant t \leqslant 3L/C$ 时：

$$v_{Bi}(t) = -\frac{C}{AE}R_i(t - \frac{x_i}{C}) = -\frac{C}{AE}R_i \tag{7-54}$$

在撞击的开始阶段，桩顶速度出现一个最大值，该时刻即为撞击时刻，记为 $t = t_{\max}$，以后随着时间逐渐衰减，经过 $L/C$ 时间后，在桩尖出现一个相应的最大值：

$$v_{B,\max}(t_{\max} + \frac{L}{C}) = 2v_t(t_{(\max)}) - \frac{C}{AE}\sum_{i=1}^{n}R_i \tag{7-55}$$

上式右端对 $R_i$ 求和，它包括向下传播的拉伸波。向上传播的压缩波对桩尖的速度效应为零，所以有：

$$\sum_{i=1}^{n}R_i = R \tag{7-56}$$

所以
$$v_{B,\max} = 2v_{t,\max} - \frac{C}{AE}R$$

因此，最大阻尼力为：

$$R_d = J_c\frac{AE}{C}v_{B,\max} = J_c[2F_t(t_{\max}) - R] \tag{7-57}$$

其中 $J_c$ 是阻尼系数，为无量纲系数。有了实测的力和速度随时间的变化函数，以及 $J_c$，用上式就可以算出最大阻尼力。

根据锤击阻力 $R$ 和最大阻尼力 $R_d$，可得极限承载力为：

$$Q_u = R - J_c(2F_{\max} - R) \tag{7-58}$$

3. 桩身质量的检验

某桩在距桩顶 $x_i$ 处有破损，使截面削弱，桩的原截面为 $A$，削弱后的截面为 $A'$。锤击后 $2x_i/C$ 时间，从该截面反射回来的波正好回到桩顶。这时实测的桩顶速度由三部分组成：

（1）锤击力 $F(t)$ 引起：

$$v_{F(t)} = \frac{C}{AE}F(t) \tag{7-59}$$

（2）$x_i$ 截面以上土反力引起：

$$v_{R(t)} = -\frac{C}{AE}\Delta R \tag{7-60}$$

式中：$\Delta R$ 为截面 $x_i$ 以上桩段受的土反力之和。

（3）削弱截面的反射效应引起：

设桩顶锤击力的最大值为 $F_{\max}$，经过 $x_c/C$ 传到截面 $x_i$，此时截面 $x_i$ 已作用有土反力 $\Delta R$，方向与 $F_{\max}$ 相反。则作用于截面 $x_i$ 上的合力为：

$$F_i = F_{\max} - \Delta R \tag{7-61}$$

此力在通过变截面 $x_i$ 时，分为透射和反射两部分。透射波的性质与入射波一致，幅值为入射波的 $2A'/(A+A')$ 倍。反射波当 $A' < A$ 时，力波改变符号，幅值为入射波的 $-(A-$

$A'$）/（$A'+A$）倍，所以，变截面产生向上反射力 $F_r$ 为：

$$F_r=(F_{max}-\Delta R)(A-A')/(A+A')$$

由 $F_r$ 引起的桩顶速度增量为：

$$\Delta v_{(t)}=\frac{2C}{AE}(F_{max}-\Delta R)\frac{(A-A')}{(A+A')}$$

经过变换后可得：

$$\frac{\Delta u}{2(F_{max}-\Delta R)}=\frac{1-\beta}{1+\beta} \tag{7-62}$$

式中：$\Delta u=v\dfrac{AE}{C}-F-\Delta R$；

$\beta=\dfrac{A'}{A}$。

由实测得 $F$ 和 $v$，代入上式就可以求出 $\beta$。利用 $\beta$ 可进行桩身质量判断：$\beta=1.0$，无破损；$\beta=0.8\sim1.0$ 轻微破损；$\beta=0.6\sim0.8$ 破损；$\beta<0.6$ 折断。

## 7.3 抽心验桩

### 7.3.1 抽心验桩的特点

抽心验桩是大口径桩基工程质量检测的一种既简便又直观的验桩方法，它具有以下特点：

（1）可检查桩长范围内混凝土的胶结、密实程度及其实际强度；发现断桩、夹泥及混凝土稀释层等不良情况；检查桩身混凝土灌注质量。

（2）可测出桩底沉渣厚度并检验桩长。

（3）可直观认定桩端持力层岩性，测定其抗压强度。

（4）可利用抽心桩孔对出现断桩、夹泥或混凝土稀释层等病桩进行压浆补强处理。

### 7.3.2 抽心验桩应注意的问题

抽心验桩工作成功的关键在于采用合适的钻进方法，保证钻孔垂直度及较高的混凝土心样采取率，并随时注意观察钻进过程中出现的异常现象。一般应注意以下几个问题：

（1）采用普通岩心钻机、单管钻具合金钻头开孔、金刚石单动双管钻具钻进，一般采用中等压力、较高转速及中等泵量钻进规程，进行匀速钻进，以观察桩身混凝土情况。不能采用硬质合金钻进抽心。

（2）保证混凝土心样采取率大于 95%，一般要求达到 100%。

（3）心样直径应大于最大骨料直径的 2 倍，心样直径有 55mm、71mm、91mm、100mm，一般心样直径宜大于 100mm，以便于对混凝土心样试件作抗压强度试验。为了保证采心率，一方面应严格保证钻具质量，另一方面要严格控制回次进尺在 1～2m 以内，以保证心样不折断、不磨损。

（4）保证钻孔垂直度小于 0.5%～1%，要求钻具到达桩底前不穿出桩身。为此应注意找准基桩中心位置，采用长岩心管或大直径钻杆以减小环状间隙，防止孔斜。

（5）钻进中出现钻速变慢、变快或其他异常，如孔口返泥水、带出大量混凝土拌合用砂等，应立即起钻，分析判断原因，采取适当措施后方可继续钻进。在出现断桩、夹泥、混凝土稀释层等病桩或混凝土心样堵塞、钻进桩底等情况时，会出现钻进异常现象。

(6) 当钻至距桩底0.2～0.4m时，应减小钻进规程参数，密切观察钻压、泵压变化，当钻压、泵压突然下降，钻具下落时，说明已钻穿桩底，应立即停泵干钻10～15min进入持力层后提钻，将桩底混凝土心样、沉渣及基岩一并取出，即圆满完成钻桩底工作。

### 7.3.3 抽心验桩数据处理

桩身混凝土的完整性可通过心样进行直观分析评价。桩身混凝土抗压强度可通过抗压强度试验确定，也可按下列公式进行计算：

$$f_{cu} = \alpha_1 \cdot \alpha_2 \cdot \alpha_3 \frac{4F}{\pi d^4} \qquad (7-63)$$

式中：$F$ 为心样试件抗压试验测得的最大压力，N；

$d$ 为心样试件的平均直径，mm；

$\alpha_1$ 为不同心样直径的混凝土强度换算系数，按表7-6选用；

$\alpha_2$ 为不同高径比的心样试件混凝土强度换算系数，按表7-7选用；

$\alpha_3$ 为心样龄期修正系数。

表7-6 心样混凝土强度换算系数 $\alpha_1$

| 心样直径 (mm) | 100 | 91 | 71 | 55 |
|---|---|---|---|---|
| $\alpha_1$ | 0.95 | 0.94 | 0.92 | 0.91 |

表7-7 心样混凝土强度换算系数 $\alpha_2$

| 高径比 $h/d$ | 1.0 | 1.1 | 1.2 | 1.3 | 1.4 | 1.5 | 1.6 | 1.7 | 1.8 | 1.9 | 2.0 |
|---|---|---|---|---|---|---|---|---|---|---|---|
| $\alpha_2$ | 1.00 | 1.04 | 1.07 | 1.10 | 1.13 | 1.15 | 1.17 | 1.19 | 1.20 | 1.22 | 1.24 |

# 参考文献

白聚波，1999，后压浆工法的实践及体会。乌鲁木齐：西部探矿工程，Vol.11，No.4。
陈振等，1998，提高桩后压浆工艺效果探讨。北京：工程勘察，No.5。
地质矿产部勘查技术司，1998，桩基低应变动力检测规程（JGJ/T 93-95）。北京：中国建筑工业出版社。
段新胜等，1998，桩基工程。武汉：中国地质大学出版社。
顾晓鲁等，1995，地基与基础。北京：中国建筑工业出版社。
刘金砺，1996，桩基础设计与计算。北京：中国建筑工业出版社。
林宗元等，1996，岩土工程勘察设计手册。沈阳：辽宁科学技术出版社。
林宗元等，1993，岩土工程治理手册。沈阳：辽宁科学技术出版社。
孙福等，1998，岩土工程勘察设计与施工。北京：地质出版社。
孙更生等，1987，软土地基与地下工程。北京：中国建筑工业出版社。
史佩栋，1996，我国桩基施工技术现状。上海：建筑施工，Vol.18，No.6。
史佩栋，1997，国外高层建筑深基础及基坑工程技术发展概况。上海：建筑施工，Vol.19，No.2。
汤凤林等，1997，岩心钻探工程学。武汉：中国地质大学出版社。
屠厚泽等，1987，钻探工程学（下册）。武汉：中国地质大学出版社。
汪国香等，1998，钻孔灌注桩后压浆技术及其在武汉的应用。上海：建筑施工，Vol.20，No.3。
吴庆曾，1998，声波检测的发射与接收。北京：中国地质灾害与防治学报，Vol.9，增刊。
吴庆曾，1999，基桩完整性检测（上）。北京：探矿工程，No.2。
吴庆曾，1999，基桩完整性检测（下）。北京：探矿工程，No.3。
吴益民等，1998，后压浆泥浆护壁灌注桩技术应用研究。武汉：武汉水利电力大学学报，Vol.31，No.5。
冶金部打桩施工技术规程编制组，1991，预应力钢筋混凝土管桩施工技术规程（YBJ 235-91）。北京：冶金工业出版社。
中国建筑科学研究院，1995，建筑桩基技术规范（JGJ 94-94）。北京：中国建筑工业出版社。
中国建筑科学研究院，1990，建筑地基基础设计规范（GBJ 7-89）。沈阳：辽宁科学技术出版社。
中国建筑科学研究院，1992，建筑地基处理技术规范（JGJ 79-91）。北京：中国计划出版社。
中国建筑科学研究院，1997，普通混凝土配合比设计规程（JGJ/T 55-96）。北京：中国建筑工业出版社。
中国建筑科学研究院，1999，桩基高应变动力检测规程（JGJ 106-97）。北京：中国建筑工业出版社。
中国建筑科学研究院，1989，混凝土结构设计规范（GBJ 10-89）。北京：中国建筑工业出版社。
中国建筑科学研究院，1990，建筑抗震设计规范（GBJ 11-89）。北京：中国建筑工业出版社。
中国建筑科学研究院，1984，地基与基础工程施工及验收规范（GBJ 202-83）。北京：中国建筑工业出版社。
中华人民共和国建设部，1995，岩土工程勘察规范（GB 50021-94）。北京：中国建筑工业出版社。